KB047822

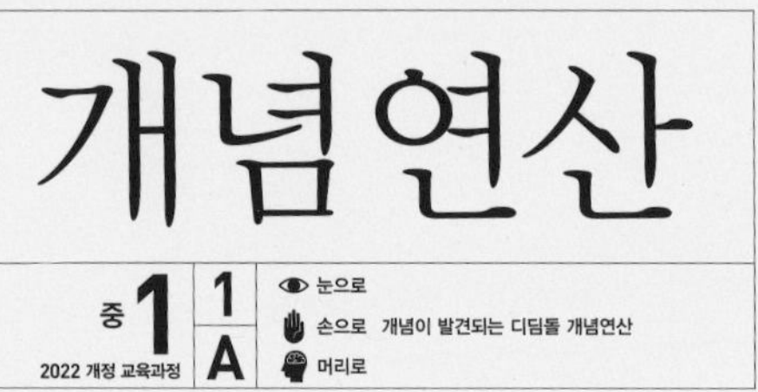

디딤돌수학 개념연산 중학 1-1A

펴낸날 [초판 1쇄] 2023년 10월 3일 [초판 4쇄] 2024년 9월 23일
펴낸이 이기열
펴낸곳 (주)디딤돌 교육
주소 (03972) 서울특별시 마포구 월드컵북로 122 청원선와이즈타워
대표전화 02-3142-9000
구입문의 02-322-8451
내용문의 02-336-7918
팩시밀리 02-335-6038
홈페이지 www.didimdol.co.kr
등록번호 제10-718호
구입한 후에는 철회되지 않으며 잘못 인쇄된 책은 바꾸어 드립니다.

1 **눈으로** 이해되는 개념

디딤돌수학 개념연산은 보는 즐거움이 있습니다.
핵심 개념과 연산 속 개념, 수학적 개념이
이미지로 빠르고 쉽게 이해되고, 오래 기억됩니다.

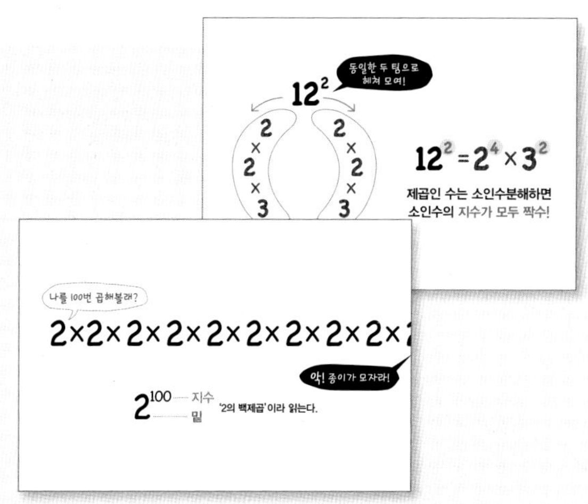

핵심 개념의 이미지화

핵심 개념이 이미지로 빠르고 쉽게
이해됩니다.

연산 개념의 이미지화

연산 속에 숨어있던 개념들을 이미지로
드러내 보여줍니다.

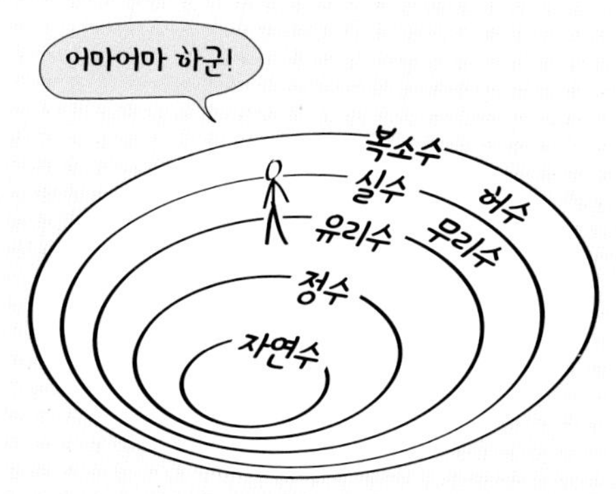

수학 개념의 이미지화

개념의 수학적 의미가 간단한 이미지로
쉽게 이해됩니다.

Ⅲ 문자와 식

수학은 개념이다!

디딤돌수학

개념연산 중1 1B

Ⅳ 좌표평면과 그래프

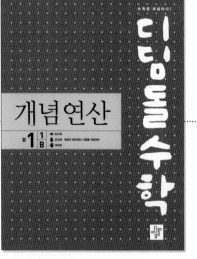

2 손으로 익히는 개념

디딤돌수학 개념연산은 문제를 푸는 즐거움이 있습니다.
학생들에게 가장 필요한 개념을 충분한 문항과 촘촘한 단계별 구성으로
자연스럽게 이해하고 적용할 수 있게 합니다.

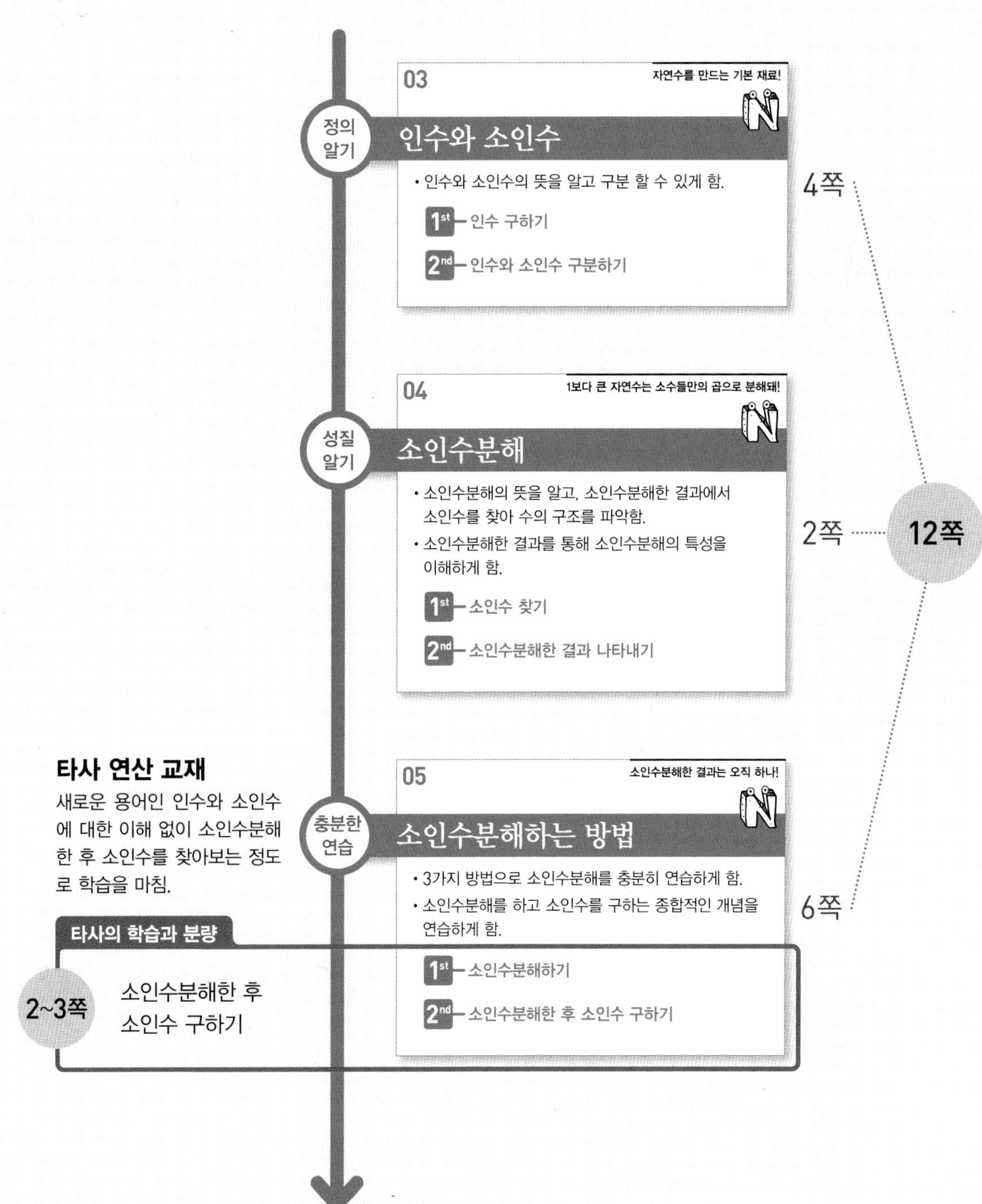

정의 알기
03
자연수를 만드는 기본 재료!
인수와 소인수
• 인수와 소인수의 뜻을 알고 구분 할 수 있게 함.
1st — 인수 구하기
2nd — 인수와 소인수 구분하기
4쪽
성질 알기
04
1보다 큰 자연수는 소수들만의 곱으로 분해돼!
소인수분해
• 소인수분해의 뜻을 알고, 소인수분해한 결과에서 소인수를 찾아 수의 구조를 파악함.
• 소인수분해한 결과를 통해 소인수분해의 특성을 이해하게 함.
1st — 소인수 찾기
2nd — 소인수분해한 결과 나타내기
2쪽
12쪽
충분한 연습
05
소인수분해한 결과는 오직 하나!
소인수분해하는 방법
• 3가지 방법으로 소인수분해를 충분히 연습하게 함.
• 소인수분해를 하고 소인수를 구하는 종합적인 개념을 연습하게 함.
1st — 소인수분해하기
2nd — 소인수분해한 후 소인수 구하기
6쪽
타사 연산 교재
새로운 용어인 인수와 소인수에 대한 이해 없이 소인수분해한 후 소인수를 찾아보는 정도로 학습을 마침.
타사의 학습과 분량
2~3쪽
소인수분해한 후 소인수 구하기

Ⅱ 정수와 유리수

3 머리로 발견하는 개념

디딤돌수학 개념연산은 개념을 발견하는 즐거움이 있습니다.
생각을 자극하는 질문들과 추론을 통해 개념을 발견하고
개념을 연결하여 통합적 사고를 할 수 있게 합니다.

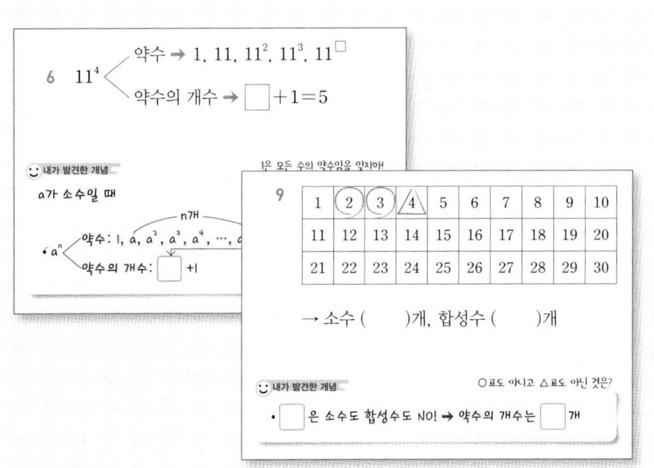

6 11^4
약수 → 1, 11, 11^2, 11^3, $11^{\square}$
약수의 개수 → □+1=5
내가 발견한 개념
a가 소수일 때
약수: 1, a, a^2, a^3, a^4, …,
약수의 개수: □+1
9
1 2 3 4 5 6 7 8 9 10
11 12 13 14 15 16 17 18 19 20
21 22 23 24 25 26 27 28 29 30
→ 소수 ( )개, 합성수 ( )개
내가 발견한 개념
○표도 아니고 △표도 아닌 것은?
□은 소수도 합성수도 NO! → 약수의 개수는 □개

● 내가 발견한 개념
문제를 풀다보면 실전 개념이
저절로 발견됩니다.

▼ 초등·중등·고등간의 개념연결

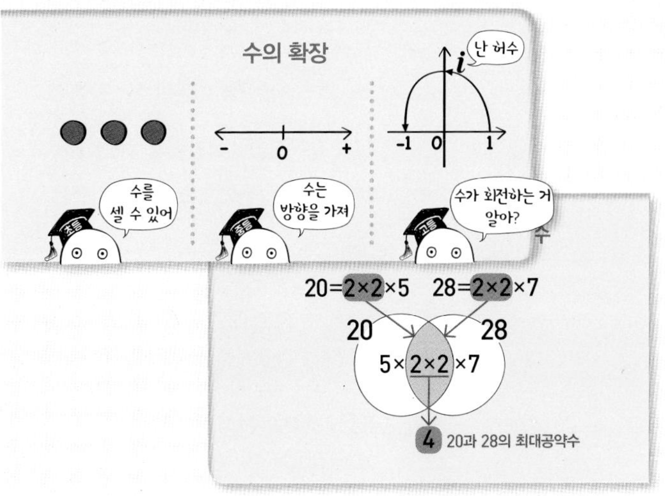

학습 내용 간의 개념연결 ▲

● 개념의 연결
나열된 개념들을 서로 연결하여
통합적 사고를 할 수 있게 합니다.

1 1/A 학습 계획표

I 소인수분해

단원	차시	쪽	학습 내용	공부한 날
1 소수만 남을 때까지, **소인수분해**	01 소수와 합성수	10p	1. 소수와 합성수 구분하기 2. 소수와 합성수 찾기 3. 소수와 합성수의 성질 알기	월 일
	02 거듭제곱	12p	1. 거듭제곱 알기 2. 거듭제곱으로 표현하기 3. 거듭제곱의 값 구하기	월 일
	03 인수와 소인수	14p	1. 인수 구하기 2. 인수와 소인수 구분하기	월 일
	04 소인수분해	18p	1. 소인수 찾기 2. 소인수분해한 결과 나타내기	월 일
	05 소인수분해하는 방법	20p	1. 소인수분해하기 2. 소인수분해한 후 소인수 구하기	월 일
	06 제곱인 수	26p	1. 제곱인 수 찾기 2. 곱하여 제곱인 수 만들기 3. 나누어 제곱인 수 만들기	월 일
	07 소인수분해와 약수	28p	1. 거듭제곱의 약수 구하기 2. 소인수분해를 이용하여 약수 구하기 3. 약수의 개수 구하기	월 일
	TEST 1. 소인수분해	33p		월 일
2 소인수분해로 구하는 **최대공약수와 최소공배수**	01 공약수와 최대공약수	36p	1. 공약수와 최대공약수 이해하기 2. 최대공약수의 성질 이해하기 3. 서로소 알기	월 일
	02 소인수분해를 이용한 최대공약수	40p	1. 소인수분해를 이용하여 최대공약수 구하기	월 일
	03 나눗셈을 이용한 최대공약수	44p	1. 나눗셈을 이용하여 최대공약수 구하기	월 일
	04 공배수와 최소공배수	46p	1. 공배수와 최소공배수 이해하기 2. 최소공배수의 성질 이해하기	월 일
	05 소인수분해를 이용한 최소공배수	48p	1. 소인수분해를 이용하여 최소공배수 구하기	월 일
	06 나눗셈을 이용한 최소공배수	52p	1. 나눗셈을 이용하여 최소공배수 구하기	월 일
	07 최대공약수와 최소공배수의 관계	54p	1. 최대공약수로 두 자연수 구하기 2. 최대공약수와 최소공배수로 두 자연수의 곱 구하기	월 일
	08 최대공약수의 응용	56p	1. 어떤 자연수로 나누기 2. 가장 큰 수로 자연수 만들기	월 일
	09 최소공배수의 응용	58p	1. 어떤 자연수를 나누기 2. 두 분수를 자연수로 만들기	월 일
	TEST 2. 최대공약수와 최소공배수	61p		월 일
	대단원 TEST I. 소인수분해	62p		월 일

수학은 개념이다!

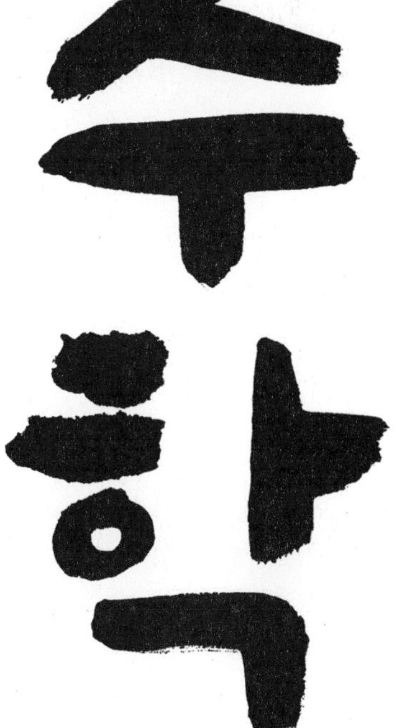

개념연산

중 1 1 A

눈으로
손으로 개념이 발견되는 디딤돌 개념연산
머리로

디딤돌

이미지로 이해하고 문제를 풀다 보면
개념이 저절로 발견되는 디딤돌수학 개념연산

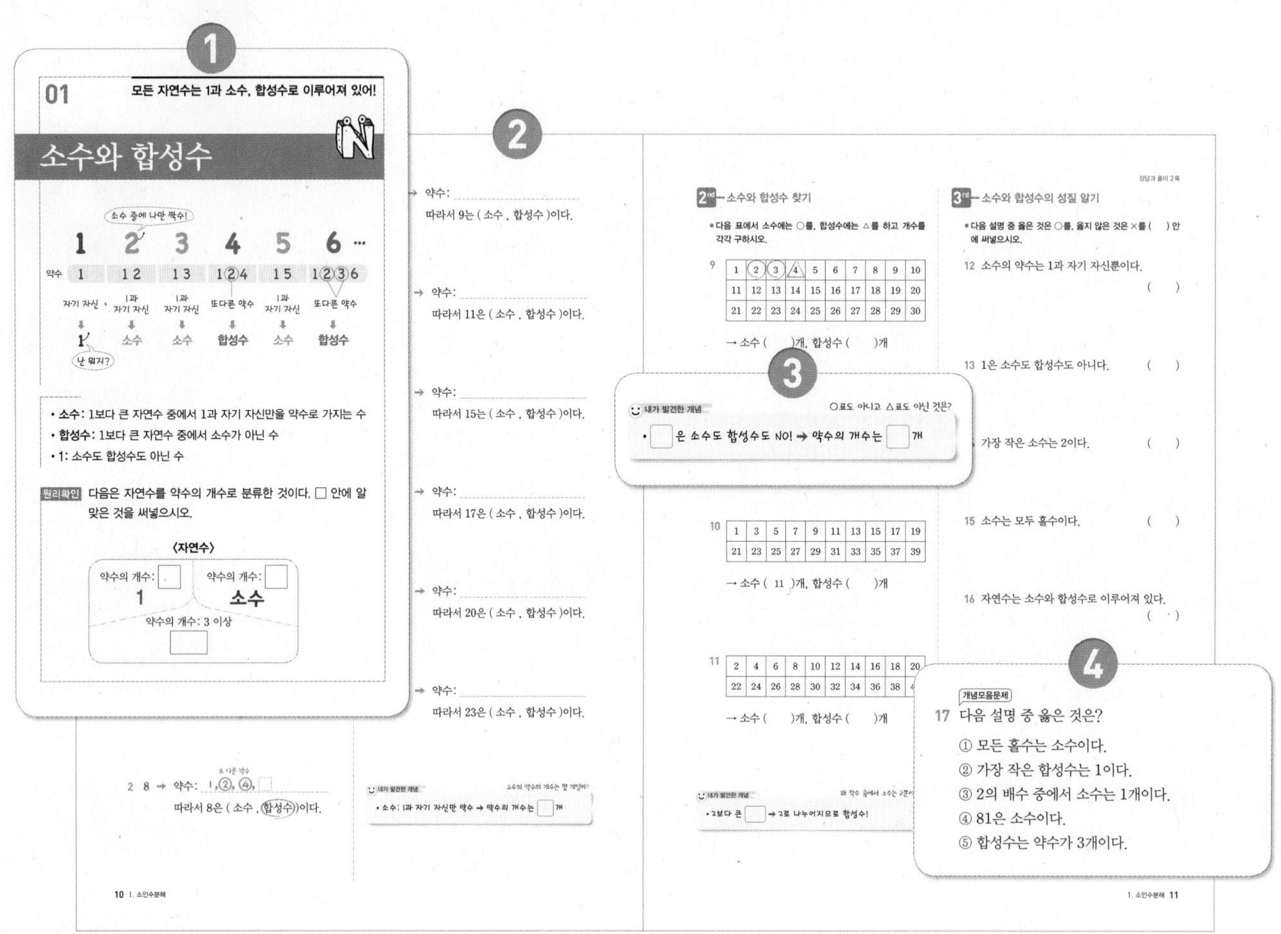

1

이미지로 개념 이해

핵심이 되는 개념을 이미지로
먼저 이해한 후 개념과 정의를
읽어보면 딱딱한 설명도 이해가 쏙!
원리확인 문제로 개념을
바로 적용하면 개념이 쏙!

2

단계별·충분한 문항

문제를 풀기만 하면
저절로 실력이 높아지도록
구성된 단계별 문항!
문제를 풀기만 하면
개념이 자신의 것이 되도록
구성된 충분한 문항!

3

내가 발견한 개념

문제 속에 숨겨져 있는
실전 개념들을 발견해 보자!
숨겨진 보물을 찾듯이
실전 개념들을 내가 발견하면
흥미와 재미는 덤! 실력은 쑥!

4

개념모음문제

문제를 통해 이해한 개념들은
개념모음문제로 한 번에 정리!
개념을 활용하는 응용력도 쑥!

발견된 개념들을 연결하여 통합적 사고를 할 수 있는 디딤돌수학 개념연산

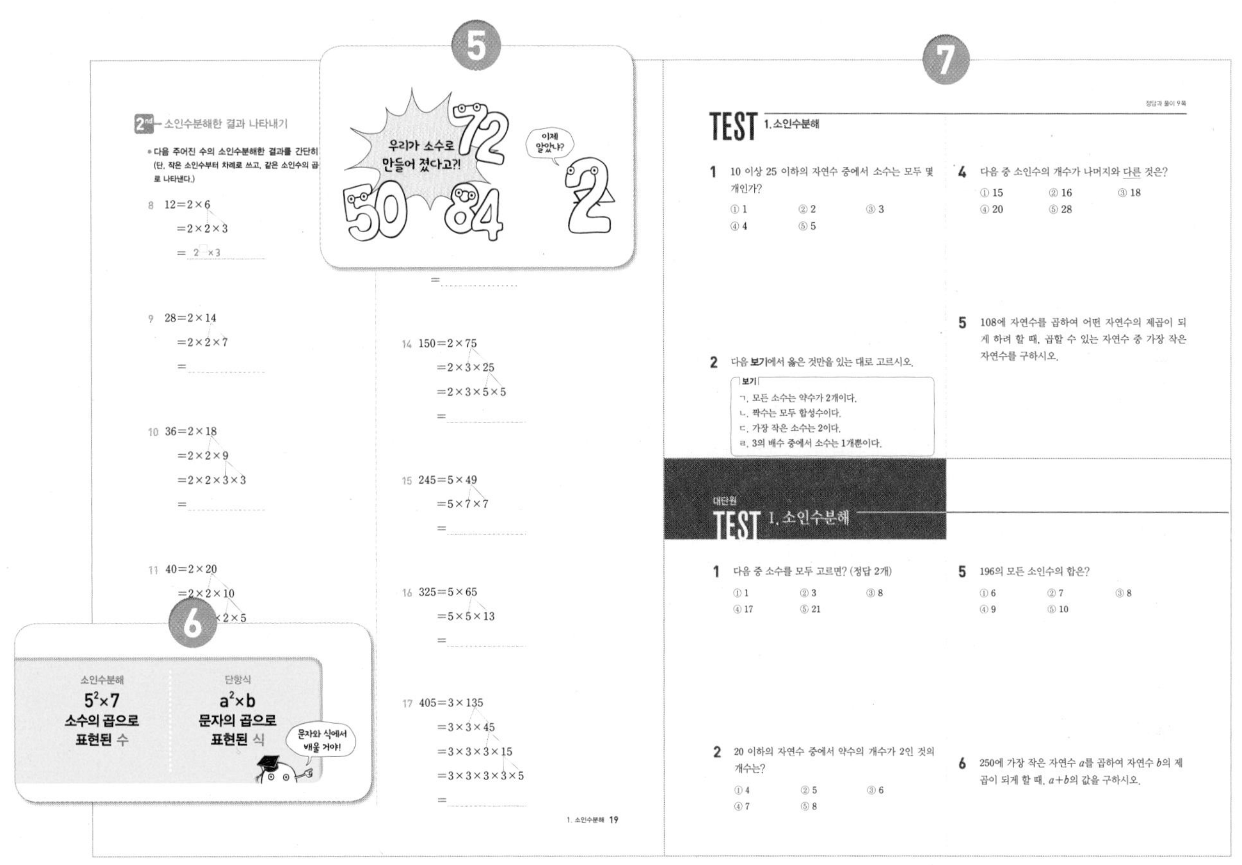

5
그림으로 보는 개념
연산 속에 숨어있던 개념을
이미지로 확인해 보자.
개념은 쉽게 확인되고
개념의 의미는 더 또렷이 저장!

6
개념 간의 연계
개념의 단원 안에서의 연계와
다른 단원과의 연계,
초·중·고 간의 연계를 통해
통합적 사고를 얻게 되면
공부하는 재미가 쫄깃!

7
개념을 확인하는 TEST
중단원별로 개념의 이해를
확인하는 TEST
대단원별로 개념과 실력을
확인하는 대단원 TEST

두근 두근 두근

자연수의 성질!

I 소인수분해

1 소수만 남을 때까지,
소인수분해

2 소인수분해로 구하는
최대공약수와 최소공배수

1

소수만 남을 때까지, 소인수분해

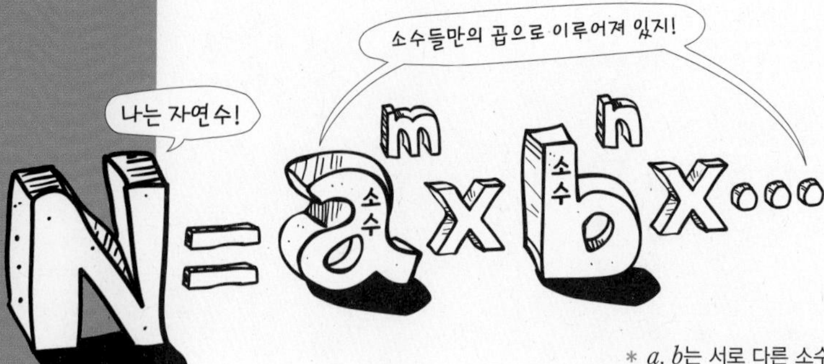

$*$ a, b는 서로 다른 소수, m, n은 자연수
N: Natural number

01 소수와 합성수

1과 자기 자신만으로 나누어지면 소수.
또 다른 약수로 나누어지면 합성수.

모든 자연수는 1과 소수, 합성수로 이루어져 있어!

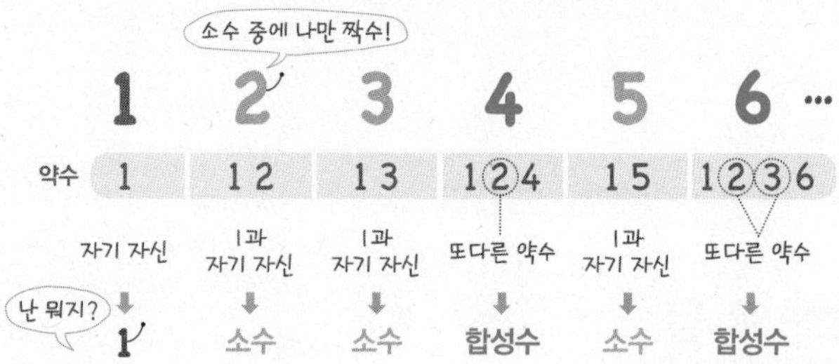

02 거듭제곱

같은 수를 여러 번 곱한 것을 간단히 표현할 수 있어. 합성수를 소인수분해하여 소수들만의 곱으로 표현할 때 쓰여.

합성수를 소수들만의 곱으로 간단하게 표현할 때 쓰지!

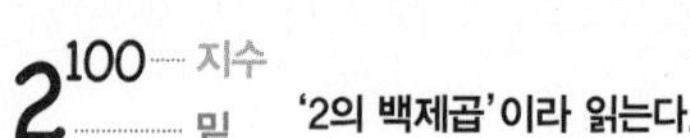

2×2×2×2×2×2×2×2×2×2×2

악! 종이가 모자라!

2^{100} 지수 / 밑 '2의 백제곱'이라 읽는다.

03 인수와 소인수

인수는 결국 약수야. 인수 중에서 소수인 인수를 소인수라 하지.

자연수를 만드는 기본 재료!

우리로 인해 12가 만들어지지! 그래서 인수 우린 소수니까! 소인수

04 소인수분해

자연수를 소수들만의 곱으로 소인수분해하면 그 수의 특성을 쉽게 파악할 수 있어.

1보다 큰 자연수는 소수들만의 곱으로 분해돼!

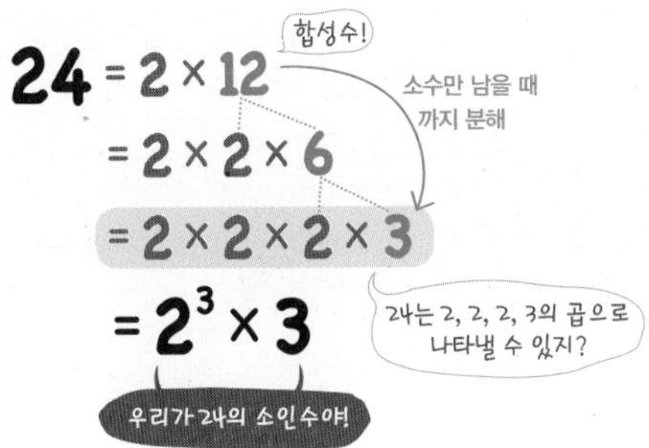

05 소인수분해하는 방법

어떤 방법을 이용하더라도 소인수분해한 결과는 항상 같아. 어떤 수의 구조는 하나이기 때문이지.

소인수분해한 결과는 오직 하나!

$$60 = 2 \times 30$$
$$= 2 \times 2 \times 15$$
$$= 2 \times 2 \times 3 \times 5$$
$$= 2^2 \times 3 \times 5$$

소수만 남을 때 까지 분해

가장 작은 소인수부터 차례로 나눈다.

```
2 ) 60
2 ) 30
3 ) 15
      5
```

$$= 2^2 \times 3 \times 5$$

06 제곱인 수

소인수분해를 이용하면 제곱인 수인지 아닌지를 쉽게 판단할 수 있어.

지수가 짝수이면 제곱인 수를 만들 수 있어!

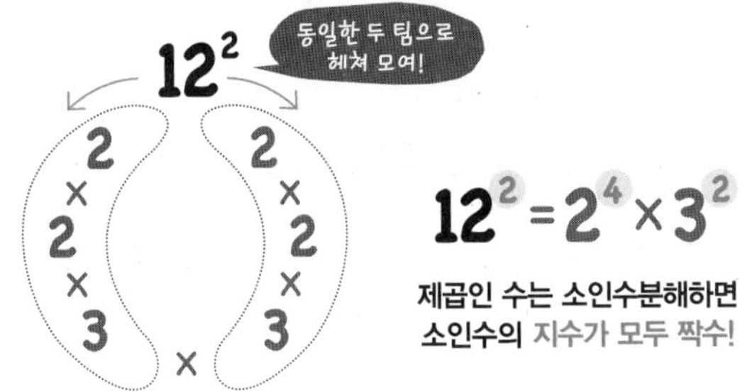

12²
동일한 두 팀으로
헤쳐 모여!
2 × 2 × 3
×
2 × 2 × 3
12² = 2⁴ × 3²
제곱인 수는 소인수분해하면
소인수의 지수가 모두 짝수!

07 소인수분해와 약수

소인수분해한 결과를 표로 그리면 약수를 구하기 쉬워.

소인수분해하면 수의 구조가 보여!

$$12 = 2^2 \times 3$$

우리가 만드는 모든 조합은 12의 약수!

×	1	2^1	2^2
1	1	2^1	2^2
3^1	3^1	$2^1 \times 3^1$	$2^2 \times 3^1$

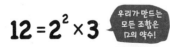

12의 약수

01 모든 자연수는 1과 소수, 합성수로 이루어져 있어!

소수와 합성수

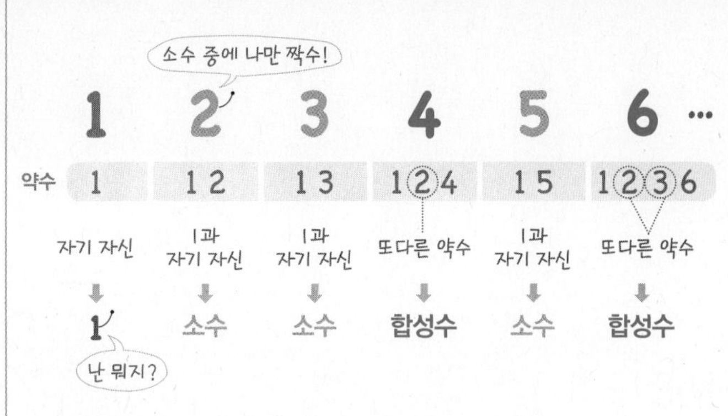

- **소수**: 1보다 큰 자연수 중에서 1과 자기 자신만을 약수로 가지는 수
- **합성수**: 1보다 큰 자연수 중에서 소수가 아닌 수
- 1: 소수도 합성수도 아닌 수

원리확인 다음은 자연수를 약수의 개수로 분류한 것이다. □ 안에 알맞은 것을 써넣으시오.

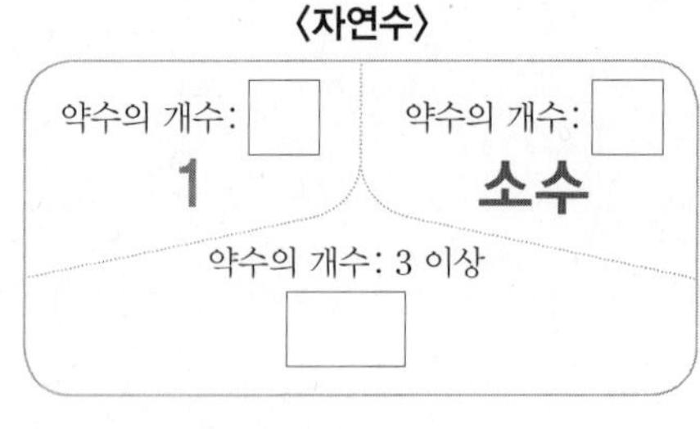

1st 소수와 합성수 구분하기

● 다음 수의 약수를 모두 구하고 옳은 것에 ○를 하시오.

1 7 → 약수: □, 7 ← 1과 자기 자신

따라서 7은 (소수 , 합성수)이다.

2 8 → 약수: 1, ②, ④, □ (또 다른 약수)

따라서 8은 (소수 , 합성수)이다.

3 9 → 약수: ____________

따라서 9는 (소수 , 합성수)이다.

4 11 → 약수: ____________

따라서 11은 (소수 , 합성수)이다.

5 15 → 약수: ____________

따라서 15는 (소수 , 합성수)이다.

6 17 → 약수: ____________

따라서 17은 (소수 , 합성수)이다.

7 20 → 약수: ____________

따라서 20은 (소수 , 합성수)이다.

8 23 → 약수: ____________

따라서 23은 (소수 , 합성수)이다.

내가 발견한 개념 소수의 약수의 개수는 몇 개일까?

- 소수: 1과 자기 자신만 약수 → 약수의 개수는 □개

2nd 소수와 합성수 찾기

● 다음 표에서 소수에는 ○를, 합성수에는 △를 하고 개수를 각각 구하시오.

9

1	2	3	4	5	6	7	8	9	10
11	12	13	14	15	16	17	18	19	20
21	22	23	24	25	26	27	28	29	30

→ 소수 (   )개, 합성수 (   )개

내가 발견한 개념 ○표도 아니고 △표도 아닌 것은?

• ☐은 소수도 합성수도 NO! ➔ 약수의 개수는 ☐개

10

1	3	5	7	9	11	13	15	17	19
21	23	25	27	29	31	33	35	37	39

→ 소수 (   )개, 합성수 (   )개

11

2	4	6	8	10	12	14	16	18	20
22	24	26	28	30	32	34	36	38	40

→ 소수 (   )개, 합성수 (   )개

내가 발견한 개념 왜 짝수 중에서 소수는 2뿐이지?

• 2보다 큰 ☐ ➔ 2로 나누어지므로 합성수!

3rd 소수와 합성수의 성질 알기

● 다음 설명 중 옳은 것은 ○를, 옳지 않은 것은 ×를 (   ) 안에 써넣으시오.

12 소수의 약수는 1과 자기 자신뿐이다. (   )

13 1은 소수도 합성수도 아니다. (   )

14 가장 작은 소수는 2이다. (   )

15 소수는 모두 홀수이다. (   )

16 자연수는 소수와 합성수로 이루어져 있다. (   )

개념모음문제

17 다음 설명 중 옳은 것은?

① 모든 홀수는 소수이다.
② 가장 작은 합성수는 1이다.
③ 2의 배수 중에서 소수는 1개이다.
④ 81은 소수이다.
⑤ 합성수는 약수가 3개이다.

02 합성수를 소수들만의 곱으로 간단하게 표현할 때 쓰지!

거듭제곱

나를 100번 곱해볼래?

2×2×2×2×2×2×2×2×2×2

2^{100} …… 지수, …… 밑 '2의 백제곱'이라 읽는다.

- **거듭제곱**: 같은 수를 여러 번 곱할 때, 이를 간단히 나타내는 방법
- **밑**: 거듭제곱에서 거듭하여 곱한 수 또는 문자
- **지수**: 거듭제곱에서 밑이 곱해진 횟수

원리확인 다음 □ 안에 알맞은 수를 써넣으시오.

❶ $2=2^{\square}$ ← 지수가 1이면 생략하기로 해!

❷ $2\times2=2^{\square}$

❸ $2\times2\times2=2^{\square}$

❹ $2\times2\times2\times2=\square$

❺ $2\times2\times2\times2\times2=\square$

1st — 거듭제곱 알기

● 다음 □ 안에 알맞은 것을 써넣으시오.

1 3^3 → [3]의 [세] 제곱

2 5^5 → □의 □ 제곱

3 6^7 → □의 □ 제곱

4 $\left(\frac{1}{2}\right)^2$ → □의 제곱

5 $\left(\frac{1}{3}\right)^4$ → □의 □ 제곱

● 다음 수의 밑과 지수를 각각 구하시오.

6 7^2 → 밑: 7, 지수: □

7 13^3 → 밑: ______, 지수: ______

8 $\left(\frac{1}{3}\right)^5$ → 밑: ______, 지수: ______

9 $(0.7)^8$ → 밑: ______, 지수: ______

2nd — 거듭제곱으로 표현하기

● 다음을 거듭제곱으로 나타내시오.

10 (1) $3\times3\times3=3^{\square}$

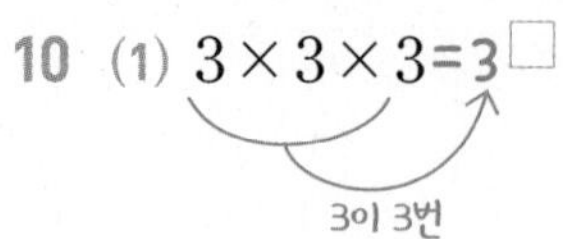

(2) $6\times6\times6\times6$

(3) $9\times9\times9\times9\times9$

(4) $10\times10\times10\times10$

(5) 23×23

11 (1) $2\times2\times5\times5\times5=2^{\square}\times5^{\square}$

같은 수끼리만 거듭제곱으로 표현할 수 있어!

(2) $3\times3\times3\times7\times7\times7$

(3) $2\times2\times3\times3\times3\times5\times5\times5\times5$

(4) $5\times5\times5+7\times7\times7$

덧셈 기호에 주의해!

12 (1) $\frac{1}{5}\times\frac{1}{5}\times\frac{1}{5}=\left(\frac{1}{5}\right)^{\square}=\frac{1}{5\times5\times5}=\frac{1}{5^{\square}}$

분자가 1이면 괄호 없이 분모에 거듭제곱으로도 표현할 수 있어!

(2) $\frac{2}{3}\times\frac{2}{3}\times\frac{2}{3}\times\frac{2}{3}$

(3) $\frac{2}{3}\times\frac{2}{3}\times\frac{1}{7}\times\frac{1}{7}\times\frac{1}{7}$

개념모음문제

13 $2\times5\times3\times3\times5\times3=2^{a}\times3^{b}\times5^{c}$일 때, $a+b+c$의 값은? (단, a, b, c는 자연수이다.)

① 3 ② 4 ③ 5
④ 6 ⑤ 7

3rd 거듭제곱의 값 구하기

● 다음 거듭제곱의 값을 구하시오.

14 $2^4=2\times2\times2\times2=\square$

2^4을 2×4로 계산하지 않도록 주의해!

15 (1) $3^3\times2^2$ (2) $\frac{1}{5^3}$

16 (1) $\left(\frac{2}{5}\right)^2$ (2) $\frac{2^2}{5^2}$

17 (1) 1^5 (2) 1^{11}

(3) 1^{20} (4) 1^{1001}

내가 발견한 개념 — 1의 거듭제곱의 규칙을 찾아봐!

• $1^{1000000000000000000\cdots}=\square$ → 1의 거듭제곱은 항상 $\square$이다.

18 (1) 10^2 (2) 10^3

(3) 10^4 (4) 10^5

내가 발견한 개념 — 10의 거듭제곱에서 0의 개수를 살펴봐!

• $10^n=10000000\cdots0$ ($\square$개)

개념모음문제

19 3^5에 대한 다음 설명 중 옳지 않은 것은?

① 243과 같다.
② 지수는 5이다.
③ 밑은 3이다.
④ $3\times3\times3\times3\times3$을 나타낸 것이다.
⑤ '3의 세제곱'이라 읽는다.

03 자연수를 만드는 기본 재료!

인수와 소인수

우리로 인해 12가 만들어지지! 그래서 인수

우린 소수니까! 소인수

- **인수**: 자연수 a, b, c에 대하여 $a=b\times c$일 때, b와 c를 a의 인수라 한다.
  (b와 c는 a의 약수이기도 하다.)
- **소인수**: 어떤 자연수의 인수 중에서 소수인 수

원리확인 다음 □ 안에 알맞은 수를 써넣으시오.

$20=1\times20=2\times10=4\times5$

❶ 20의 인수 → 1, 2, 4, □, □, □

❷ 20의 소인수 → □, □

1st 인수 구하기

● 다음 수를 두 자연수의 곱으로 나타내고, 인수를 쓰시오.

1 $12<\begin{matrix}1\\\times\\12\end{matrix}$ $12<\begin{matrix}2\\\times\\6\end{matrix}$ $12<\begin{matrix}3\\\times\\4\end{matrix}$

→ 12의 인수: 1, 2, 3, □, 6, 12

2 $16<\begin{matrix}1\\\square\end{matrix}$ $16<\begin{matrix}\square\\\square\end{matrix}$ $16<\begin{matrix}\square\\4\end{matrix}$

→ 16의 인수: ______

3 $18<\begin{matrix}1\\18\end{matrix}$ $18<\begin{matrix}2\\\square\end{matrix}$ $18<\begin{matrix}\square\\6\end{matrix}$

→ 18의 인수: ______

4 $24<\begin{matrix}1\\\square\end{matrix}$ $24<\begin{matrix}2\\\square\end{matrix}$ $24<\begin{matrix}\square\\8\end{matrix}$ $24<\begin{matrix}\square\\6\end{matrix}$

→ 24의 인수: ______

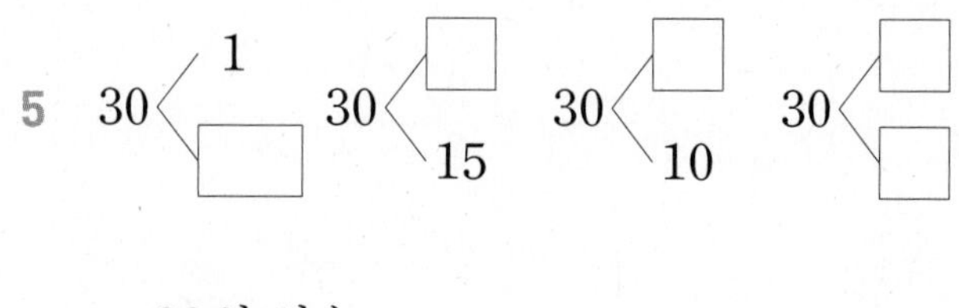

5 $30<\begin{matrix}1\\\square\end{matrix}$ $30<\begin{matrix}\square\\15\end{matrix}$ $30<\begin{matrix}\square\\10\end{matrix}$ $30<\begin{matrix}\square\\\square\end{matrix}$

→ 30의 인수: ______

6 $54<$ $54<$ $54<$ $54<$

→ 54의 인수: ______

7 $64<$ $64<$ $64<$ $64<$

→ 64의 인수: ______

8 80〈 80〈 80〈 80〈 80〈

→ 80의 인수: ....

9 88〈 88〈 88〈 88〈

→ 88의 인수: ....

10 92〈 92〈 92〈

→ 92의 인수: ....

11 100〈 100〈 100〈

100〈 100〈

→ 100의 인수: ....

12 112〈 112〈 112〈

112〈 112〈

→ 112의 인수: ....

13 120〈 120〈 120〈

120〈 120〈 120〈

120〈 120〈

→ 120의 인수: ....

14 125〈 125〈

→ 125의 인수: ....

15 162〈 162〈 162〈

162〈 162〈

→ 162의 인수: ....

16 175〈 175〈 175〈

→ 175의 인수: ....

자연수 a, b, c에 대하여
a=b×c일 때
b, c를 a의 인수라 한다.

2nd 인수와 소인수 구분하기

• 다음 수의 인수와 소인수를 구하시오.

17 9

→ 인수: 1, ③, □

→ 소인수: □

소수인 것만 찾아봐!

18 13

→ 인수:

→ 소인수:

19 15

→ 인수:

→ 소인수:

20 21

→ 인수:

→ 소인수:

21 27

→ 인수:

→ 소인수:

22 28

→ 인수:

→ 소인수:

23 36

→ 인수:

→ 소인수:

24 45

→ 인수:

→ 소인수:

25 50

→ 인수:

→ 소인수:

26 52

→ 인수:

→ 소인수:

27 72

→ 인수:

→ 소인수:

28 84

→ 인수:

→ 소인수:

29 86

→ 인수:

→ 소인수:

30 87

→ 인수:

→ 소인수:

31 90

→ 인수:

→ 소인수:

32 93

→ 인수:

→ 소인수:

33 101

→ 인수:

→ 소인수:

34 121

→ 인수:

→ 소인수:

35 140

→ 인수:

→ 소인수:

개념모음문제

36 다음 중 2와 3을 모두 소인수로 갖는 자연수인 것은?

① 8 ② 15 ③ 21
④ 30 ⑤ 63

04 **1보다 큰 자연수는 소수들만의 곱으로 분해돼!**

소인수분해

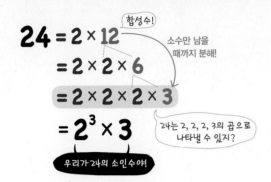

$24 = 2 \times 12$ (합성수!)
$= 2 \times 2 \times 6$
$= 2 \times 2 \times 2 \times 3$
$= 2^3 \times 3$

소수만 남을 때까지 분해!

24는 2, 2, 2, 3의 곱으로 나타낼 수 있지?

우리가 24의 소인수야!

• **소인수분해** : 자연수를 소인수들만의 곱으로 나타내는 것

원리확인 다음 □ 안에 알맞은 수를 써넣으시오.

❶ $48 = 2 \times \square$
$= 2 \times 2 \times \square$
$= 2 \times 2 \times 2 \times \square$
$= 2 \times 2 \times 2 \times 2 \times \square$
$= 2^4 \times 3$

소수로 끝날 때까지 끝난 게 아니야!

❷ $60 = 2 \times \square$
$= 2 \times 2 \times \square$
$= 2 \times 2 \times 3 \times \square$
$= 2^2 \times 3 \times 5$

1st — 소인수 찾기

● 소인수분해한 결과를 이용하여 다음 수의 소인수를 모두 구하시오.

1 20 → 소인수분해: $2^2 \times 5$
→ 소인수: 2, □

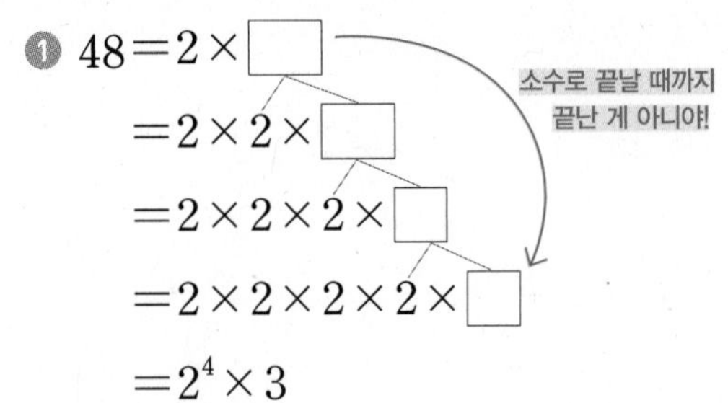

2 21 → 소인수분해: 3×7
→ 소인수:

3 32 → 소인수분해: 2^5
→ 소인수:

4 90 → 소인수분해: $2 \times 3^2 \times 5$
→ 소인수:

5 100 → 소인수분해: $2^2 \times 5^2$
→ 소인수:

6 242 → 소인수분해: 2×11^2
→ 소인수:

7 315 → 소인수분해: $3^2 \times 5 \times 7$
→ 소인수:

내가 발견한 개념 — 소인수분해하면 보이는 것은?

• 소인수분해한 결과를 보면 약수를 구하지 않고도 □를 찾을 수 있다.

2nd 소인수분해한 결과 나타내기

● 다음 주어진 수의 소인수분해한 결과를 간단히 나타내시오.
(단, 작은 소인수부터 차례로 쓰고, 같은 소인수의 곱은 거듭제곱으로 나타낸다.)

8 $12=2\times6$
$=2\times2\times3$
$=$ $2^{\square}\times3$

9 $28=2\times14$
$=2\times2\times7$
$=$ ______

10 $36=2\times18$
$=2\times2\times9$
$=2\times2\times3\times3$
$=$ ______

11 $40=2\times20$
$=2\times2\times10$
$=2\times2\times2\times5$
$=$ ______

소인수분해
$5^2\times7$
소수의 곱으로 표현된 수

단항식
$a^2\times b$
문자의 곱으로 표현된 식

문자와 식에서 배울 거야!

12 $75=3\times25$
$=3\times5\times5$
$=$ ______

13 $99=3\times33$
$=3\times3\times11$
$=$ ______

14 $150=2\times75$
$=2\times3\times25$
$=2\times3\times5\times5$
$=$ ______

15 $245=5\times49$
$=5\times7\times7$
$=$ ______

16 $325=5\times65$
$=5\times5\times13$
$=$ ______

17 $405=3\times135$
$=3\times3\times45$
$=3\times3\times3\times15$
$=3\times3\times3\times3\times5$
$=$ ______

05 소인수분해한 결과는 오직 하나!

소인수분해하는 방법

방법1 소수의 곱으로 나타내기

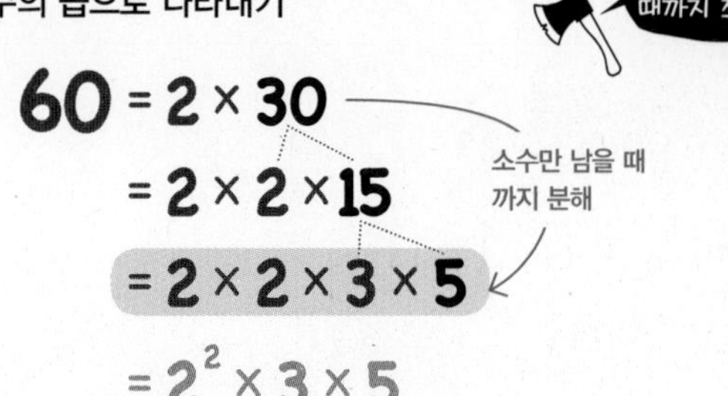

방법2 가지치기

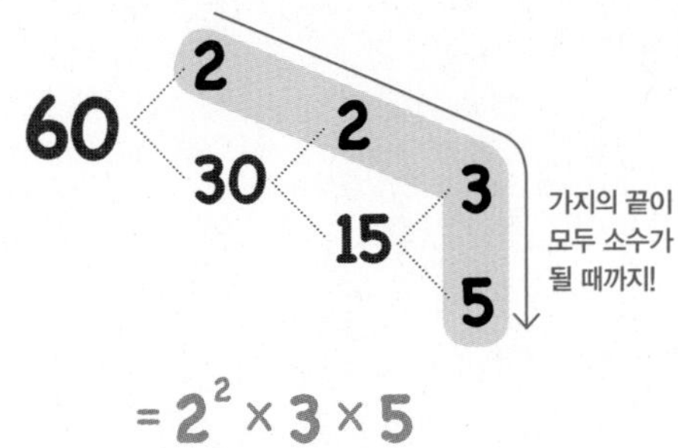

$=2^2\times3\times5$

방법3 거꾸로 나눗셈

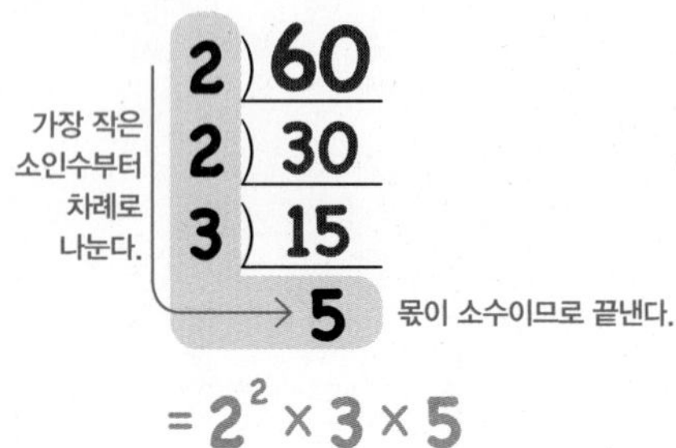

2) 60
2) 30
3) 15
5
가장 작은 소인수부터 차례로 나눈다.
몫이 소수이므로 끝낸다.

$=2^2\times3\times5$

• 소인수분해하는 방법

(i) 나누어떨어지는 소수로 나눈다.

(ii) 몫이 소수가 될 때까지 나눈다.

(iii) 나눈 소수들과 마지막 몫을 곱셈 기호 × 로 연결한다. 이때 소인수분해한 결과는 작은 소인수부터 차례로 쓰고, 같은 소인수의 곱은 거듭제곱으로 나타낸다.

참고 모든 합성수는 (소수) × (소수) × ⋯ × (소수)로 나타낼 수 있고, 어떤 합성수이든지 소수들의 곱의 형태는 하나만 존재한다.

1st — 소인수분해하기

● 다음 수를 소인수분해하시오.

방법1 소수의 곱으로 나타내기

1 $12=2\times$ [6]
$=2\times2\times$ [3]
→ $12=$ [ ]

2 $20=2\times$ [ ]
$=2\times2\times$ [ ]
→ $20=$

3 $45=3\times$ [ ]
$=3\times3\times$ [ ]
→ $45=$

4 $72=2\times$ [ ]
$=2\times2\times$ [ ]
$=2\times2\times2\times$ [ ]
$=2\times2\times2\times3\times$ [ ]
→ $72=$

5 $135=3\times$ [ ]
$=3\times3\times$ [ ]
$=3\times3\times3\times$ [ ]
→ $135=$

6 $30=$

$\rightarrow 30=$ ....

7 $33=$

$\rightarrow 33=$ ....

8 $48=$

$\rightarrow 48=$ ....

9 $52=$

$\rightarrow 52=$ ....

10 $65=$

$\rightarrow 65=$ ....

방법2 **가지치기**

11 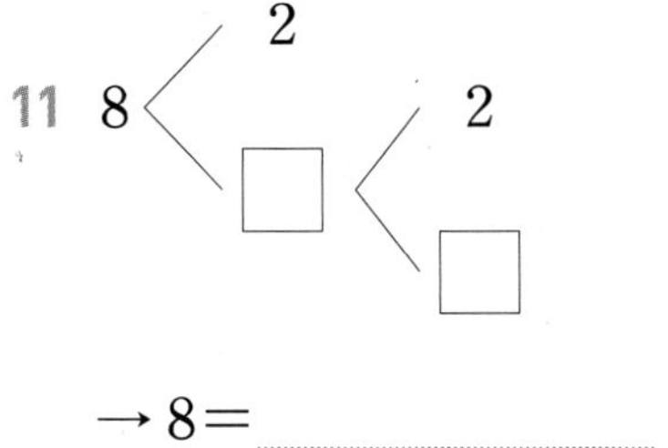

$\rightarrow 8=$ ....

12 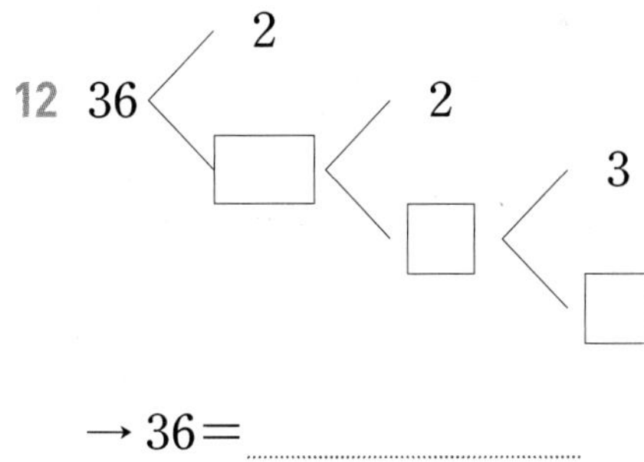

$\rightarrow 36=$ ....

13 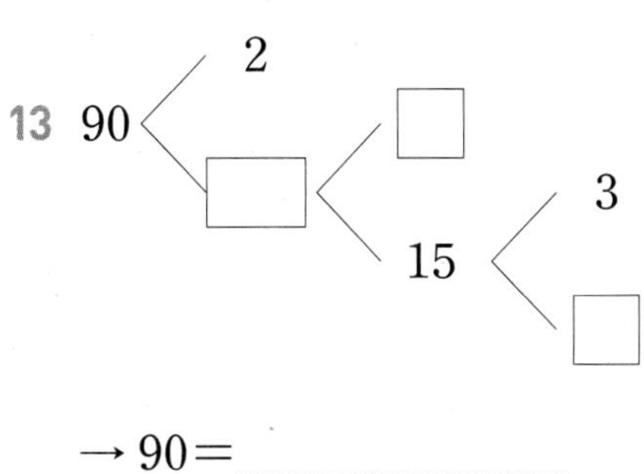

$\rightarrow 90=$ ....

14 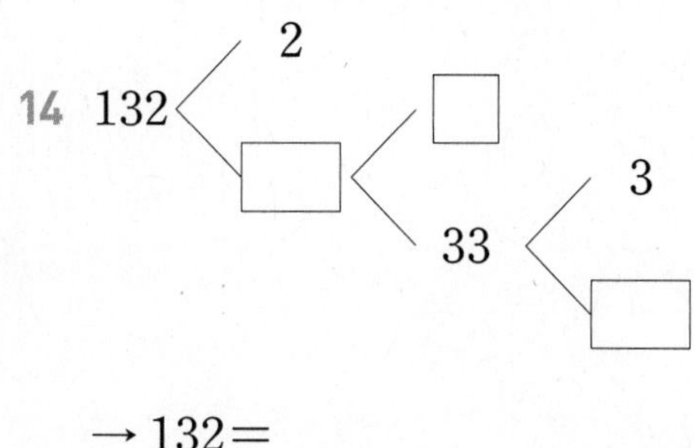

→ 132=

15 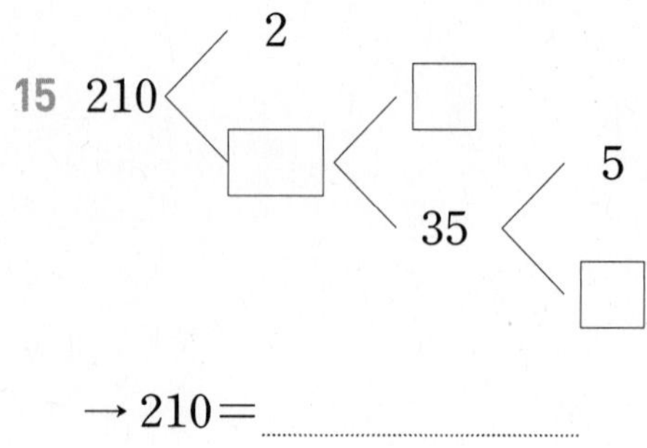

→ 210=

16 27

→ 27=

17 51

→ 51=

18 63

→ 63=

19 140

→ 140=

20 182

→ 182=

방법3 거꾸로 나눗셈

21 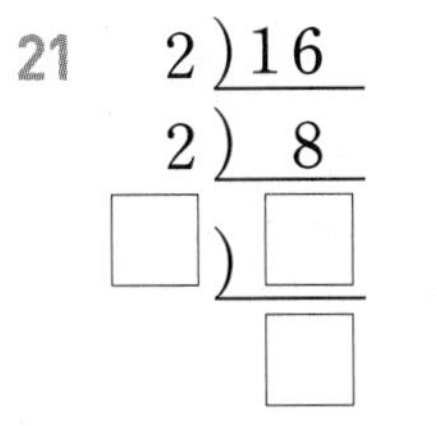

→ 16= ....

22 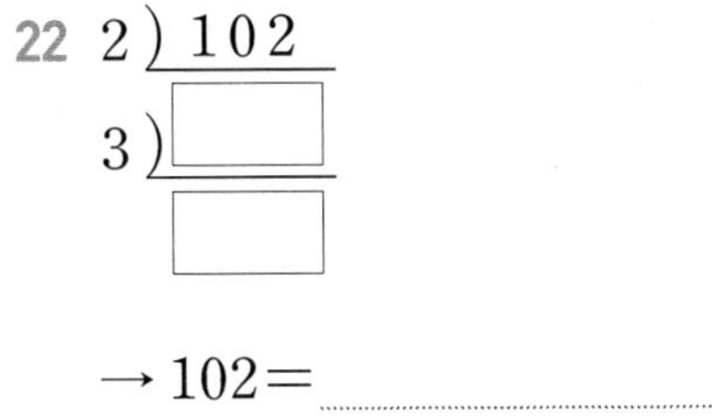

→ 102= ....

23 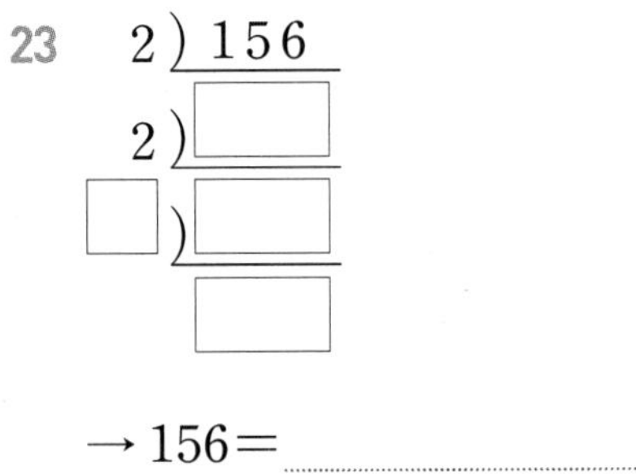

→ 156= ....

24 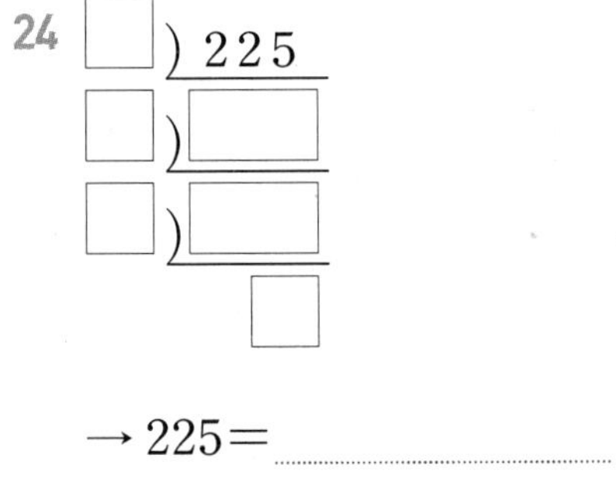

→ 225= ....

25 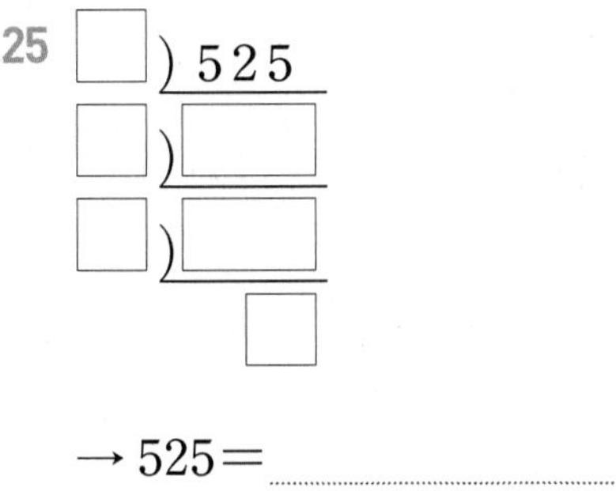

→ 525= ....

26) 150

→ 150= ....

27) 168

→ 168= ....

28) 180

→ 180= ....

29 $\overline{)\,240}$

→ $240=$ ....

30 $\overline{)\,675}$

→ $675=$ ....

개념모음문제

31 375가 $a\times5^b$으로 소인수분해될 때, 두 자연수 a, b에 대하여 $a\times b$의 값은?

① 1 ② 3 ③ 5
④ 7 ⑤ 9

2nd 소인수분해한 후 소인수 구하기

● 다음 수를 소인수분해하고, 그 수의 소인수를 모두 구하시오.

32 58

→ $58=$ ....

→ 소인수: ....

33 66

→ $66=$ ....

→ 소인수: ....

34 91

→ $91=$ ....

→ 소인수: ....

35 96

→ $96=$ ....

→ 소인수: ....

36 105

→ $105=$ ....

→ 소인수: ....

37 120

→ 120=

→ 소인수:

38 132

→ 132=

→ 소인수:

39 144

→ 144=

→ 소인수:

40 153

→ 153=

→ 소인수:

41 174

→ 174=

→ 소인수:

42 220

→ 220=

→ 소인수:

43 270

→ 270=

→ 소인수:

개념모음문제

44 다음 중 364의 소인수가 <u>아닌</u> 것을 모두 고르면? (정답 2개)

① 2 ② 3 ③ 5
④ 7 ⑤ 13

06 지수가 짝수이면 제곱인 수를 만들 수 있어!

제곱인 수

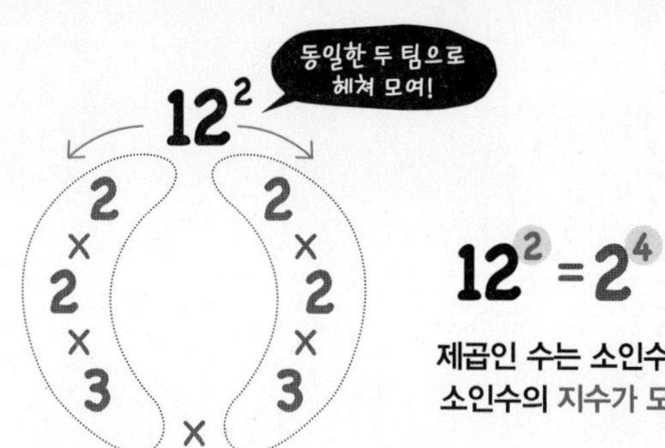

$12^2 = 2^4 \times 3^2$

제곱인 수는 소인수분해하면 소인수의 지수가 모두 짝수!

- **제곱인 수:** 1, 4, 9, 16, 25, …와 같이 어떤 수를 제곱하여 얻은 수
- **제곱인 수의 판별 :** 소인수분해에서 소인수의 지수가 모두 짝수이면 제곱인 수가 된다.

예) $2^4 \times 3^2 = 2 \times 2 \times 2 \times 2 \times 3 \times 3$
$= (2 \times 2 \times 3) \times (2 \times 2 \times 3)$
$= 12 \times 12$
$= 12^2$

- **제곱인 수 만들기:** 주어진 수를 소인수분해한 결과에서 홀수인 지수가 짝수가 되도록 적당한 수를 곱하거나 나눈다.

예) $12 = 2^2 \times 3^1$ ← 3의 지수가 홀수

① 3을 곱하면
$2^2 \times 3 \times 3 = 2^2 \times 3^2$
$= 36$
$= 6^2$

② 3으로 나누면
$\frac{2^2 \times 3}{3} = 2^2$

(제곱인 수)

1st 제곱인 수 찾기

● 다음 수 중 어떤 자연수의 제곱이 되는 수인 것은 ○를, 아닌 수인 것은 ×를 ( ) 안에 써넣으시오.

1 7^2 ( )

2 11^3 ( )

3 17^4 ( )

4 23^5 ( )

5 $2^2 \times 3^2$ ( )

6 $2^3 \times 3^4$ ( )

7 $2^2 \times 3^2 \times 5$ ( )

8 $2^4 \times 3^2 \times 5^2$ ( )

9 36 ( )

10 100 ( )

11 169 ( )

2nd 곱하여 제곱인 수 만들기

● 다음 수가 어떤 자연수의 제곱이 되도록 할 때, 곱할 수 있는 가장 작은 자연수를 구하시오.

12 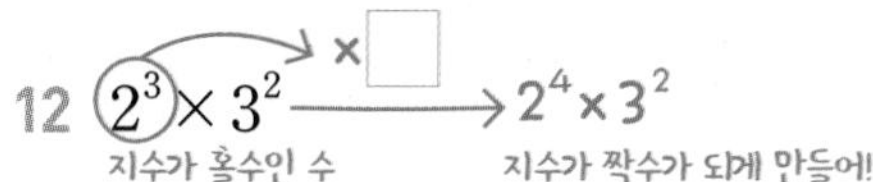

13 $2^3 \times 3^3$
지수가 홀수인 수가 2개면 두 수의 곱이 곱해야 할 가장 작은 자연수야!

14 $2^2 \times 3 \times 7$
지수 1은 보통 생략하니까 $3=3^1$, $7=7^1$이야!

15 24

16 98

17 126

개념모음문제

18 500에 자연수를 곱하여 어떤 자연수의 제곱이 되도록 할 때, 곱할 수 있는 자연수 중에서 가장 작은 자연수는?

① 2 ② 3 ③ 5
④ 7 ⑤ 9

3rd 나누어 제곱인 수 만들기

● 다음 수가 어떤 자연수의 제곱이 되도록 할 때, 나눌 수 있는 가장 작은 자연수를 구하시오.

19 $2^3 \times 3^2$ ÷□ → $2^2 \times 3^2$
지수가 홀수인 수 지수가 짝수가 되게 만들어!

20 $2^3 \times 3^3$
지수가 홀수인 수가 2개면 두 수의 곱이 나누어야 할 가장 작은 자연수야!

21 $2^2 \times 3 \times 7$

22 24

23 98

24 126

개념모음문제

25 500을 자연수로 나누어 어떤 자연수의 제곱이 되도록 할 때, 나눌 수 있는 자연수 중에서 가장 작은 자연수는?

① 2 ② 3 ③ 5
④ 7 ⑤ 9

07 소인수분해하면 수의 구조가 보여!

소인수분해와 약수

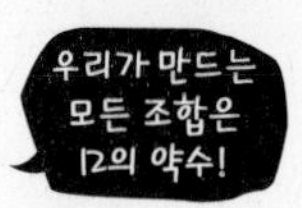

우리가 만드는
모든 조합은
12의 약수!

$12=2^2\times3$

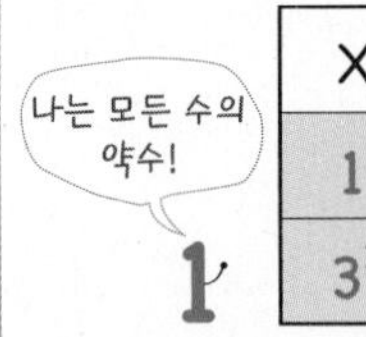

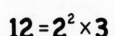

×	1	2^1	2^2
1	1	2^1	2^2
3^1	3^1	$2^1\times3^1$	$2^2\times3^1$

12의 약수

- **소인수분해를 이용하여 약수 구하기**

자연수 A가

$A=a^m\times b^n$(a, b는 서로 다른 소수, m, n은 자연수)

으로 소인수분해될 때,

① A의 약수는 a^m의 약수와 b^n의 약수를 각각 구하고 하나씩 짝지어 곱하여 구한다.

예 $12=2^2\times3$의 약수:

(2^2의 약수)×(3의 약수)=(12의 약수)

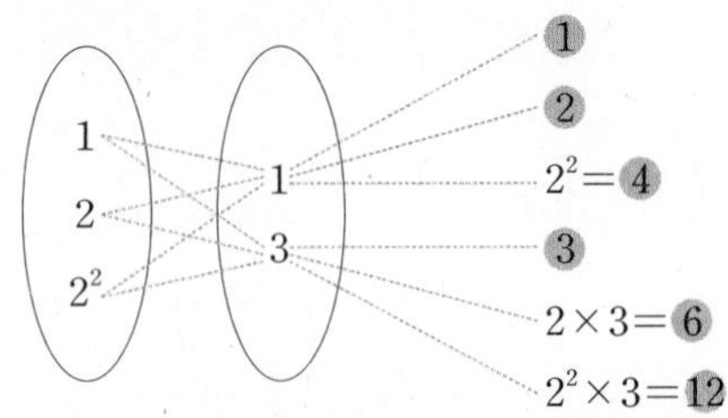

따라서 12의 약수는 1, 2, 3, 4, 6, 12이다.

② A의 약수의 개수는 $(m+1)\times(n+1)$이다.

예 $12=2^2\times3^1 \rightarrow (2+1)\times(1+1)=3\times2=6$

12의 약수의 개수

1st 거듭제곱의 약수 구하기

- **다음은 수의 약수와 약수의 개수를 나타낸 것이다. □ 안에 알맞은 수를 써넣으시오.**

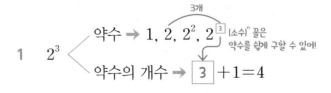

1 2^3
약수 → $1,\ 2,\ 2^2,\ 2^{\boxed{3}}$ (3개) (소수)^n 꼴은 약수를 쉽게 구할 수 있어!
약수의 개수 → $\boxed{3}+1=4$

2 2^4
약수 → $1,\ 2,\ 2^2,\ 2^3,\ 2^{\square}$
약수의 개수 → $\square+1=5$

3 2^5
약수 → $1,\ 2,\ 2^2,\ 2^3,\ 2^4,\ 2^{\square}$
약수의 개수 → $\square+1=6$

4 2^6
약수 → $1,\ 2,\ 2^2,\ 2^3,\ 2^4,\ 2^5,\ 2^{\square}$
약수의 개수 → $\square+1=7$

5 2^7
약수 → $1,\ 2,\ 2^2,\ 2^3,\ 2^4,\ 2^5,\ 2^6,\ 2^{\square}$
약수의 개수 → $\square+1=8$

6 11^4
약수 → $1,\ 11,\ 11^2,\ 11^3,\ 11^{\square}$
약수의 개수 → $\square+1=5$

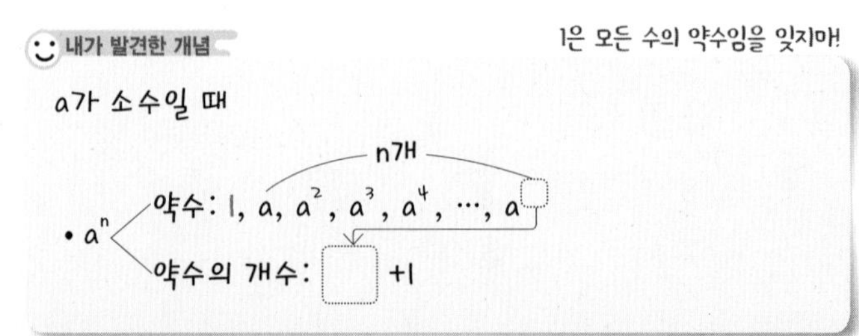

내가 발견한 개념
1은 모든 수의 약수임을 잊지마!
a가 소수일 때
n개
• a^n
약수: 1, a, a^2, a^3, a^4, ⋯, $a^{\square}$
약수의 개수: □ +1

2nd 소인수분해를 이용하여 약수 구하기

● 다음 표를 곱의 형태로 완성하고 빈칸에 알맞은 수를 써넣으시오.

7 $15=3\times5$

$\times$	1	3
1	1	
5		3×5

→ ☐의 약수

8 $18=2\times3^2$

$\times$	1	2
1	1	
3		2×3
3^2		

→ ☐의 약수

9 $63=3^2\times7$

$\times$	1	3	3^2
1	1	3	3^2
7			

→ ☐의 약수

10 $98=2\times7^2$

$\times$	1	2
1	1	
7	7	
7^2	7^2	

→ ☐의 약수

11 $100=2^2\times5^2$

$\times$	1	2	2^2
1	1		
5		2×5	
5^2			$2^2\times5^2$

→ ☐의 약수

12 $144=2^4\times3^2$

$\times$	1	2	2^2	2^3	2^4
1	1		2^2		2^4
3	3			$2^3\times3$	
3^2		2×3^2			

→ ☐의 약수

13 $325=5^2\times13$

$\times$	1	5	5^2
1			
13			

→ ☐의 약수

14 $400=2^4\times5^2$

$\times$	1	2	2^2	2^3	2^4
1					
5					
5^2					

→ ☐의 약수

● 소인수분해를 이용하여 다음 수의 약수를 곱의 형태로 모두 구하시오.

15 2×5 → 약수: 1, 2, 5, 2×5

16 2×3^2 → 약수: ______

17 24 → 약수: ______

18 61 → 약수: ______

19 74 → 약수: ______

20 297 → 약수: ______

21 441 → 약수: ______

● 주어진 수의 약수를 보기에서 있는 대로 고르시오.

22 2^5

보기

ㄱ. 1　ㄴ. 2　ㄷ. 2^2
ㄹ. 2^3　ㅁ. 2^4　ㅂ. 2^5

23 $2^2\times3$

보기

ㄱ. 1　ㄴ. 2　ㄷ. 3
ㄹ. 2^2　ㅁ. 2×3　ㅂ. 2×3^2

24 $2\times3^2\times5$

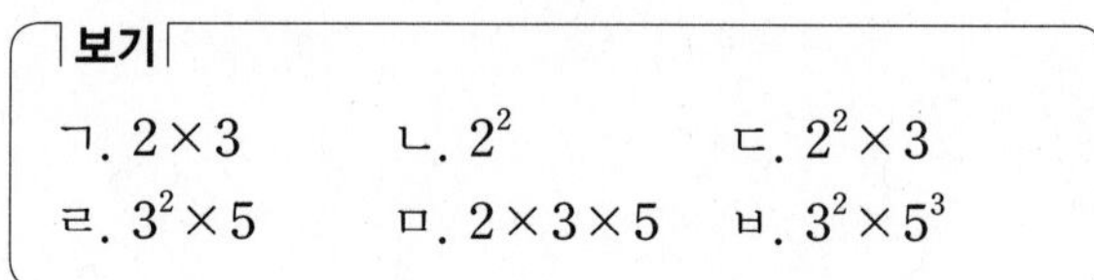

보기

ㄱ. 2×3　ㄴ. 2^2　ㄷ. $2^2\times3$
ㄹ. $3^2\times5$　ㅁ. $2\times3\times5$　ㅂ. $3^2\times5^3$

25 92

보기

ㄱ. 1　ㄴ. 2　ㄷ. 4
ㄹ. 23　ㅁ. $2^2\times23$　ㅂ. $2^2\times23^2$

개념모음문제

26 다음 중 756의 약수가 아닌 것은?

① 2×3　② 3×7
③ $2^2\times3\times7$　④ $2^2\times3\times7^2$
⑤ $2^2\times3^2\times7$

3rd 약수의 개수 구하기

● 다음 수의 약수의 개수를 구하시오.

27 5^2

×	1	5	5^2
1			

(칸의 개수) = (약수의 개수)

→ 약수의 개수: $3\times1=$ ______

28 $2^2\times5$

×	1	2	2^2
1			
5			

(칸의 개수) = (약수의 개수)

→ 약수의 개수: $3\times2=$ ______

29 2×3^3

×	1	2
1		
3		
3^2		
3^3		

(칸의 개수) = (약수의 개수)

→ 약수의 개수: $2\times4=$ ______

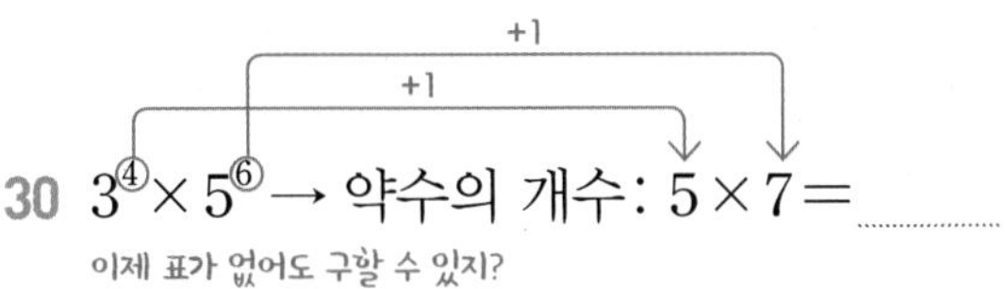

30 $3^{④}\times5^{⑥}$ → 약수의 개수: $5\times7=$ ______

이제 표가 없어도 구할 수 있지?

31 $2^7\times11^2$ → 약수의 개수: ______

32 $23^4\times37^3$ → 약수의 개수: ______

33 4×7 → 약수의 개수: ______

주어진 수가 소인수의 곱으로 이루어져있는지 확인해봐!

34 2×26 → 약수의 개수: ______

35 $2\times3\times11$ → 약수의 개수: ______

소인수가 3개인 경우에도 지수에 각각 1을 더한 후 곱하면 돼!

36 $2^2\times3^2\times5$ → 약수의 개수: ______

37 $7^2\times11^3\times13^2$ → 약수의 개수: ______

38 18 → 약수의 개수: ______

소인수분해를 해봐!

39 22 → 약수의 개수: ______

40 30 → 약수의 개수: ______

41 49 → 약수의 개수: ______

42 78 → 약수의 개수: ______

43 120 → 약수의 개수: ______

44 171 → 약수의 개수: ______

45 180 → 약수의 개수: ______

46 504 → 약수의 개수: ______

47 625 → 약수의 개수: ______

48 875 → 약수의 개수: ______

49 1274 → 약수의 개수: ______

내가 발견한 개념 소인수분해와 약수의 개수와의 관계는?

a, b가 서로 다른 소수일 때

- $A=a^m \times b^n$ —A의 약수의 개수→ $(m+1) \times (n+\square)$

a^m의 약수의 개수 b^n의 약수의 개수

개념모음문제

50 3^5의 약수의 개수를 a, $2^3 \times 3^2$의 약수의 개수를 b라 할 때, a, b에 대하여 $a+b$의 값은?

① 12 ② 15 ③ 18
④ 21 ⑤ 24

TEST 1. 소인수분해

1 10 이상 25 이하의 자연수 중에서 소수는 모두 몇 개인가?

① 1 ② 2 ③ 3
④ 4 ⑤ 5

2 다음 **보기**에서 옳은 것만을 있는 대로 고르시오.

보기
ㄱ. 모든 소수는 약수가 2개이다.
ㄴ. 짝수는 모두 합성수이다.
ㄷ. 가장 작은 소수는 2이다.
ㄹ. 3의 배수 중에서 소수는 1개뿐이다.

3 다음 중에서 옳은 것은?

① $3+3+3+3=3^4$
② $3^2=6$
③ $6\times6\times6=6^3$
④ $2\times2\times2\times2\times2=5^2$
⑤ $3\times3+5\times5=3^2\times5^2$

4 다음 중 소인수의 개수가 나머지와 다른 것은?

① 15 ② 16 ③ 18
④ 20 ⑤ 28

5 108에 자연수를 곱하여 어떤 자연수의 제곱이 되게 하려 할 때, 곱할 수 있는 자연수 중 가장 작은 자연수를 구하시오.

6 다음은 84를 소인수분해하는 과정을 나타낸 것이다.

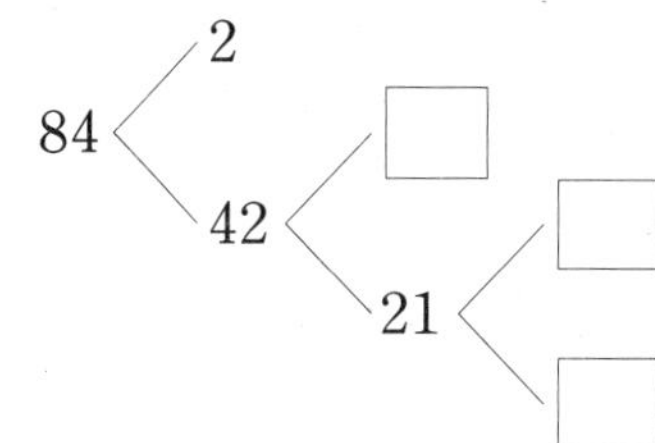

이 과정을 보고 정리한 **보기**에서 옳은 것만을 있는 대로 고르시오.

보기
ㄱ. 84를 소인수분해하면 $2\times3^2\times7$이다.
ㄴ. 84의 약수의 개수는 12이다.
ㄷ. 84의 소인수는 2, 3, 7이다.
ㄹ. 곱하는 순서를 생각하지 않으면 84를 소인수분해한 결과는 오직 하나뿐이다.

2

소인수분해로 구하는 최대공약수와 최소공배수

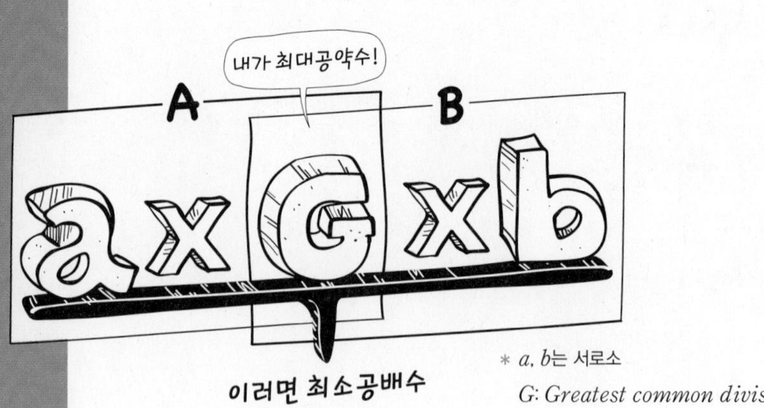

* a, b는 서로소
G: Greatest common divisor

짝지어진 자연수들의 공통점!

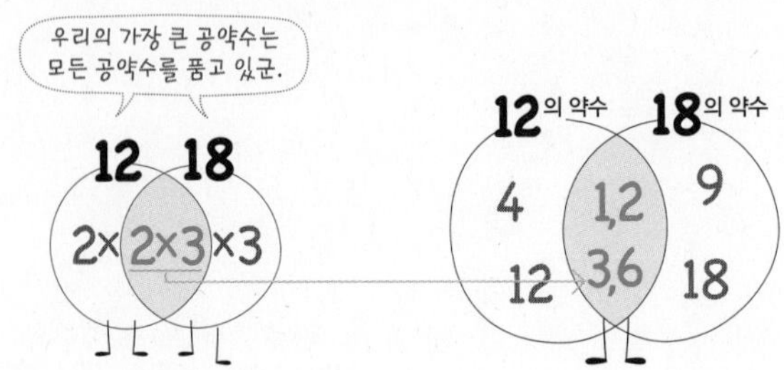

01 공약수와 최대공약수

최대공약수를 알면 두 수의 공통인 약수를 모두 찾을 수 있어!

분해하면 공통점이 잘 보여!

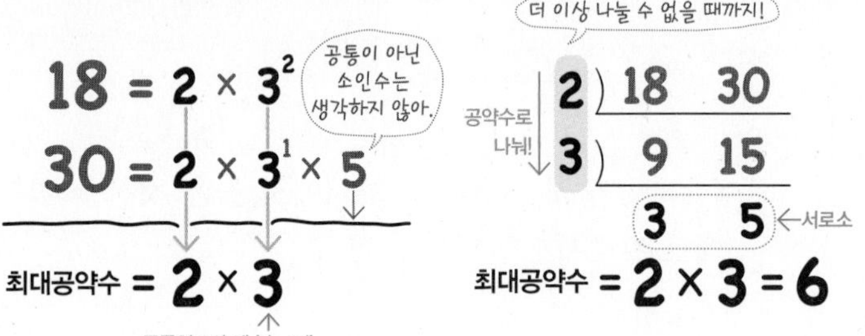

02~03 최대공약수 구하기

소인수분해를 이용하여 최대공약수를 구해보자. 두 수를 각각 소인수분해하면 가장 큰 '최대공약수'를 쉽게 찾을 수 있어!

짝지어진 자연수들의 공통점!

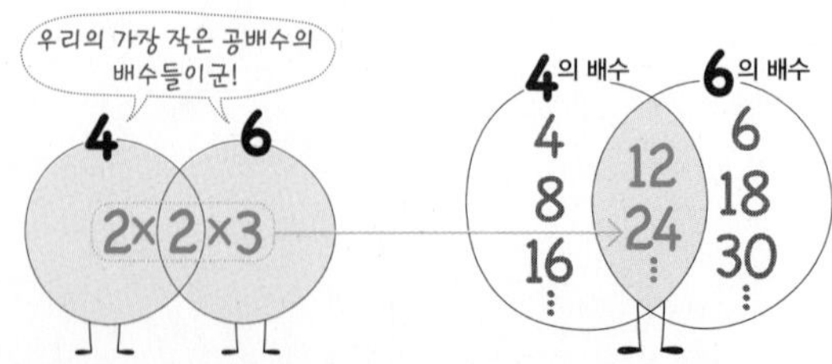

04 공배수와 최소공배수

두 개 이상의 수의 공통인 배수는 가장 작은 '최소공배수'의 배수들이야.

05~06 최소공배수 구하기

소인수분해를 이용하여 최대공약수를 구할 수 있으니깐 최소공배수도 구할 수 있지.

분해해서 모두 곱해!

$$18 = 2 \times 3^2$$

$$30 = 2 \times 3^1 \times 5$$

최소공배수 $= 2 \times 3^2 \times 5$

공통이 아닌 것도 통과!

$$\begin{array}{r|rr} 2 & 18 & 30 \\ \hline 3 & 9 & 15 \\ \hline & 3 & 5 \end{array}$$ ←서로소

최소공배수 $= 2 \times 3^2 \times 5$

07 최대공약수와 최소공배수의 관계

두 수의 곱은 두 수의 최대공약수와 최소공배수의 곱과 같다!

짝지어진 두 자연수의 곱은 최소공배수×최대공약수야!

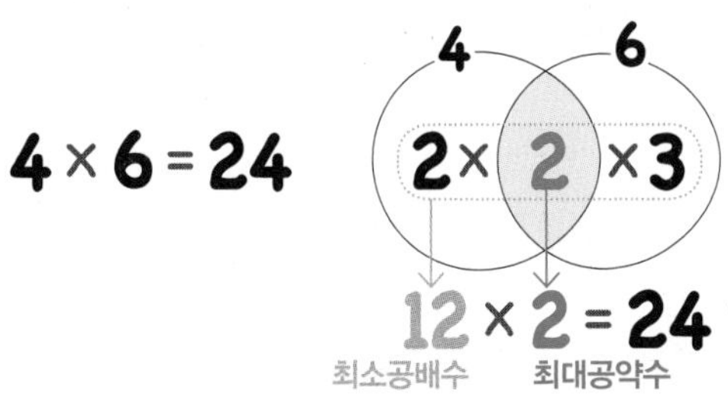

08~09 최대공약수와 최소공배수의 응용

주어진 조건을 만족시키는 수가 최대공약수, 최소공배수와 어떤 관계가 있는지 알아보고 소인수분해를 이용하여 구해보자!

주어진 범위 안에서 가장 큰 수를 만들어!

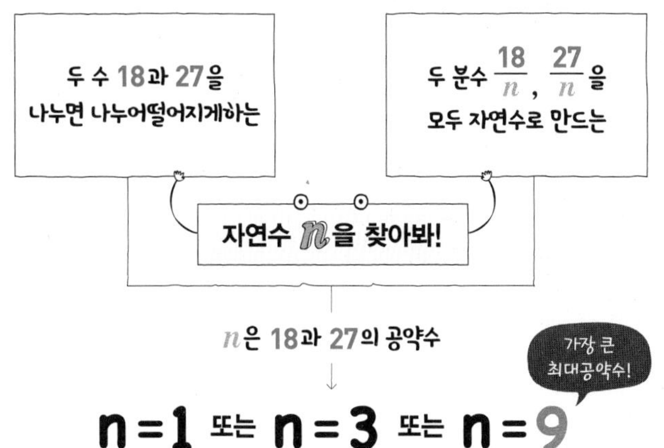

두 수 18과 27을 나누면 나누어떨어지게하는
두 분수 18/n, 27/n을 모두 자연수로 만드는
자연수 n을 찾아봐!
n은 18과 27의 공약수
가장 큰 최대공약수!
n=1 또는 n=3 또는 n=9

주어진 조건으로 가장 작은 수를 만들어!

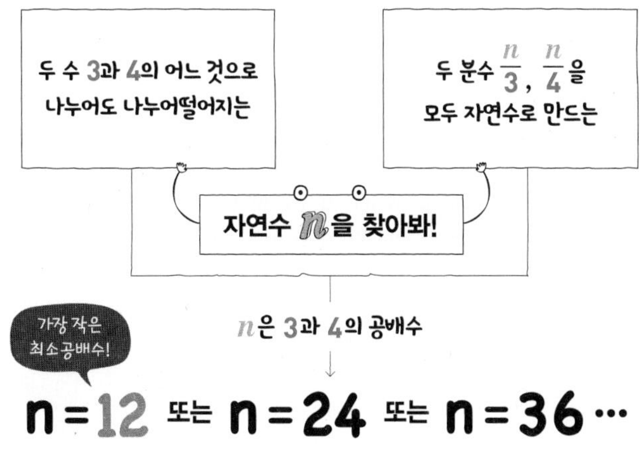

01

짝지어진 자연수들의 공통점!

공약수와 최대공약수

우리의 가장 큰 공약수는 모든 공약수를 품고 있군.

12 18

2×2×3×3

12의 약수 18의 약수

4, 12 | 1, 2, 3, 6 | 9, 18

- **공약수**: 두 개 이상의 자연수의 공통인 약수
- **최대공약수**: 공약수 중에서 가장 큰 수
- **최대공약수의 성질**: 두 개 이상의 자연수의 공약수는 최대공약수의 약수이다.
- **서로소**: 최대공약수가 1인 두 자연수를 서로소라 한다.

참고 서로 다른 두 소수는 항상 서로소이다.
(서로 다른 두 소수의 최대공약수는 1이다.)

원리확인 다음 □ 안에 알맞은 수를 써넣으시오.

❶ 20의 약수: 5, 10, 20 | 공통: 1, 2, 4 | 28의 약수: 7, 14, 28

□의 약수

❷ 20과 28의 공약수: □, □, □

❸ 20과 28의 최대공약수: □

1st — 공약수와 최대공약수 이해하기

● 주어진 두 수에 대하여 다음을 구하시오.

1 8, 12

(1) 8의 약수

→

(2) 12의 약수

→

(3) 8과 12의 공약수

→

(4) 8과 12의 최대공약수

→

(5) 8과 12의 최대공약수의 약수

→

어떤 관계일까?

2 16, 24

(1) 16의 약수

→

(2) 24의 약수

→

(3) 16과 24의 공약수

→

(4) 16과 24의 최대공약수

→

(5) 16과 24의 최대공약수의 약수

→

2nd 최대공약수의 성질 이해하기

● 다음 두 수의 공약수를 구하시오.

3 12와 18의 최대공약수 → 6 최대공약수의 약수가 공약수!

12와 18의 공약수 → 1, 2, □, 6

4 15와 18의 최대공약수 → 3

15와 18의 공약수 → ....

5 15와 28의 최대공약수 → 1 공통인 약수가 1뿐이야!

15와 28의 공약수 → ....

6 16과 25의 최대공약수 → 1

16과 25의 공약수 → ....

우리 사이엔 공통점이라곤 1뿐이군...
16
25
1
그럼 정말 끝난겨...

7 20과 28의 최대공약수 → 4

20과 28의 공약수 → ....

8 21과 35의 최대공약수 → 7

21과 35의 공약수 → ....

9 24와 36의 최대공약수 → 12

24와 36의 공약수 → ....

10 36과 54의 최대공약수 → 18

36과 54의 공약수 → ....

11 30과 75의 최대공약수 → 15

30과 75의 공약수 → ....

12 36과 90의 최대공약수 → 18

36과 90의 공약수 → ....

13 45와 135의 최대공약수 → 45

45와 135의 공약수 → ....

• 두 자연수의 공약수의 개수를 구하시오.

14 두 자연수의 최대공약수: 28

28=2^2×7이므로

→ (2+☐)×(1+1)=☐

약수를 직접 찾거나 소인수분해를 이용하여 약수의 개수를 구해!

15 두 자연수의 최대공약수: 88

→

16 두 자연수의 최대공약수: 100

→

17 두 자연수의 최대공약수: 142

→

18 두 자연수의 최대공약수: 172

→

개념모음문제

19 두 자연수 A, B의 최대공약수가 48일 때, 두 자연수의 공약수의 개수는?

① 7 ② 8 ③ 9
④ 10 ⑤ 11

3rd 서로소 알기

• 다음 중 두 자연수가 서로소인 것은 ○를, 서로소가 아닌 것은 ×를 ( ) 안에 써넣으시오.

20 3, 5 ( )

두 수가 서로소일 땐 공약수가 없을 때가 아니라 공약수가 1뿐일 때야!

21 9, 21 ( )

22 17, 21 ( )

23 11, 22 ( )

24 18, 35 ( )

25 12, 51 ( )

26 20, 63 ( )

27 22, 55 ( )

내가 발견한 개념

1과 1은 서로소일까?

• 1과 1의 공약수 → ☐ → 1과 1은 ☐

● 다음 수와 서로소인 것을 찾아 ○를 하시오.

28 2

1	2	3	4	5	6	7	8	9	10
11	12	13	14	15	16	17	18	19	20

내가 발견한 개념 — 2와 서로소인 것은?

• 짝수 → 2를 약수로 가진다. → □와 서로소인 짝수는 없다.

29 11

2	3	5	7	11	13	17	19	23	29
31	37	41	43	47	51	53	57	61	67

내가 발견한 개념 — 소수끼리는 항상 서로소일까?

• 서로 다른 두 소수 → 공통인 약수가 □ → 항상 서로소

30 15

1	3	5	7	9	11	13	15	17	19
21	23	25	27	29	31	33	35	37	39

내가 발견한 개념 — 홀수끼리는 항상 서로소일까?

• 30번에서 15와 서로소인 홀수 → □

→ 서로 다른 두 홀수가 항상 서로소인 것은 아니다.

31 18

1	2	3	4	5	6	7	8	9	10
11	12	13	14	15	16	17	18	19	20

● 다음 서로소에 대한 설명 중 옳은 것은 ○를, 옳지 않은 것은 ×를 (　　) 안에 써넣으시오.

32 서로소인 두 자연수의 공약수는 1뿐이다. (　　)

33 두 수가 서로소일 땐 공약수가 없다. (　　)

34 서로소인 두 수의 최대공약수는 짝수이다. (　　)

35 2와 홀수는 항상 서로소이다. (　　)

36 두 수가 서로소이면 두 수 중 하나는 소수이다. (　　)

서로가 섞이지 않아, 서로소!

자연수에서 — 14 (2×7), 15 (3×5)

집합에서 — 홀수 (1,3,5…), 짝수 (2,4,6…)

고1 때 봐!

개념모음문제

37 다음 설명 중 옳지 않은 것은?

① 20과 49는 서로소이다.
② 두 자연수가 서로소이면 두 수의 공약수는 1뿐이다.
③ 서로 다른 두 소수는 항상 서로소이다.
④ 서로 다른 두 홀수는 항상 서로소이다.
⑤ 2와 서로소인 짝수는 없다.

02 분해하면 공통점이 잘 보여!

소인수분해를 이용한 최대공약수

방법1

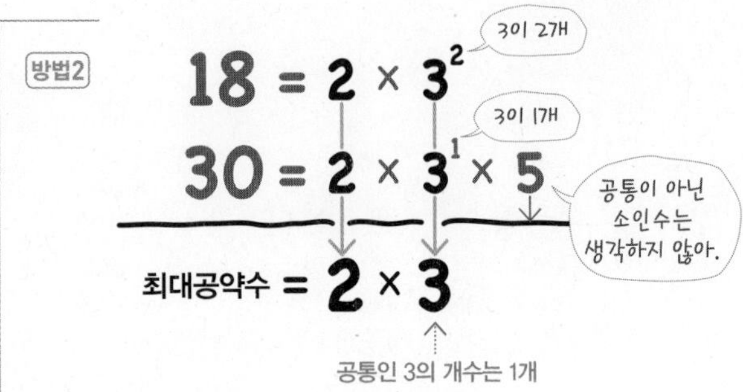

방법2

$18 = 2 \times 3^2$ (3이 2개)

$30 = 2 \times 3^1 \times 5$ (3이 1개)

최대공약수 = 2×3

공통이 아닌 소인수는 생각하지 않아.

공통인 3의 개수는 1개

- **방법1**
  (ⅰ) 각 수를 소인수분해한다.
  (ⅱ) 공통인 소인수를 모두 곱한다.
- **방법2**
  (ⅰ) 각 수를 소인수분해한다.
  (ⅱ) 공통인 소인수의 지수는 작거나 같은 것을 택하여 곱한다.

원리확인 다음 □ 안에 알맞은 수를 써넣으시오.

❶
$20 = 2 \times 2 \quad\quad \times 5$
$60 = 2 \times 2 \times 3 \times 5$
최대공약수: □×□ ×□
=□

❷
$40 = 2^3 \quad\quad \times 5$
$60 = 2^2 \times 3 \times 5$
최대공약수: □ ×□
=□

1st 소인수분해를 이용하여 최대공약수 구하기

● 다음 소인수분해한 두 수의 최대공약수를 소인수의 거듭제곱의 꼴로 나타내시오.

1
$2 \times 2 \times 3$ ① 공통인 소인수를 모두 곱해!
2×2
최대공약수: $2 \times 2 =$ □ ② 거듭제곱의 꼴로 나타내!

2
$2 \times 3 \times 5$
$2 \quad \times 5$
최대공약수:

3
2×3
$2 \times 3 \times 5$
최대공약수:

4
$2 \times 3 \times 5$
$2 \times 3 \times 5 \times 5$
최대공약수:

5
$2 \times 2 \times 3 \times 3$
$2 \quad \times 3$
최대공약수:

6
$2 \times 2 \times 3 \times 7$
$2 \quad \times 3 \times 7$
최대공약수:

7 $2^4 \times 3$

$2^2 \times 3$

최대공약수: □ × 3

거듭제곱에서 최대공약수는 지수가 작은 쪽이야!
$2^4=2\times2\times2\times2$
$2^2=2\times2$
→ 2^2

8 2^3

$2^2 \times 3$

최대공약수:

9 $2^2 \times 3$

$2^2 \quad \times 5$

최대공약수:

10 2×3^2

2×3

최대공약수:

11 $2^2 \times 3^2$

$2^2 \times 3 \times 5$

최대공약수:

12 $2^2 \times 3 \times 5$

$2^2 \quad \times 5$

최대공약수:

13 $2^2 \times 3^2 \times 5^2$

$2^2 \quad \times 5^2$

최대공약수:

14 $2^2 \times 3 \quad \times 7$

$3^2 \times 5 \times 7$

최대공약수:

15 $2^2 \times 3^2$

$2^3 \times 3$

$2^2 \times 3$

최대공약수:

16 $2^2 \times 3 \times 5^2$

$2^3 \times 3^3$

$2^2 \times 3^2 \quad \times 7$

최대공약수:

17 $2^4 \times 3^2 \times 5$

$2^3 \times 3^3 \times 5$

$2^2 \times 3^3 \times 5^2$

최대공약수:

공통된 소수의 곱이 최대공약수

20=2×2×5 28=2×2×7

20 28

5×2×2×7

4 20과 28의 최대공약수

• 다음 수들을 소인수분해한 후, 최대공약수를 구하시오.

18 $6=$

$10=$

최대공약수:

19 $9=$

$27=$

최대공약수:

20 $12=$

$15=$

최대공약수:

21 $16=$

$18=$

최대공약수:

22 $20=$

$28=$

최대공약수:

23 $24=$

$28=$

최대공약수:

24 $24=$

$39=$

최대공약수:

25 $26=$

$13=$

최대공약수:

26 $33=$

$12=$

최대공약수:

27 $32=$

$64=$

최대공약수:

28 $36=$

$78=$

최대공약수:

29 $42=$

$70=$

최대공약수:

30 45=

54=

최대공약수:

31 48=

72=

최대공약수:

32 54=

72=

최대공약수:

33 54=

96=

최대공약수:

34 72=

90=

최대공약수:

35 126=

180=

최대공약수:

36 30=

45=

75=

최대공약수:

37 75=

125=

200=

최대공약수:

38 180=

84=

120=

최대공약수:

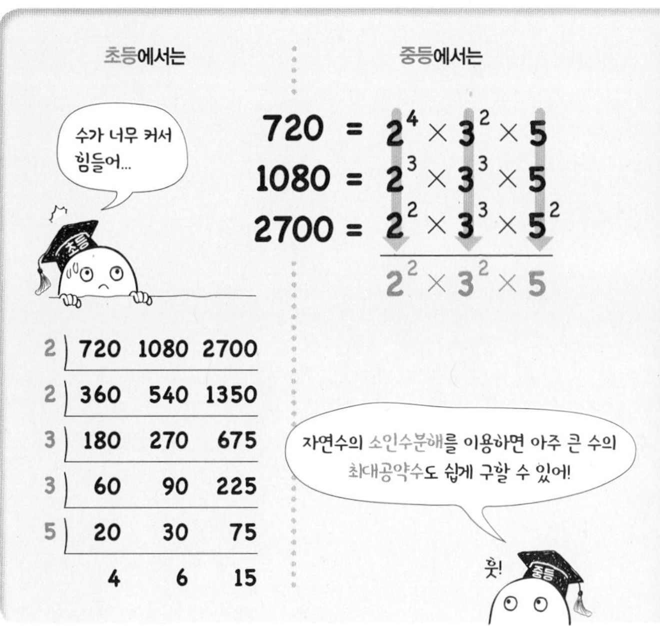

개념모음문제

39 두 수 $2^a \times 3^5 \times 5$, $2^3 \times 3^b \times 7$의 최대공약수가 $2^2 \times 3^4$일 때, 두 자연수 a, b에 대하여 $a+b$의 값은?

① 2 ② 3 ③ 4 ④ 5 ⑤ 6

03 공통점으로 주어진 수들을 동시에 분해!

나눗셈을 이용한 최대공약수

방법1 두 수인 경우

더 이상 나눌 수 없을 때까지!

공약수로 나눠!

$$\begin{array}{r|rr} 2 & 18 & 30 \\ 3 & 9 & 15 \\ \hline & 3 & 5 \end{array}$$

← 서로소

최대공약수 $= 2 \times 3 = 6$

방법2 세 수인 경우

$$\begin{array}{r|rrr} 2 & 4 & 8 & 10 \\ \hline & 2 & 4 & 5 \end{array}$$

더 이상 세 수의 공통점은 없어!

최대공약수 $= 2$

(i) 1이 아닌 공약수로 어느 두 수의 몫도 서로소가 될 때까지 계속 나눈다.

참고 세 수의 공약수를 구할 때, 세 수의 공약수가 없으면 나눗셈을 끝낸다.

(ii) 나누어 준 공약수를 모두 곱한다.

원리확인 다음 □ 안에 알맞은 수를 써넣으시오.

❶ $$\begin{array}{r|rr} 2 & 20 & 32 \\ 2 & 10 & 16 \\ \hline & 5 & 8 \end{array}$$

최대공약수: □×□=□

❷ $$\begin{array}{r|rrr} 2 & 12 & 24 & 36 \\ 2 & 6 & 12 & 18 \\ 3 & 3 & 6 & 9 \\ \hline & 1 & 2 & 3 \end{array}$$

최대공약수: □×□×□=□

1st – 나눗셈을 이용하여 최대공약수 구하기

● 나눗셈을 이용하여 주어진 수들의 최대공약수를 구하시오.

1 $$\begin{array}{r|rr} 2 & 16 & 20 \\ 2 & 8 & 10 \\ \hline & 4 & 5 \end{array}$$

→ 최대공약수: ________

2, 3, 5, …순서대로 나누면 공통인 소인수를 찾을 수 있어!

2 $\overline{)\,18 \quad 32}$

→ 최대공약수: ________

3 $\overline{)\,28 \quad 35}$

→ 최대공약수: ________

4 $\overline{)\,48 \quad 80}$

→ 최대공약수: ________

5 $\overline{)\,96 \quad 120}$

→ 최대공약수: ________

6 $\overline{)\,100 \quad 115}$

→ 최대공약수: ________

7)36 42 84

→ 최대공약수:

8)36 60 90

→ 최대공약수:

9)40 60 104

→ 최대공약수:

10)42 54 84

→ 최대공약수:

11)45 108 198

→ 최대공약수:

12)60 84 204

→ 최대공약수:

● **나눗셈을 이용하여 다음 수들의 최대공약수를 구하고, 공약수를 모두 구하시오.**

13 16, 32

(1) 최대공약수:

(2) 공약수:

두 수의 공약수가 최대공약수의 약수임을 이용해!

14 24, 26

(1) 최대공약수:

(2) 공약수:

15 75, 180

(1) 최대공약수:

(2) 공약수:

16 24, 30, 72

(1) 최대공약수:

(2) 공약수:

개념모음문제

17 다음 중 세 수 70, 110, 130의 공약수를 모두 고르면? (정답 2개)

① 2 ② 3 ③ 4
④ 5 ⑤ 6

04 짝지어진 자연수들의 공통점!

공배수와 최소공배수

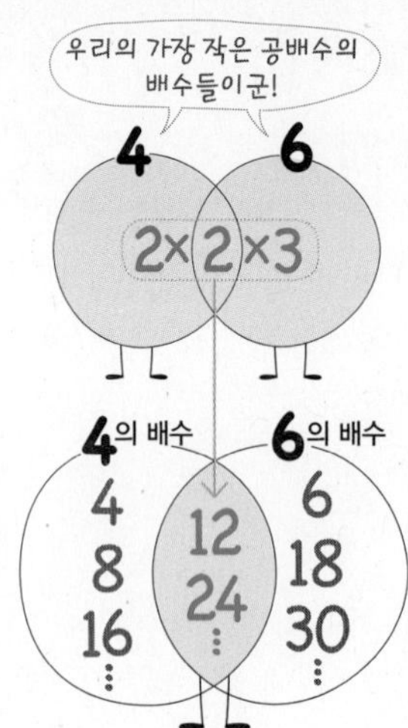

- **공배수**: 두 개 이상의 자연수의 공통인 배수
- **최소공배수**: 공배수 중에서 가장 작은 수
- **최소공배수의 성질**
  ① 두 개 이상의 자연수의 공배수는 그 수들의 최소공배수의 배수이다.
  ② 서로소인 두 자연수의 최소공배수는 두 자연수의 곱과 같다.
  예) 2와 3은 서로소 → 최소공배수: $2\times3=6$

원리확인 다음 □ 안에 알맞은 수를 써넣으시오.

❶
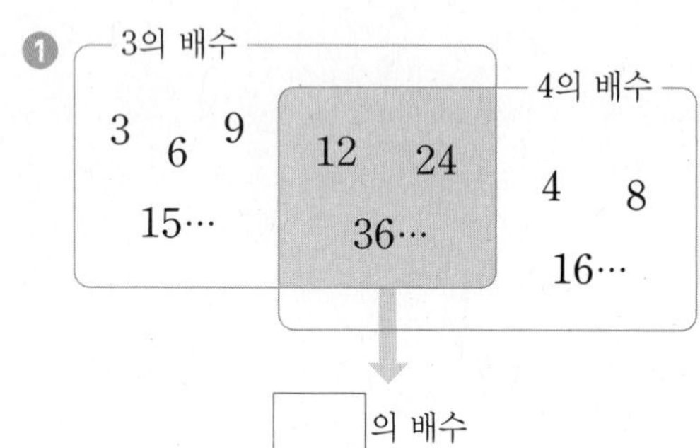

□의 배수

❷ 3과 4의 공배수: □, □, □, ⋯

❸ 3과 4의 최소공배수: □

1st — 공배수와 최소공배수 이해하기

● 다음을 구하시오.

1 6, 8

(1) 6의 배수

→

(2) 8의 배수

→

(3) 6과 8의 공배수

→

(4) 6과 8의 최소공배수

→

(5) 6과 8의 최소공배수의 배수

→

어떤 관계일까?

2 5, 10

(1) 5의 배수

→

(2) 10의 배수

→

(3) 5와 10의 공배수

→

(4) 5와 10의 최소공배수

→

(5) 5와 10의 최소공배수의 배수

→

2nd 최소공배수의 성질 이해하기

● 어떤 두 수의 최소공배수가 다음과 같을 때, 두 수의 공배수를 작은 것부터 차례대로 3개씩 구하시오.

3 두 자연수의 최소공배수: 6

→ 6, 12, ☐

두 수의 공배수는 최소공배수의 배수와 같아!

4 두 자연수의 최소공배수: 10

→

5 두 자연수의 최소공배수: 11

→

6 두 자연수의 최소공배수: 15

→

7 두 자연수의 최소공배수: 32

→

4×자연수 4 8 12 16 20 24 28 32 36 …
6×자연수 6 12 18 24 30 36 …
12×자연수 12 24 36 …

두 수의 공배수는 우리들이야!

개념모음문제

8 최소공배수가 25인 두 자연수 A, B의 공배수 중 200 이하의 자연수의 개수는?

① 4 ② 6 ③ 8
④ 10 ⑤ 12

● 다음 서로소인 두 수의 최소공배수를 구하시오.

9 3, 7

→ 최소공배수: 3×7=☐

1) 3 7
　　3 7 → 3과 7의 최소공배수

10 5, 7

→ 최소공배수:

11 11, 13

→ 최소공배수:

12 19, 37

→ 최소공배수:

13 23, 41

→ 최소공배수:

내가 발견한 개념 — 서로소인 두 자연수의 최소공배수는?

• A, B가 서로소 → A, B의 최소공배수: A×☐

개념모음문제

14 서로소인 두 자연수 a와 11의 최소공배수가 561일 때, a의 값은?

① 43 ② 51 ③ 53
④ 57 ⑤ 61

05

분해해서 모두 곱해!

소인수분해를 이용한 최소공배수

방법1

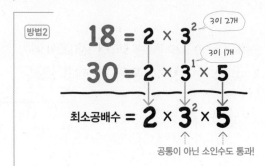

$18 = 2 \times 3 \times 3$

$30 = 2 \times 3 \quad \times 5$

최소공배수 $= 2 \times 3 \times 3 \times 5$

공통이 아닌 소인수도 통과해!

방법2

$18 = 2 \times 3^2$ (3이 2개)

$30 = 2 \times 3^1 \times 5$ (3이 1개)

최소공배수 $= 2 \times 3^2 \times 5$

공통이 아닌 소인수도 통과!

- 방법1
  (i) 각 수를 소인수분해한다.
  (ii) 공통인 소인수와 공통이 아닌 소인수를 모두 곱한다.
- 방법2
  (i) 각 수를 소인수분해한다.
  (ii) 공통인 소인수의 지수는 큰 것을 택하여 곱하고, 공통이 아닌 소인수를 모두 곱한다.

원리확인 다음 □ 안에 알맞은 수를 써넣으시오.

❶
$12 = 2 \times 2 \times 3$
$18 = 2 \quad \times 3 \times 3$
최소공배수: □×□×□×□
=□

❷
$20 = 2^2 \quad \times 5$
$30 = 2 \times 3 \times 5$
최소공배수: □×□×□
=□

1st 소인수분해를 이용하여 최소공배수 구하기

- 다음 소인수분해한 수들의 최소공배수를 소인수의 거듭제곱의 꼴로 나타내시오.

1
2
2×3
최소공배수: □×3

공통인 소인수와 공통이 아닌 소인수를 모두 곱해!

2
$2 \times 2 \times 3$
$2 \times \quad 3$
최소공배수:

3
2×3
$2 \times 3 \times 5$
최소공배수:

4
$2 \times 3 \times 5$
$2 \times 3 \times 5 \times 5$
최소공배수:

5
$2 \times 2 \times 3 \times 3$
$2 \times \quad 3$
최소공배수:

6
$2 \times 2 \quad \times 7$
$2 \quad \times 3 \times 7$
최소공배수:

7

2^3

$2^2 \times 3$

최소공배수: □ × 3

거듭제곱에서 최소공배수는 지수가 큰 쪽이야!

$2^3=2\times2\times2$

$2^2=2\times2$

$2^2\times2=2^3$

8

$2^2 \times 3^2$

2×3

최소공배수:

9

$2^2 \times 3^3$

2×3^2

최소공배수:

10

$2^3 \times 3$

$2^2 \quad \times 5$

최소공배수:

11

$2 \quad \times 5^2$

2×3

최소공배수:

12

$2 \times 3^2 \times 5$

$2 \times 3 \times 5$

최소공배수:

13

$2^2 \times 3^2 \times 5^2$

$2 \times 3^2 \times 5$

최소공배수:

14

$2 \times 3 \quad \times 7$

$2^2 \times 3 \times 5$

최소공배수:

15

$2^3 \times 3^2 \times 5 \times 7$

$3 \quad \times 7$

최소공배수:

16

2×3^2

$2^2 \times 3 \times 5$

$\times 3 \times 5 \times 7$

최소공배수:

17

$2^2 \times 3^2 \times 5 \times 7^2$

$2 \times 3 \times 5$

$2^3 \times 3^2 \quad \times 7^2$

최소공배수:

18

$2^4 \times 3^2 \times 5$

$2^3 \times 3^3 \times 5$

$2^2 \times 3^3 \times 5 \times 7$

최소공배수:

● 다음 수들을 소인수분해한 후, 최소공배수를 구하시오.

19 $4=$

$10=$

최소공배수:

20 $4=$

$16=$

최소공배수:

21 $10=$

$15=$

최소공배수:

22 $7=$

$21=$

최소공배수:

23 $8=$

$18=$

최소공배수:

24 $10=$

$12=$

최소공배수:

25 $10=$

$14=$

최소공배수:

26 $12=$

$14=$

최소공배수:

27 $14=$

$15=$

최소공배수:

28 $14=$

$18=$

최소공배수:

29 $12=$

$18=$

최소공배수:

공통된 소수의 곱과
남은 소수의 곱이 최소공배수!

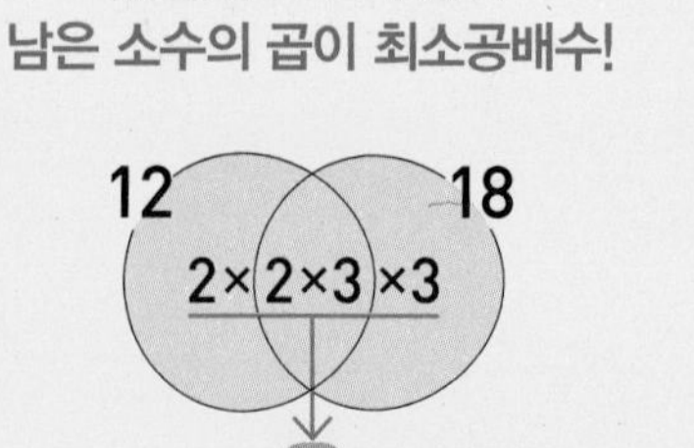

30 $15=$

$35=$

최소공배수:

31 $16=$

$24=$

최소공배수:

32 $16=$

$20=$

최소공배수:

33 $24=$

$36=$

최소공배수:

34 $30=$

$40=$

최소공배수:

35 $35=$

$45=$

최소공배수:

36 $44=$

$16=$

최소공배수:

37 $42=$

$56=$

최소공배수:

38 $4=$

$10=$

$20=$

최소공배수:

39 $6=$

$14=$

$34=$

최소공배수:

40 $24=$

$36=$

$42=$

최소공배수:

개념모음문제

41 두 수 $2\times3^2\times5^a$, $2^3\times3^b$의 최소공배수가 $2^3\times3^3\times5$일 때, 두 자연수 a, b에 대하여 $a+b$의 값은?

① 2 ② 3 ③ 4
④ 5 ⑤ 6

06 공통점으로 주어진 수들을 동시에 분해!

나눗셈을 이용한 최소공배수

방법1 두 수인 경우

```
2) 18  30
3)  9  15
    3   5  ←서로소
```

최소공배수 $= 2 \times 3^2 \times 5$

방법2 세 수인 경우

```
2) 4  8  10
2) 2  4   5
   1  2   5  ←서로소
```

난 끝이야.

우리는 더 나눌 수 있어!

최소공배수 $= 2^3 \times 5$

나누어 준 공약수와 마지막 몫까지 모두 곱해!

(i) 각 수를 1이 아닌 공약수로 계속 나눈다. 세 수의 공약수가 없으면 두 수의 공약수로 나눈다. 이때 공약수가 없는 수는 그대로 내려 쓴다.
(ii) 나누어 준 공약수와 마지막 몫을 모두 곱한다.

원리확인 다음 □ 안에 알맞은 수를 써넣으시오.

❶
```
2) 20  32
2) 10  16
    5   8
```
최소공배수: □×□×□×□=□

❷
```
2) 18  24  36
3)  9  12  18
2)  □   4   6
3)  3   □   3
    1   □   1
```
최소공배수: □×□×□×□×□
=□

1st — 나눗셈을 이용하여 최소공배수 구하기

• 나눗셈을 이용하여 주어진 수들의 최소공배수를 구하시오.

1
```
2) 8  12
2) 4   6
   2   3
```
→ 최소공배수: ______

2, 3, 5, …순서대로 나누면 공통인 소인수를 찾을 수 있어!

2) 6 24

→ 최소공배수: ______

3) 12 15

→ 최소공배수: ______

4) 18 36

→ 최소공배수: ______

5) 20 24

→ 최소공배수: ______

6) 28 32

→ 최소공배수: ______

7 2) 8 10 15
5) 4 5 15 두 수만 공통인 소인수가 있으면 계속 나눠!
4 1 3

→ 최소공배수: ....

8) 10 21 35

→ 최소공배수: ....

9) 12 24 32

→ 최소공배수: ....

10) 15 27 45

→ 최소공배수: ....

11) 24 30 36

→ 최소공배수: ....

12) 40 50 60

→ 최소공배수: ....

● 나눗셈을 이용하여 다음 수들의 최소공배수를 구하고, 두 수의 공배수를 작은 것부터 차례대로 3개씩 구하시오.

13 4, 10

(1) 최소공배수: ....

(2) 공배수: ....

두 수의 공배수가 최소공배수의 배수임을 이용해!

14 9, 21

(1) 최소공배수: ....

(2) 공배수: ....

15 15, 40

(1) 최소공배수: ....

(2) 공배수: ....

16 9, 24, 36

(1) 최소공배수: ....

(2) 공배수: ....

개념모음문제

17 다음 중 세 수 5, 6, 10의 공배수는?

① 15 ② 50 ③ 75
④ 90 ⑤ 100

07 짝지어진 두 자연수의 곱은 최소공배수×최대공약수야!

최대공약수와 최소공배수의 관계

$4\times6=24$

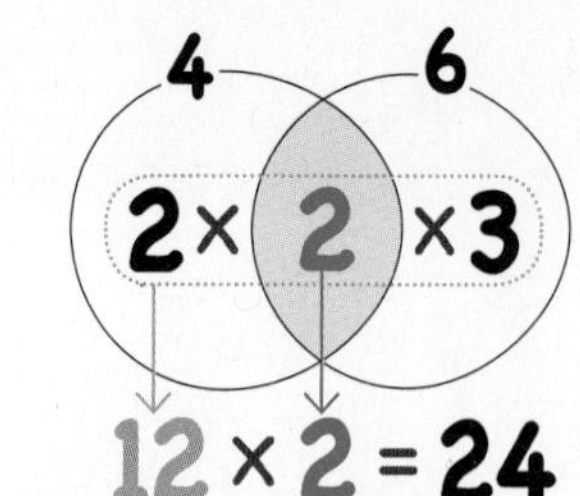

두 자연수 A, B의 최대공약수가 G, 최소공배수가 L일 때,
$A=a\times G$, $B=b\times G$ (a, b는 서로소)
라 하면 다음이 성립한다.

① $L=a\times b\times G$

② $A\times B=(a\times G)\times(b\times G)$
$=(a\times b\times G)\times G=L\times G$

$G\,)\,A\;\;B$ / $a\;\;b$ (서로소)

참고 최대공약수는 영어로 *Greatest Common Divisor*
최소공배수는 영어로 *Least Common Multiple*

원리확인 다음 □ 안에 알맞은 수를 써넣으시오.

❶ $2\,)\,6\;\;10$ / $3\;\;5$

(1) 6, 10의 최대공약수: □ ……㉠
6, 10의 최소공배수: $2\times3\times$□ ……㉡

(2) $6=2\times3$, $10=2\times5$이므로
$6\times10=2\times3\times2\times5$
$=\underset{㉠}{2}\times\underset{㉡}{2\times3\times5}=$□

❷ $3\,)\,9\;\;12$ / $3\;\;4$

(1) 9, 12의 최대공약수: □ ……㉠
9, 12의 최소공배수: $3\times3\times$□ ……㉡

(2) $9=$□$\times3$, $12=$□$\times4$이므로
$9\times12=\underset{㉠}{□}\times\underset{㉡}{3\times3\times4}=$□

1st — 최대공약수로 두 자연수 구하기

● 다음 두 자연수 A, B를 구하시오.

1 $2\,)\,A\;\;B$ / $2\;\;3$
→ A: $2\times2=$□, B: $2\times3=$□

2 $3\,)\,A\;\;B$ / $4\;\;5$
→ A: ______, B: ______

3 $2\,)\,A\;\;B$ / $5\,)\,10\;\;15$ / $2\;\;3$
나눗셈을 이용한 소인수분해를 생각해! $2\,)\,A$ / $5\,)\,10$ / 2 | $2\,)\,B$ / $5\,)\,15$ / 3
→ A: ______, B: ______

4 $2\,)\,A\;\;B$ / $2\,)\,6\;\;10$ / $3\;\;5$
→ A: ______, B: ______

5 $2\,)\,12\;\;18$ / $3\,)\,A\;\;B$ / $2\;\;3$ 주어진 A, B의 위치를 확인해!
→ A: ______, B: ______

내가 발견한 개념 두 자연수와 최대공약수와의 관계는?
• 두 자연수 A, B의 최대공약수가 G일 때
→ A=a×□, B=b×□
(a, b는 서로소)
A, B: a×G×b

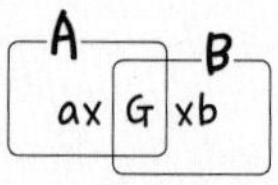

2nd 최대공약수와 최소공배수로 두 자연수의 곱 구하기

● 다음 두 자연수 A, B에 대하여 $A\times B$의 값을 구하시오.

6 $2\,)\underline{A\quad B}$ ① A=2×5, B=2×7이니까
$\quad 5\quad 7$

→ $A\times B=$ (2×5)×(2×7)= ☐
② (두 수의 곱)=(최대공약수)×(최소공배수)

7 $8\,)\underline{A\quad B}$
$\quad 2\quad 3$

→ $A\times B=$

8 $10\,)\underline{A\quad B}$
$\quad 2\quad 5$

→ $A\times B=$

9 $12\,)\underline{A\quad B}$
$\quad 3\quad 5$

→ $A\times B=$

10 $2\,)\underline{A\quad B}$
$5\,)\underline{10\quad 15}$
$\quad 2\quad 3$

→ $A\times B=$

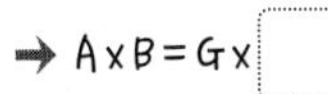

두 자연수와 최대공약수, 최소공배수와의 관계는?

- 두 자연수 A, B의 최대공약수가 G, 최소공배수가 L일 때
→ A×B=G×☐

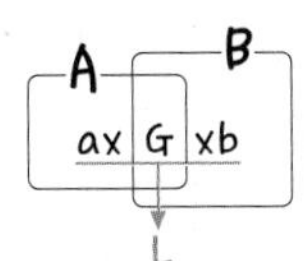

● 다음 주어진 조건에 따라 두 수의 곱을 구하시오.

11 두 수의 최대공약수: 6
두 수의 최소공배수: 12
→ (두 수의 곱)=

12 두 수의 최대공약수: 4
두 수의 최소공배수: 24
→ (두 수의 곱)=

13 두 수의 최대공약수: 6
두 수의 최소공배수: 36
→ (두 수의 곱)=

14 두 수의 최대공약수: 7
두 수의 최소공배수: 42
→ (두 수의 곱)=

15 두 수의 최대공약수: 9
두 수의 최소공배수: 54
→ (두 수의 곱)=

개념모음문제

16 두 자연수 A, B의 곱이 360이고 최소공배수가 120일 때, 이 두 수의 최대공약수는?

① 2 ② 3 ③ 4
④ 5 ⑤ 6

08 주어진 범위 안에서 가장 큰 수를 만들어!

최대공약수의 응용

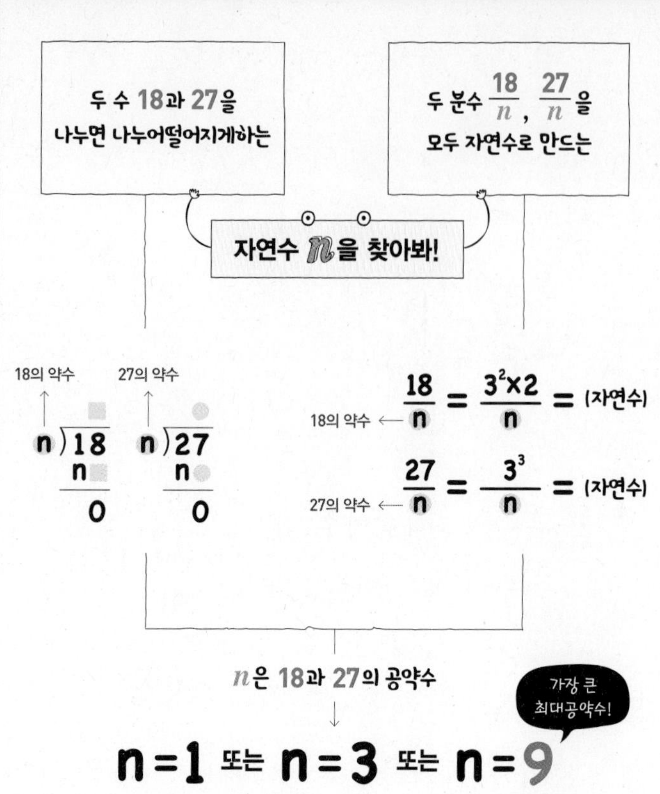

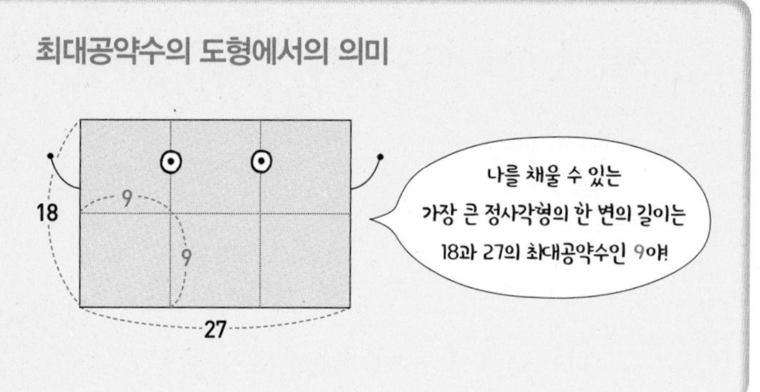

최대공약수의 도형에서의 의미
18
9
9
27
나를 채울 수 있는
가장 큰 정사각형의 한 변의 길이는
18과 27의 최대공약수인 9야!

1st 어떤 자연수로 나누기

1 다음은 어떤 자연수 x로 20과 30을 나누면 나누어떨어질 때, 이러한 자연수 x 중에서 가장 큰 수를 구하는 과정이다. □ 안에 알맞은 것을 써넣으시오.

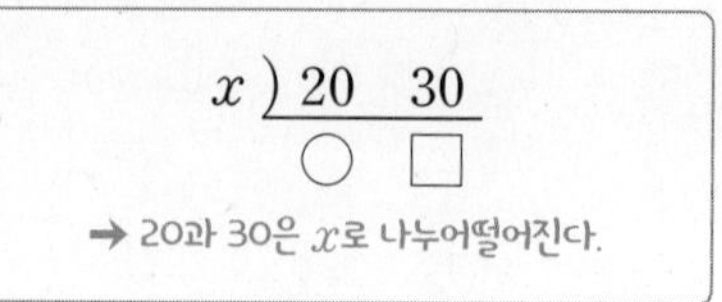

x) 20 30
→ 20과 30은 x로 나누어떨어진다.

(1) 20은 x로 나누어떨어지므로 x는 □의 약수이다.

(2) 30은 x로 나누어떨어지므로 x는 □의 약수이다.

(3) 따라서 x는 20과 30의 □이다.

(4) 이때 x 중에서 가장 큰 수는 20과 30의 □인 □이다.

2 어떤 자연수 x로 18과 42를 나누면 나누어떨어진다. 이러한 자연수 x 중에서 가장 큰 수를 구하시오.

3 어떤 자연수 x로 12, 16, 32를 나누면 나누어떨어진다. 이러한 자연수 x 중에서 가장 큰 수를 구하시오.

4 다음은 어떤 자연수 x로 21과 31을 나누면 나머지가 모두 1일 때, 이러한 자연수 x 중에서 가장 큰 수를 구하는 과정이다. □ 안에 알맞은 것을 써넣으시오.

x) (21−1)　(31−1)
　　　○　　　□

➜ x로 21과 31을 나누면 나머지가 모두 1이다.
➜ x로 (21−1)과 (31−1)을 나누면 나누어떨어진다.

(1) x로 21을 나누면 나머지가 1이므로 (21−□)은 x로 나누어떨어진다.

(2) x로 31을 나누면 나머지가 1이므로 (31−□)은 x로 나누어떨어진다.

(3) 따라서 x는 (21−□)과 (31−□)의 공약수이다.

(4) 이때 x 중에서 가장 큰 수는 (21−□)과 (31−□)의 □인 □이다.

5 어떤 자연수 x로 26과 34를 나누면 나머지가 모두 2일 때, 이러한 자연수 x 중에서 가장 큰 수를 구하시오.

6 어떤 자연수 x로 72를 나누면 2가 남고, 38을 나누면 3이 남을 때, 이러한 자연수 x 중에서 가장 큰 수를 구하시오.

2nd 가장 큰 수로 자연수 만들기

7 다음은 두 분수 $\frac{12}{n}$, $\frac{15}{n}$를 모두 자연수로 만드는 자연수 n의 값 중 가장 큰 수를 구하는 과정이다. □ 안에 알맞은 것을 써넣으시오.

$\frac{12}{n}$ ← 자연수, $\frac{15}{n}$ ← 자연수

➜ 모두 자연수가 되려면 12와 15는 n으로 나누어떨어진다.

(1) 두 분수 $\frac{12}{n}$, $\frac{15}{n}$를 모두 자연수로 만드는 자연수 n은 12와 15를 나누어떨어지게 하므로 자연수 n은 □와 □의 공약수이다.

(2) 두 분수 $\frac{12}{n}$, $\frac{15}{n}$를 모두 자연수로 만드는 자연수 n의 값 중 가장 큰 수는 12와 15의 □인 □이다.

8 두 분수 $\frac{42}{n}$, $\frac{54}{n}$를 모두 자연수로 만드는 자연수 n의 값 중 가장 큰 수를 구하시오.

9 세 분수 $\frac{12}{n}$, $\frac{18}{n}$, $\frac{30}{n}$을 모두 자연수로 만드는 자연수 n의 값 중 가장 큰 수를 구하시오.

09 주어진 조건으로 가장 작은 수를 만들어!

최소공배수의 응용

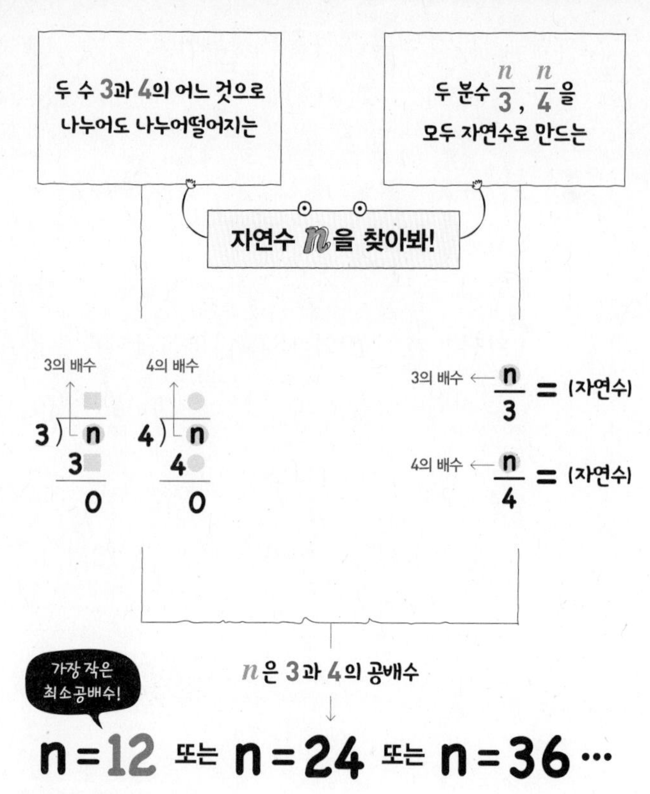

최소공배수의 도형에서의 의미

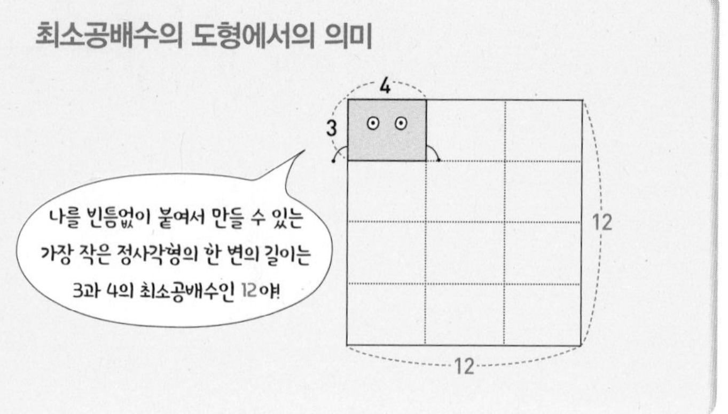

나를 빈틈없이 붙여서 만들 수 있는 가장 작은 정사각형의 한 변의 길이는 3과 4의 최소공배수인 12야!
4
3
12
12

1st 어떤 자연수를 나누기

1 다음은 6과 8의 어느 것으로 나누어도 나누어떨어지는 가장 작은 자연수 x를 구하는 과정이다. □ 안에 알맞은 것을 써넣으시오.

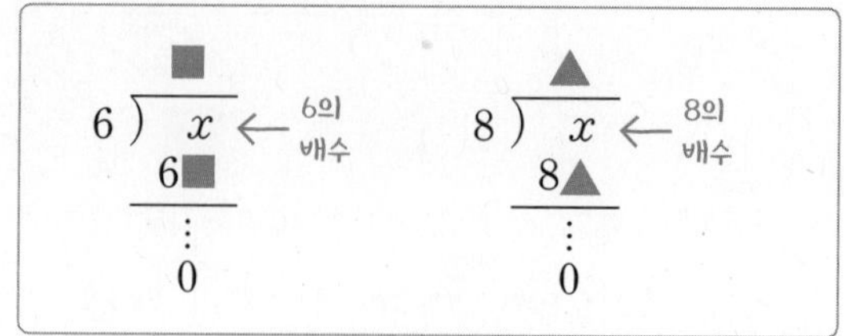

(1) x는 6으로 나누어떨어지므로 x는 □의 배수이다.

(2) x는 8로 나누어떨어지므로 x는 □의 배수이다.

(3) 따라서 x는 6과 8의 □이다.

(4) 이때 x 중에서 가장 작은 수는 6과 8의 □인 □이다.

2 어떤 자연수 x는 12와 20의 어느 것으로 나누어도 나누어떨어진다. 이러한 자연수 x 중에서 가장 작은 수를 구하시오.

3 어떤 자연수 x는 24와 36의 어느 것으로 나누어도 나누어떨어진다. 이러한 자연수 x 중에서 가장 작은 수를 구하시오.

4 다음은 어떤 자연수 x를 2와 3으로 나누면 나머지가 모두 1일 때, 이러한 자연수 x 중에서 가장 작은 수를 구하는 과정이다. □ 안에 알맞은 수를 써넣으시오.

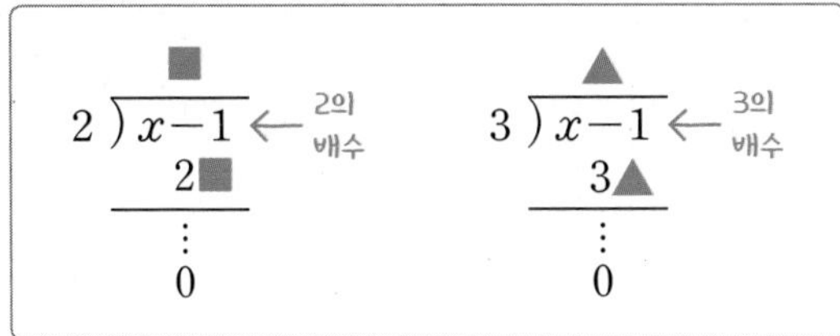

(1) x를 2로 나누면 나머지가 1이므로 $(x-\square)$은 2로 나누어떨어진다.

(2) x를 3으로 나누면 나머지가 1이므로 $(x-\square)$은 3으로 나누어떨어진다.

(3) 즉 $(x-\square)$은 2와 3의 공배수이다.

(4) 이때 $(x-\square)$ 중에서 가장 작은 수는 2와 3의 최소공배수인 6이다.

(5) 따라서 $x-\square=6$이므로 $x=\square$이다.

5 어떤 자연수 x를 5와 7로 나누면 나머지가 모두 1일 때, 이러한 자연수 x 중에서 가장 작은 수를 구하시오.

6 어떤 자연수 x를 5와 7으로 나누면 나머지가 모두 2일 때, 이러한 자연수 x 중에서 가장 작은 수를 구하시오.

2nd 두 분수를 자연수로 만들기

7 다음은 두 분수 $\frac{n}{3}$, $\frac{n}{5}$을 모두 자연수로 만드는 자연수 n의 값 중 가장 작은 수를 구하는 과정이다. □ 안에 알맞은 것을 써넣으시오.

> $\frac{n}{3}$ ← 자연수, $\frac{n}{5}$ ← 자연수
> → 모두 자연수가 되려면 n은 3과 5로 나누어떨어져야 한다.

(1) 두 분수 $\frac{n}{3}$, $\frac{n}{5}$을 모두 자연수로 만드는 자연수 n은 3과 5로 나누어떨어지므로 자연수 n은 □과 □의 공배수이다.

(2) 두 분수 $\frac{n}{3}$, $\frac{n}{5}$을 모두 자연수로 만드는 자연수 n의 값 중 가장 작은 수는 3과 5의 □인 □이다.

8 두 분수 $\frac{n}{3}$, $\frac{n}{12}$을 모두 자연수로 만드는 자연수 n의 값 중 가장 작은 수를 구하시오.

9 세 분수 $\frac{n}{10}$, $\frac{n}{15}$, $\frac{n}{25}$을 모두 자연수로 만드는 자연수 n의 값 중 가장 작은 수를 구하시오.

10 다음은 두 분수 $\frac{1}{12}$, $\frac{1}{18}$의 어느 것에 곱하여도 그 값이 자연수가 되게 하는 자연수 중에서 가장 작은 수 x를 구하는 과정이다. □ 안에 알맞은 것을 써넣으시오.

> $\frac{1}{12} \times x$ ← 자연수, $\frac{1}{18} \times x$ ← 자연수
> → 모두 자연수가 되려면 x는 12와 18로 나누어떨어져야 한다.

(1) 두 분수 $\frac{1}{12}$, $\frac{1}{18}$에 곱하여 그 값이 자연수가 되는 x는 12와 18로 나누어떨어져야 하므로 x는 □와 18의 □이다.

(2) 두 분수 $\frac{1}{12}$, $\frac{1}{18}$에 곱하여 그 값이 자연수가 되는 x 중에서 가장 작은 수는 □와 18의 □인 □이다.

11 두 분수 $\frac{1}{9}$, $\frac{1}{15}$의 어느 것에 곱하여도 그 값이 자연수가 되게 하는 자연수 중에서 가장 작은 수 x를 구하시오.

12 두 분수 $\frac{1}{20}$, $\frac{1}{24}$의 어느 것에 곱하여도 그 값이 자연수가 되게 하는 자연수 중에서 가장 작은 수 x를 구하시오.

13 다음은 두 분수 $\frac{15}{16}$, $\frac{5}{24}$의 어느 것에 곱하여도 그 값이 자연수가 되게 하는 분수 중에서 가장 작은 기약분수 $\frac{a}{b}$를 구하는 과정이다. □ 안에 알맞은 것을 써넣으시오.

> $\frac{15}{16} \times \frac{a}{b}$ ← 자연수, $\frac{5}{24} \times \frac{a}{b}$ ← 자연수
> → 모두 자연수가 되려면 a는 16과 24로 나누어떨어져야 하고, 15와 5는 b로 나누어 떨어져야 한다.

(1) 두 분수 $\frac{15}{16}$, $\frac{5}{24}$에 곱하여 그 값이 자연수가 되는 분수의 분자 a는 16과 24로 나누어떨어져야 하므로 a는 □과 24의 □이다.

(2) 두 분수 $\frac{15}{16}$, $\frac{5}{24}$에 곱하여 그 값이 자연수가 되는 분수의 분모 b는 15와 5를 나누면 나누어떨어져야 하므로 b는 □와 5의 □이다.

(3) 분수는 분모가 클수록, 분자가 작을수록 작으므로 두 분수 $\frac{15}{16}$, $\frac{5}{24}$에 곱하여 그 값이 자연수가 되는 분수 중 가장 작은 기약분수는 분자 a는 □과 24의 □인 □이고 분모 b는 □와 5의 □인 □이므로 □이다.

14 두 분수 $\frac{8}{15}$, $\frac{12}{7}$의 어느 것에 곱하여도 그 값이 자연수가 되게 하는 분수 중에서 가장 작은 기약분수를 구하시오.

15 두 분수 $\frac{14}{9}$, $\frac{10}{21}$의 어느 것에 곱하여도 그 값이 자연수가 되게 하는 분수 중에서 가장 작은 기약분수를 구하시오.

TEST 2. 최대공약수와 최소공배수

1 두 자연수 A, B의 최대공약수가 102일 때, 두 자연수의 공약수가 아닌 것은?

① 3 ② 6 ③ 8
④ 34 ⑤ 51

2 세 수 234, 312, 390의 공약수의 개수는?

① 2 ② 4 ③ 6
④ 8 ⑤ 10

3 다음 중 서로소인 두 자연수를 모두 고르면? (정답 2개)

① 3과 21 ② 27과 40 ③ 13과 39
④ 42와 49 ⑤ 32와 81

4 두 자연수 A, B의 최소공배수가 30일 때, A, B의 공배수 중 200 이하의 수의 개수는?

① 5 ② 6 ③ 7
④ 8 ⑤ 9

5 두 수 $2^3\times3\times5^2$, $2^2\times3^3$의 최대공약수와 최소공배수를 차례로 나열한 것은?

① 2×3, $2^3\times3^3\times5$
② $2^2\times3^2$, $2^3\times3\times5$
③ $2^2\times3$, $2^3\times3\times5^2$
④ $2^2\times3$, $2^3\times3^3\times5^2$
⑤ $2^3\times3^3$, $2^3\times3^3\times5^2$

6 두 수 A, B의 곱이 $2^3\times3^2\times5$이고 두 수의 최소공배수가 $2^2\times3\times5$일 때, 두 수의 최대공약수는?

① 2
② 2×3
③ 2×3^2
④ $2^2\times5$
⑤ $2\times3\times5$

7 두 분수 $\frac{15}{28}$, $\frac{9}{20}$의 어느 것에 곱하여도 자연수가 되게 하는 수 중 가장 작은 분수를 구하시오.

대단원

TEST Ⅰ. 소인수분해

1 다음 중 소수를 모두 고르면? (정답 2개)

① 1 ② 3 ③ 8
④ 17 ⑤ 21

2 20 이하의 자연수 중에서 약수의 개수가 2인 것의 개수는?

① 4 ② 5 ③ 6
④ 7 ⑤ 8

3 $a\times a\times b\times b\times b\times c\times a\times c=a^x\times b^y\times c^z$일 때, 자연수 x, y, z에 대하여 $x-y+z$의 값을 구하시오.
(단, a, b, c는 서로 다른 소수이다.)

4 225를 소인수분해하면 $a^2\times 5^b$일 때, 자연수 a, b에 대하여 $a+b$의 값은?

① 3 ② 4 ③ 5
④ 6 ⑤ 7

5 196의 모든 소인수의 합은?

① 6 ② 7 ③ 8
④ 9 ⑤ 10

6 250에 가장 작은 자연수 a를 곱하여 자연수 b의 제곱이 되게 할 때, $a+b$의 값을 구하시오.

7 52의 모든 약수의 합은?

① 98 ② 100 ③ 102
④ 104 ⑤ 106

8 두 수 $2^3\times 3\times 5$, $2^a\times 5^2$의 공약수의 개수가 6일 때, 자연수 a의 값은?

① 1 ② 2 ③ 3
④ 4 ⑤ 5

9 세 수 12, 18, 30의 최대공약수를 구하시오.

10 다음 중 24와 서로소인 것은?

① 16　② 22　③ 33
④ 125　⑤ 140

11 두 자연수 A, B의 최소공배수가 24일 때, 이 두 자연수 A, B의 공배수 중에서 두 자리의 자연수의 개수는?

① 3　② 4　③ 5
④ 6　⑤ 7

12 어느 두 자연수의 최대공약수가 6, 최소공배수가 42일 때, 이 두 자연수의 곱은?

① 84　② 126　③ 252
④ 336　⑤ 504

실력 문제

정답과 풀이 20쪽

13 $2^2\times3^a$의 약수의 개수가 9일 때, 자연수 a의 값은?

① 1　② 2　③ 3
④ 4　⑤ 5

14 두 자연수 $4\times a$, $6\times a$의 최소공배수가 60일 때, 자연수 a의 값은?

① 1　② 2　③ 3
④ 4　⑤ 5

15 두 자연수 A, B에 대하여 최대공약수가 9, 최소공배수가 72일 때, $A+B$의 값은?

① 81　② 90　③ 99
④ 108　⑤ 117

수의 확장!

정수와 유리수

3 0, 그리고 수의 확장!
정수와 유리수

4 0, 그리고 부호가 중요한!
정수와 유리수의 덧셈과 뺄셈

5 0, 그리고 부호가 중요한!
정수와 유리수의 곱셈과 나눗셈

3

0, 그리고 수의 확장!
정수와 유리수

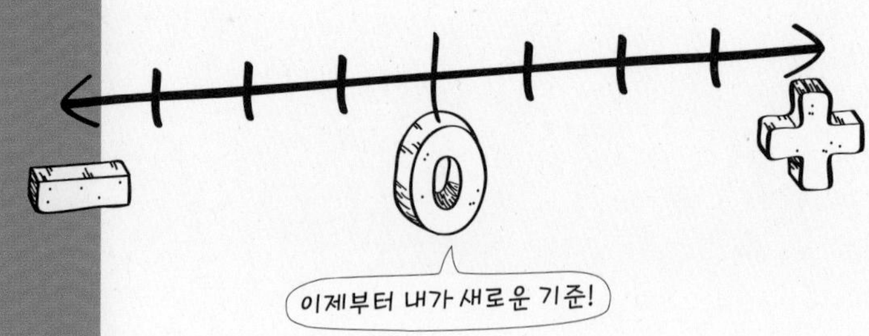

0을 기준으로 서로 반대 방향으로의 크기, 값을 나타내!

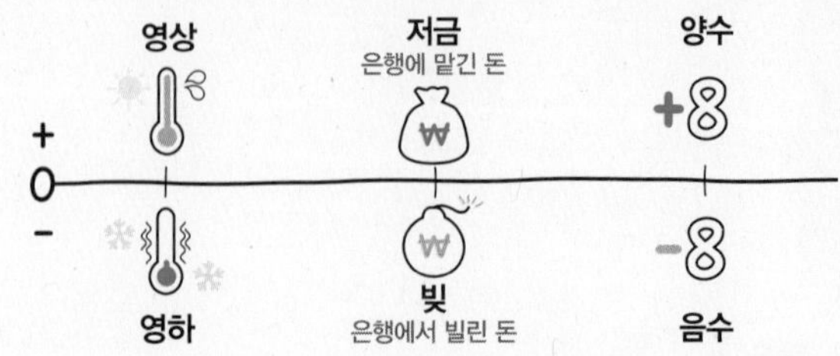

01 양의 부호와 음의 부호

서로 반대가 되는 성질을 '+'와 '−'를 사용하여 나타내면 편리해! 이때 양의 부호 +를 붙인 수를 양수, 음의 부호 −를 붙인 수를 음수라 하지.

0을 기준으로 자연수와 자연수의 반대 방향까지!

현재 온도는 −1℃ 입니다.

02 정수

자연수에 양의 부호 +를 붙인 수를 양의 정수, 자연수에 음의 부호 −를 붙인 수를 음의 정수라 하지. 이때 양의 정수, 0, 음의 정수를 통틀어 정수라 해!

정수와 정수가 아닌 수까지!

현재 온도는 몇 ℃ 일까요?

03 유리수

수를 좀 더 확장해 볼까? 분모와 분자가 모두 자연수인 분수에 양의 부호 +를 붙인 수를 양의 유리수, 분모, 분자가 모두 자연수인 분수에 음의 부호 −를 붙인 수를 음의 유리수라 해.

04 수직선

유리수를 한눈에 볼 수 있을까? 수직선이라면 가능해! 이때 기준은 0이야! 0을 기준으로 오른쪽엔 양수, 왼쪽에 음수가 오지!

선 하나에 모든 수를 담을수 있어!

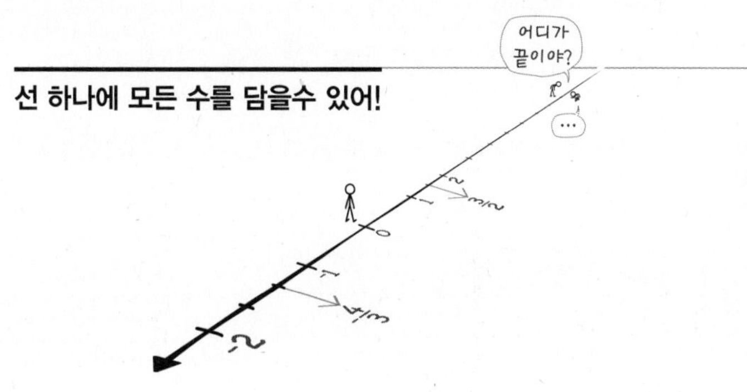

05~06 절댓값

수직선에서 0을 나타내는 점(원점)과 어떤 수를 나타내는 점 사이의 거리를 그 수의 절댓값이라 해!

절댓값은 거리야!

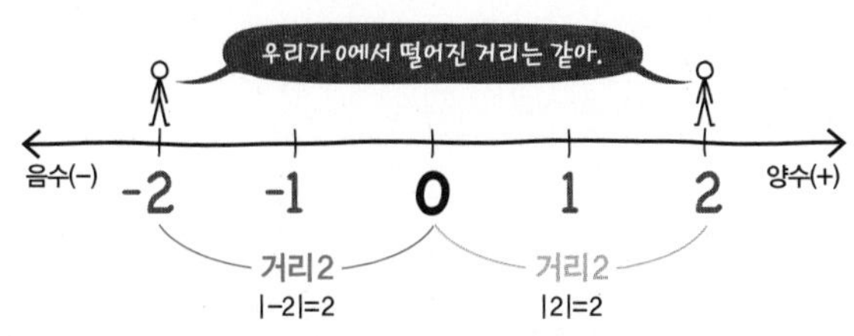

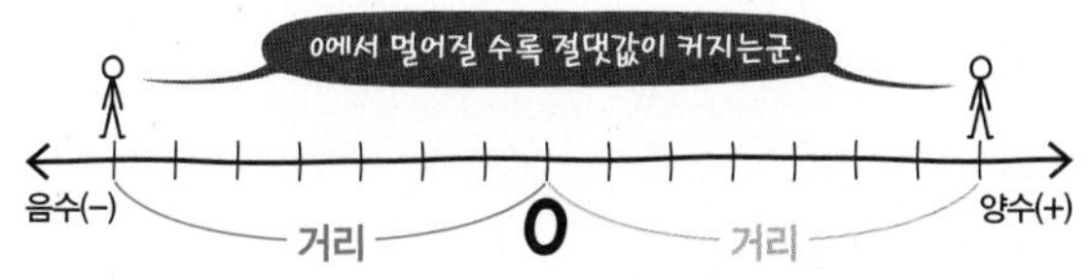

07 수의 대소 관계

수직선에서 유리수는 오른쪽으로 갈수록 수가 커지고 왼쪽으로 갈수록 수는 작아져. 따라서 양수는 음수보다 크지.

서로 다른 두 수는 크기가 달라.

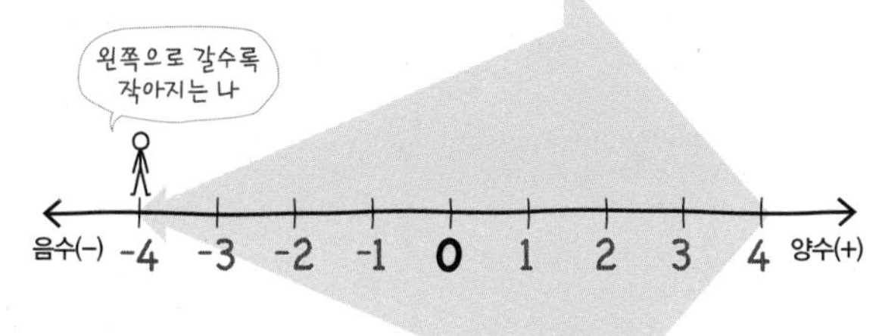

08 부등호의 사용

수직선을 이용해 수의 대소 관계를 알았으니깐 부등호로 수의 대소 관계를 간단하게 나타내 보자!

부등호를 사용해서 수의 대소 관계를 나타내!

크다. / 작다.
초과이다. / 미만이다.

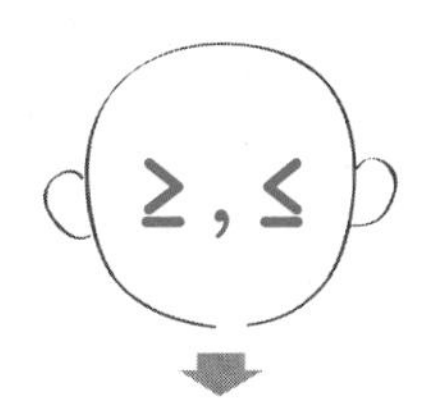

크거나 같다. / 작거나 같다.
이상이다. / 이하이다.
작지 않다. / 크지 않다.

01 0을 기준으로 서로 반대 방향으로의 크기, 값을 나타내!

양의 부호와 음의 부호

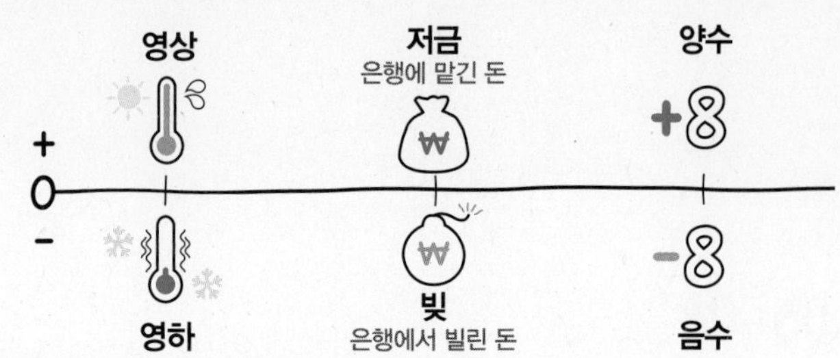

• **양의 부호와 음의 부호**

서로 반대되는 성질을 가진 수량을 어떤 기준을 중심으로 한쪽은 부호 '+'를, 다른 한쪽은 부호 '−'를 붙여 나타낼 수 있다.

참고 +3은 '양의 3', −3은 '음의 3'이라 읽는다.

• **양수와 음수**

0 기준 ─ 0보다 큰 수 → 양수(+)
　　　　└ 0보다 작은 수 → 음수(−)

참고 0은 양수도 아니고 음수도 아니다. 따라서 0은 부호를 붙이지 않는다.

원리확인 다음 ○ 안에 양의 부호 + 또는 음의 부호 −를 써넣으시오.

❶ 영상 3℃ → ○3℃

영하 3℃ → ○3℃

❷ 2000원 이익 → ○2000원

3000원 손해 → ○3000원

❸ 0보다 $\frac{1}{3}$만큼 큰 수 → ○$\frac{1}{3}$

0보다 2만큼 작은 수 → ○2

1st ─ 양의 부호 또는 음의 부호로 나타내기

● 다음을 양의 부호 + 또는 음의 부호 −를 사용하여 나타내시오.

1 100만 원 이익 → +100 만 원

150만 원 손해 → −150 만 원

(+의 반대는 −야!)

2 2 kg 증가 → ________ kg

5 kg 감소 → ________ kg

3 300만 원 수입 → ________ 만 원

200만 원 지출 → ________ 만 원

4 영상 25℃ → ________ ℃

영하 40℃ → ________ ℃

5 지상 25층 → ________ 층

지하 5층 → ________ 층

6 해발 200 m → ________ m

해저 300 m → ________ m

2nd 양수와 음수 구분하기

- 다음을 양의 부호 + 또는 음의 부호 −를 사용하여 나타내고, 나타낸 수가 양수인 것은 '양'을, 음수인 것은 '음'을 ( ) 안에 써넣으시오.

7 0보다 1만큼 큰 수

➜ ______ (양)

8 0보다 3만큼 작은 수

➜ ______ ( )

9 0보다 10만큼 큰 수

➜ ______ ( )

10 0보다 25만큼 작은 수

➜ ______ ( )

11 0보다 $\frac{1}{3}$만큼 큰 수

➜ ______ ( )

12 0보다 $\frac{3}{4}$만큼 작은 수

 ______ ( )

13 0보다 2.5만큼 큰 수

➜  ______ ( )

14 0보다 4.8만큼 작은 수

➜ ______ ( )

기호일 땐

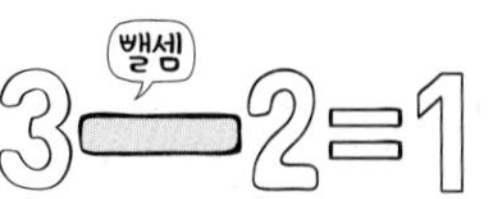

부호일 땐

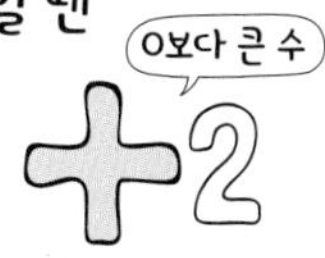

15 다음 수를 **보기**에서 있는 대로 고르시오.

보기

$+2,\quad -\frac{1}{5},\quad 0,\quad +2.3,\quad -7,\quad +0.3$

(1) 양수

______

(2) 음수

______

(3) 양수도 아니고 음수도 아닌 수

______

내가 발견한 개념 양수와 음수를 나누는 기준은?

- ☐ 보다 큰 수는 양수
- ☐ 보다 작은 수는 음수
- ☐ 은 양수도 음수도 아니다.

02

0을 기준으로 자연수와 자연수의 반대 방향까지!

정수

현재 온도는 −1℃입니다.

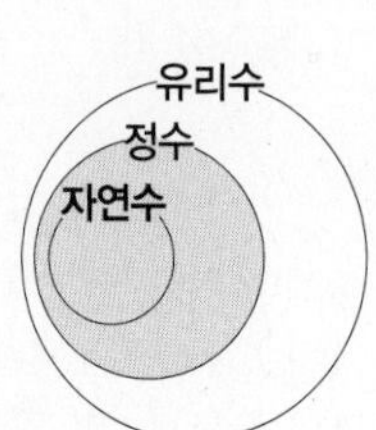

- **자연수**: 1부터 시작하여 1씩 커지는 수
- **정수**: 양의 정수, 0, 음의 정수를 통틀어 정수라 한다.
  ① 양의 정수(자연수): 자연수에 양의 부호 '+'를 붙인 수
  참고 양의 부호 +는 생략할 수 있다. 즉 양의 정수는 자연수와 같다.
  ② 0: 양의 정수도 음의 정수도 아니다.
  ③ 음의 정수: 자연수에 음의 부호 '−'를 붙인 수

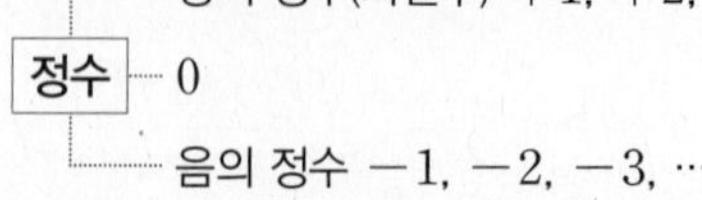

원리확인 다음 자연수에 양의 부호와 음의 부호를 붙여서 양의 정수와 음의 정수로 나타내시오.

❶ 1
양의 정수 1 → ______
음의 정수 1 → ______

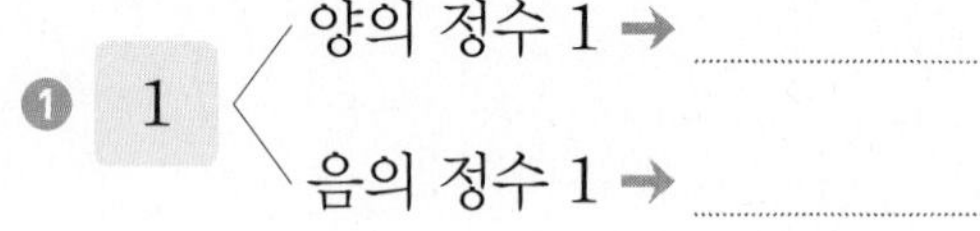

❷ 4
양의 정수 4 → ______
음의 정수 4 → ______

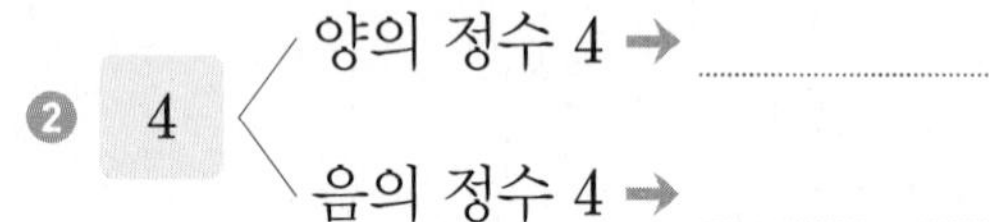

❸ 11
양의 정수 11 → ______
음의 정수 11 → ______

1st 양의 정수와 음의 정수 구분하기

● 다음 수 중 양의 정수를 모두 찾아 ○를 하시오.

1 $-13 \quad 0 \quad 2 \quad +4 \quad 7$

2 $20 \quad -2 \quad -16 \quad +1.2 \quad -5 \quad 4$

3 $+\frac{1}{4} \quad -17 \quad 50 \quad +19 \quad -23$

● 다음 수 중 음의 정수를 모두 찾아 ○를 하시오.

4 $5 \quad -9 \quad -7 \quad +8 \quad -12 \quad 20$

5 $+19 \quad -4 \quad -\frac{3}{5} \quad -7 \quad +14 \quad 0$

6 $-3.2 \quad -3 \quad -42 \quad -\frac{5}{12} \quad +4.5$

2nd 정수 분류하기

7 다음 수를 **보기**에서 있는 대로 고르시오.

보기
-10, 0, $+5$, -3, $+7$, -9

(1) 자연수

(2) 양의 정수

다른 표현! 같은 뜻?

(3) 음의 정수

(4) 자연수가 아닌 정수

8 다음 표에 주어진 수가 양의 정수, 음의 정수, 정수에 해당하는 것은 ○를, 그렇지 않은 것은 ×를 하시오.

수	3	$+\frac{4}{2}$	0	-1	$-\frac{12}{3}$
양의 정수 (자연수)					
음의 정수					
정수					

$+\frac{4}{2}=+2$, $-\frac{12}{3}=-4$처럼 정수로 나타낼 수 있으면 정수야!

내가 발견한 개념

정수에서 부호가 없는 수는?

• 정수이지만 양의 정수도 아니고 음의 정수도 아닌 수 → ☐

● 다음 수 중 정수를 모두 찾아 ○를 하시오.

9 $-\frac{10}{5}$ $-\frac{8}{5}$ $+\frac{3}{4}$ $+\frac{24}{12}$ $-\frac{3}{9}$ $\frac{48}{8}$

10 $\frac{41}{21}$ 0 $+\frac{81}{3}$ $-\frac{52}{13}$ $-\frac{18}{16}$ $\frac{8}{8}$

11 $-\frac{5}{5}$ $+\frac{15}{4}$ $-\frac{125}{5}$ $-\frac{33}{11}$ $\frac{81}{24}$ $+\frac{32}{6}$

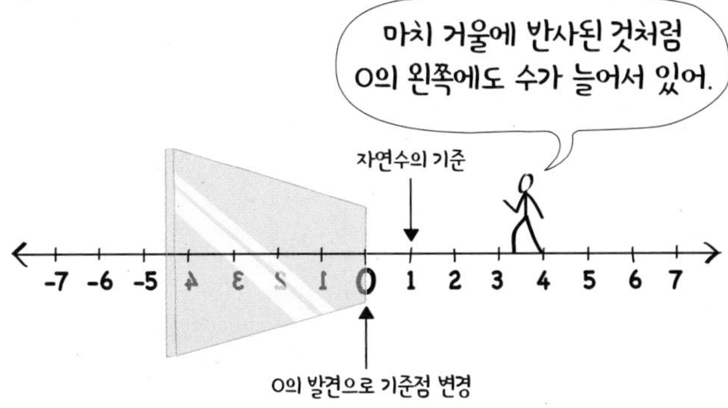

개념모음문제

12 다음 중 양의 정수의 개수를 a, 음의 정수의 개수를 b라 할 때, $a+b$의 값은?

$+4$, -3.7, $\frac{20}{5}$, 0 $+23$, $-\frac{36}{4}$

① 2 ② 3 ③ 4
④ 5 ⑤ 6

03 정수와 정수가 아닌 수까지!

유리수

현재 온도는 몇 ℃ 일까요?

• **유리수**: 양의 유리수, 0, 음의 유리수를 통틀어 유리수라 한다.

① 양의 유리수(양수): 분자, 분모가 자연수인 분수에 양의 부호 '+'를 붙인 수

참고 양의 부호 +는 생략할 수 있다.

② 0: 양의 유리수도 음의 유리수도 아니다.

③ 음의 유리수(음수): 분자, 분모가 자연수인 분수에 음의 부호 '−'를 붙인 수

참고 +0.5, −2.4와 같은 소수도 분수로 나타낼 수 있으므로 유리수이다.

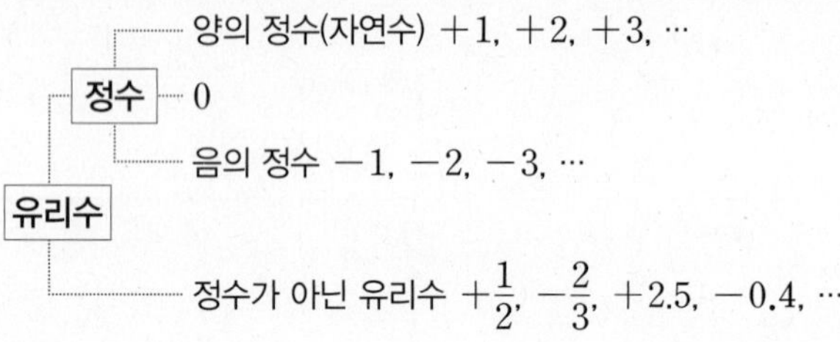

원리확인 다음은 주어진 두 자연수를 이용하여 만들 수 있는 양의 유리수와 음의 유리수를 나타낸 것이다. □ 안에 알맞은 수를 써넣으시오.

❶ 3, 5
- 양의 유리수 → $+\frac{3}{5}$, □
- 음의 유리수 → □, $-\frac{5}{3}$

❷ 4, 1
- 양의 유리수 → $+\frac{4}{1}=$□, $+\frac{1}{4}$
- 음의 유리수 → $-\frac{4}{1}=-4$, □

1st 유리수 분류하기

1 다음 수를 **보기**에서 있는 대로 고르시오.

보기

-2.7, $+7$, $-\frac{5}{7}$, 0, $+1.2$

$\frac{6}{3}$, 15, $-\frac{3}{3}$, $+\frac{9}{5}$, -4

(1) 양의 유리수

(2) 음의 유리수

(3) 양의 정수

(4) 음의 정수

(5) 정수

(6) 정수가 아닌 유리수

기약분수로 나타낼 수 있어야 정수가 아닌 유리수야!

(7) 양수도 아니고 음수도 아닌 유리수

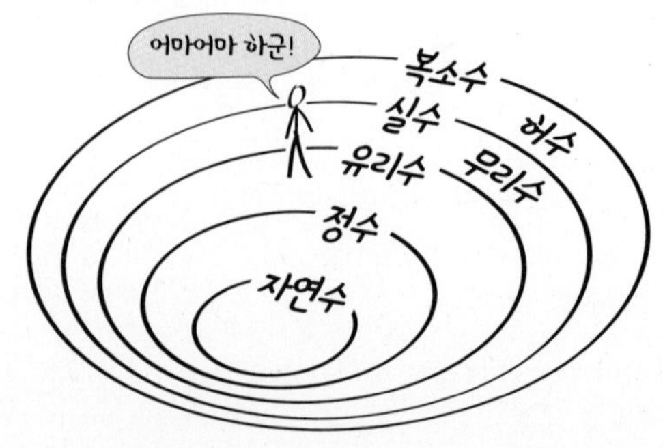

2 다음 표에 주어진 수가 양수, 음수, 정수, 정수가 아닌 유리수에 해당하는 것은 ○를, 그렇지 않은 것은 ×를 하시오.

수	0	$+\frac{4}{3}$	-3.2	2	$-\frac{12}{13}$
양수					
음수					
정수					
정수가 아닌 유리수					

내가 발견한 개념 　유리수를 어떻게 분류할까?

• 유리수는 정수, ☐가 아닌 유리수로 분류할 수 있다.

3 다음 수에 해당하는 것을 **보기**에서 있는 대로 고르시오.

보기

ㄱ. 양수　　ㄴ. 음수
ㄷ. 양의 정수　　ㄹ. 음의 정수
ㅁ. 자연수　　ㅂ. 정수가 아닌 유리수
ㅅ. 양수도 아니고 음수도 아닌 유리수

(1) -2.5

(2) $+\frac{7}{2}$

(3) $\frac{12}{3}$

(4) 0

(5) $-\frac{8}{4}$

2nd 유리수 이해하기

● 다음 설명 중 옳은 것은 ○를, 옳지 않은 것은 ×를 ( ) 안에 써넣으시오.

4 양의 정수, 0, 음의 정수를 통틀어 유리수라 한다. ( )

5 양수, 0, 음수를 통틀어 유리수라 한다. ( )

6 유리수는 정수, 정수가 아닌 유리수로 이루어져 있다. ( )

7 모든 정수는 유리수이다. ( )

8 0은 정수이지만 유리수는 아니다. ( )

9 1.8과 같은 소수도 분수로 나타낼 수 있으므로 유리수이다. ( )

10 음의 부호 −는 생략하여 나타낼 수 있다. ( )

개념모음문제

11 다음 설명 중 옳은 것을 모두 고르면? (정답 2개)

① 음수는 음의 부호를 생략하여 나타낼 수 있다.
② 0은 양수도 음수도 아니다.
③ 유리수는 분자가 정수이고 분모는 0이 아닌 정수인 분수로 나타낼 수 있다.
④ 0과 1 사이에는 유리수가 없다.
⑤ 0은 양의 유리수이다.

04 선 하나에 모든 수를 담을수 있어!

수직선

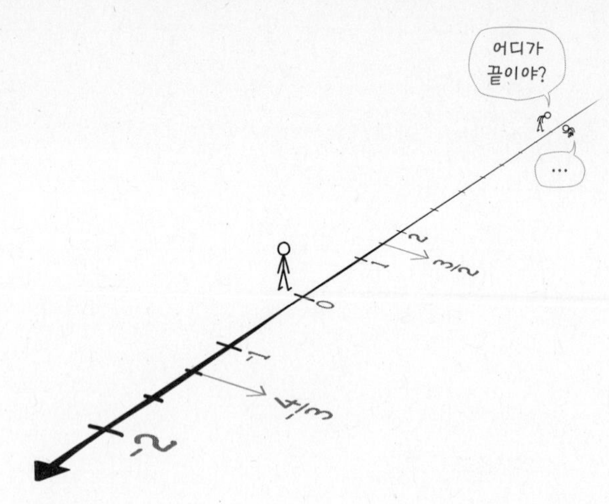

• **수직선(수를 나타낸 직선)**: 직선 위에 기준이 되는 점을 정하여 그 점에 0을 대응시키고, 그 점의 좌우에 일정한 간격으로 점을 잡아 오른쪽 점에 양수를, 왼쪽 점에 음수를 차례로 대응시켜 만든 직선을 **수직선**이라 한다.

참고 • 모든 정수와 유리수는 수직선 위에 나타낼 수 있다.
• 수직선에서 0에 대응하는 기준점을 원점이라 한다.

원리확인 다음 수직선에서 □ 안에 알맞은 수를 써넣으시오.

❶ 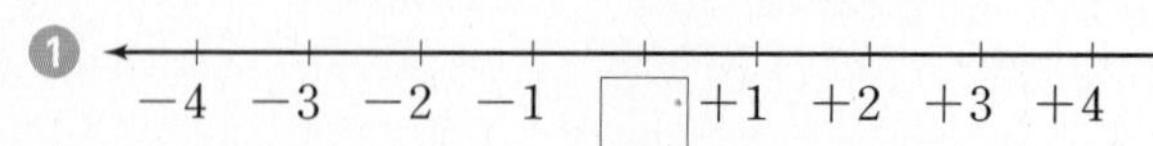

❷ 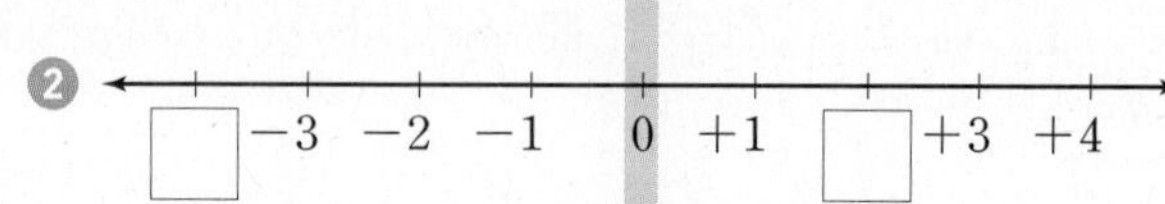

❸ 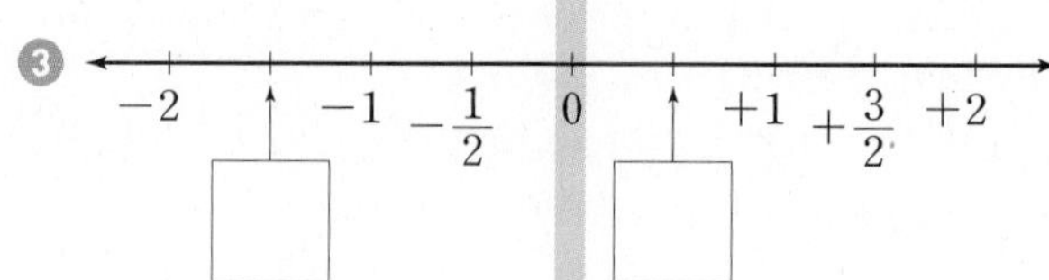

❹ 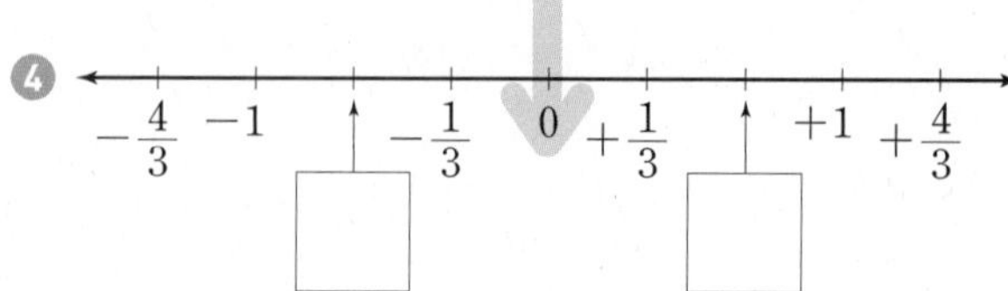

내가 발견한 개념 양수도 음수도 아닌 것은?

• 수직선에서 양수와 음수를 나누는 기준이 되는 점에 대응되는 수 → □

1st 수직선 위의 점에 대응하는 수 찾기

• 다음 수직선 위의 점 A, B, C가 나타내는 수를 구하시오.

1 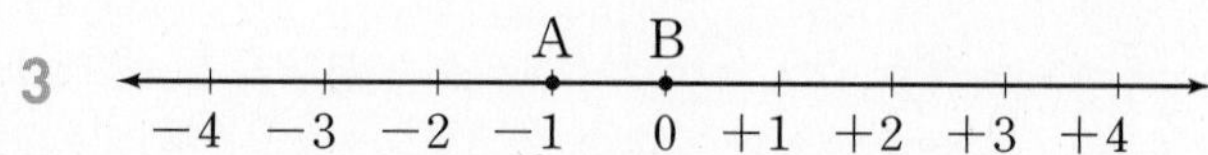

2 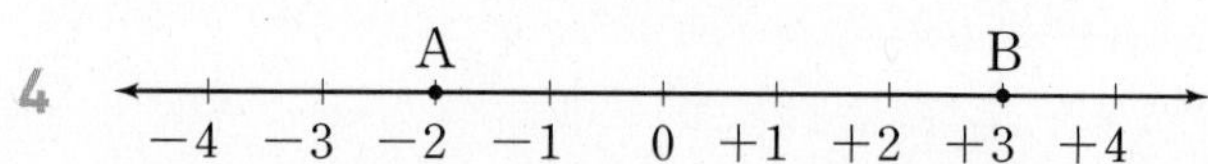

3 A B (수직선: −4 −3 −2 −1 0 +1 +2 +3 +4)

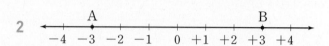

4 A B (수직선: −4 −3 −2 −1 0 +1 +2 +3 +4)

5 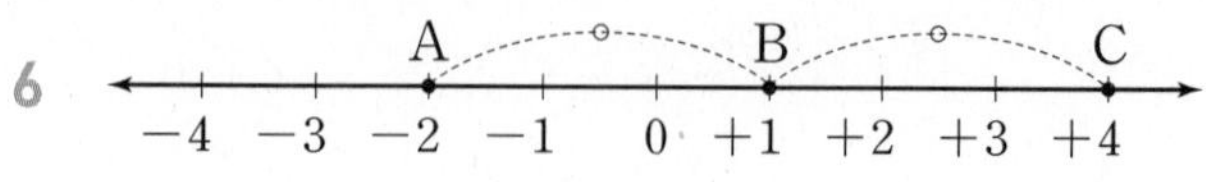

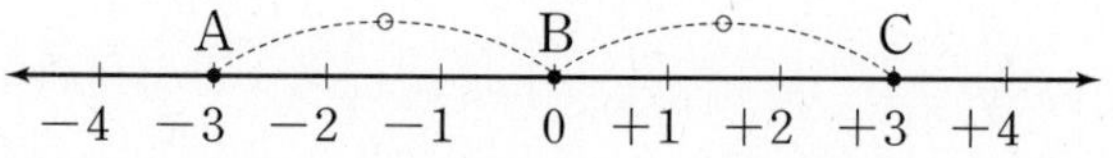

6 A B C (수직선: −4 −3 −2 −1 0 +1 +2 +3 +4)

개념모음문제

7 수직선 위에서 −4를 나타내는 점과 +2를 나타내는 점으로부터 같은 거리에 있는 점이 나타내는 수는?

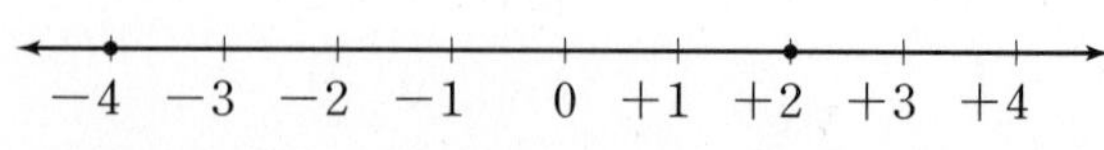

① −3 ② −2 ③ −1
④ 0 ⑤ +1

● 다음 수직선 위의 점 A, B가 나타내는 수를 구하시오.

8 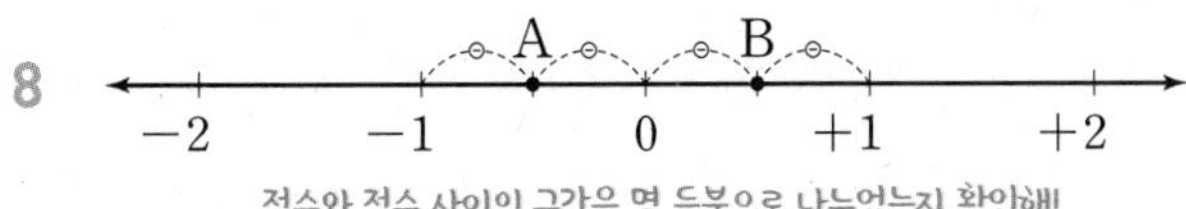

정수와 정수 사이의 구간을 몇 등분으로 나누었는지 확인해!

9 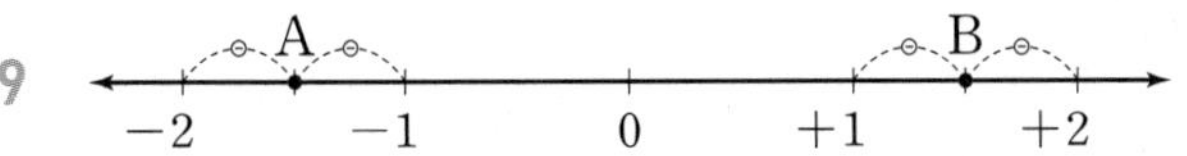

10 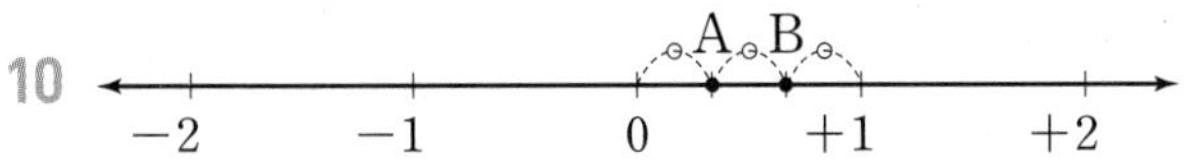

11 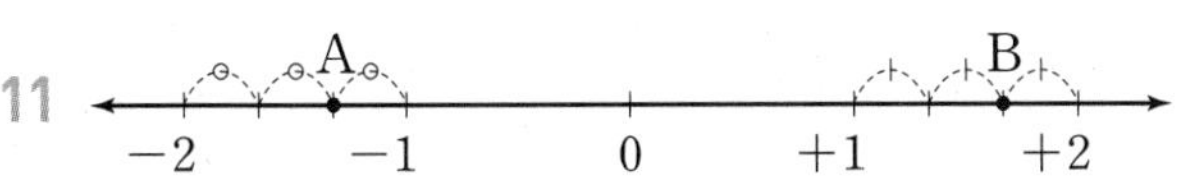

12 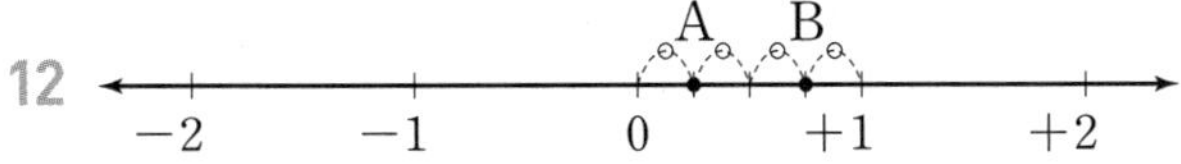

13 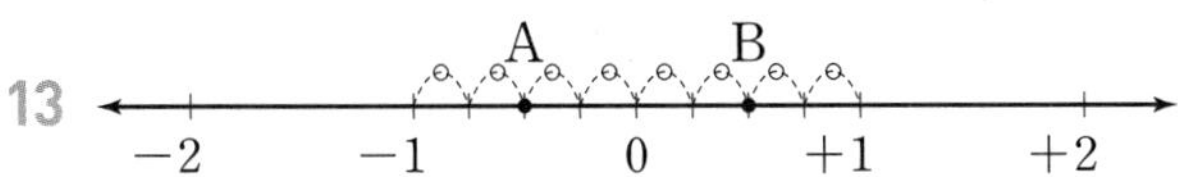

14 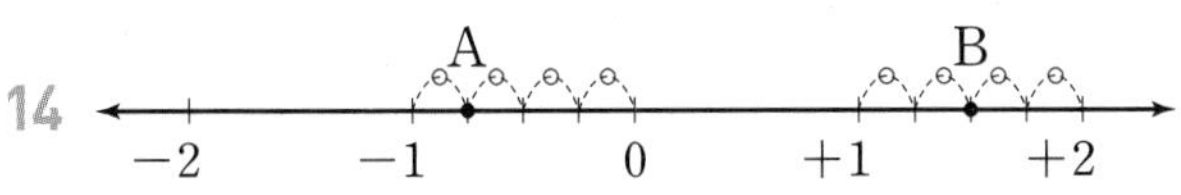

15 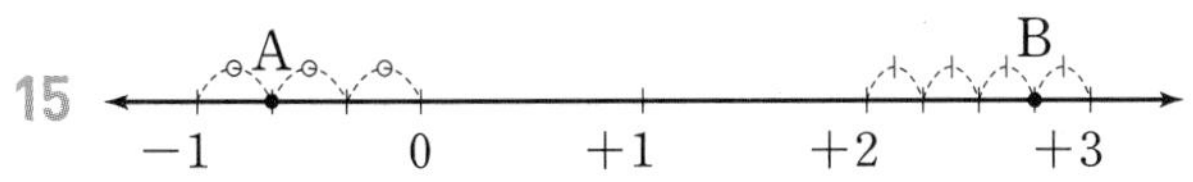

2nd 수를 수직선 위에 점으로 나타내기

● 다음 수를 수직선 위에 점으로 나타내시오.

16 A: -1, B: $+\frac{3}{2}$

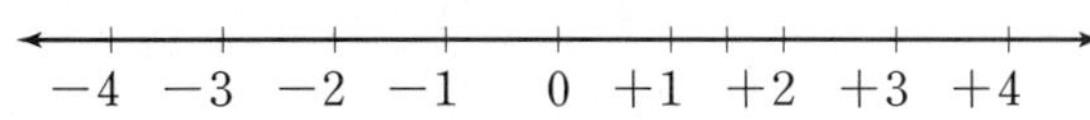

17 A: $-2\frac{1}{3}$, B: $+1\frac{1}{3}$

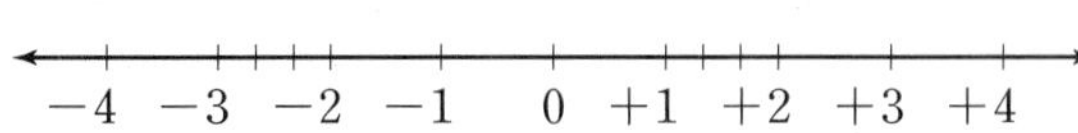

18 A: -3.5, B: $+\frac{11}{3}$

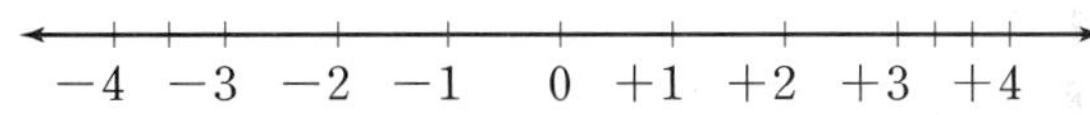

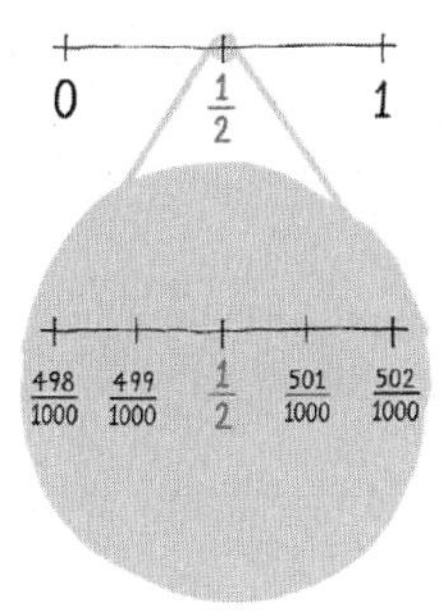

모든 유리수는 수직선 안에 다 들어 있어!

개념모음문제

19 다음 수직선 위의 점 A, B, C, D, E가 나타내는 수에 대한 설명 중 옳지 않은 것은?

A B C D E
-4 -3 -2 -1 0 $+1$ $+2$ $+3$ $+4$

① 정수의 개수는 3이다.
② 자연수의 개수는 2이다.
③ 정수가 아닌 유리수의 개수는 2이다.
④ 점 B가 나타내는 수는 $-\frac{3}{2}$이다.
⑤ 점 D는 0보다 $+\frac{5}{2}$만큼 큰 수이다.

05 절댓값은 거리야!

절댓값

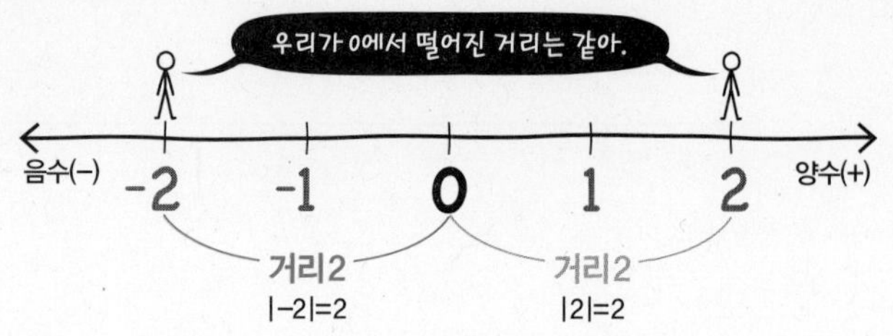

• **절댓값:** 수직선 위에서 0을 나타내는 점(원점)과 어떤 수에 대응하는 점까지의 거리를 그 수의 절댓값이라 하고 어떤 수 a의 절댓값을 기호 $|a|$로 나타낸다.

참고 • $|a|$는 '절댓값 a' 또는 'a의 절댓값'이라 읽는다.
• 0의 절댓값은 0이다. 즉 $|0|=0$

원리확인 다음을 수직선 위에 점으로 나타내고 □ 안에 알맞은 수를 써넣으시오.

❶ 원점으로부터 거리가 1인 두 점

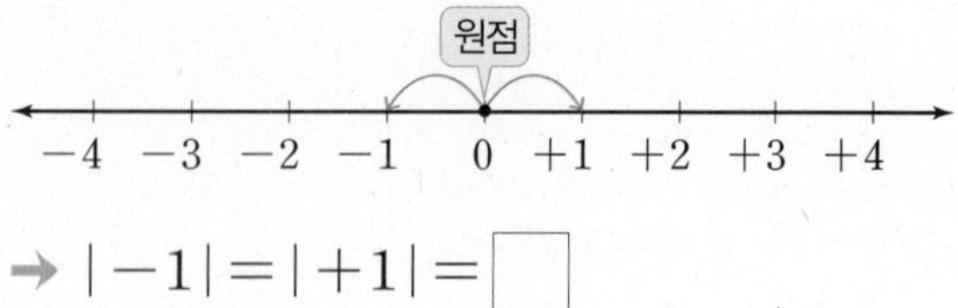

→ $|-1|=|+1|=$□

❷ 원점으로부터 거리가 $\frac{5}{2}$인 두 점

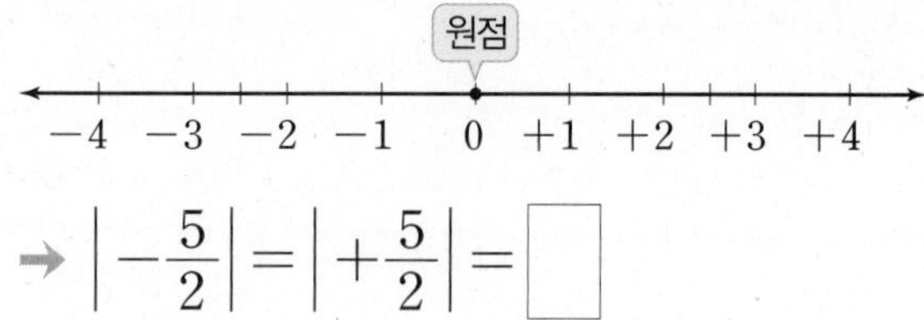

→ $\left|-\frac{5}{2}\right|=\left|+\frac{5}{2}\right|=$□

❸ 원점으로부터 거리가 4인 두 점

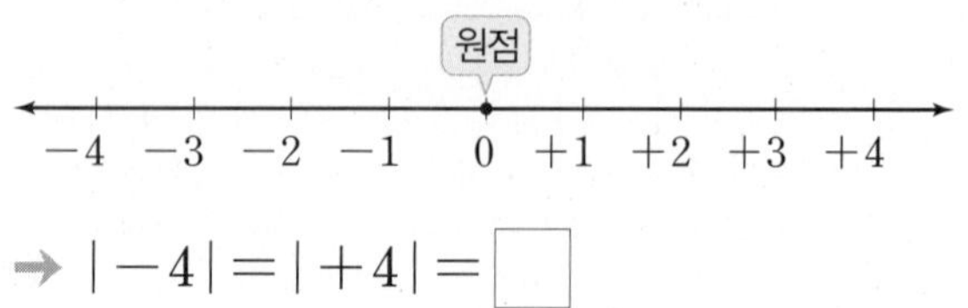

→ $|-4|=|+4|=$□

부호를 떼어내면 절댓값!

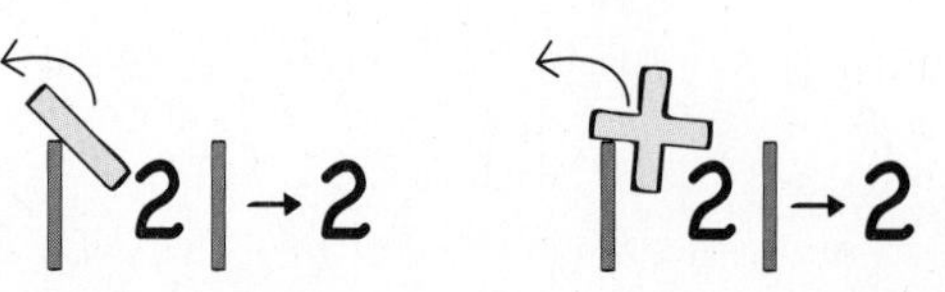

1st 절댓값 표현하기

● 다음 수의 절댓값을 기호를 사용하여 나타내고 그 값을 구하시오.

1 $+2 \rightarrow |+2|=$□

2 -5

3 $+1$

4 0

5 -2.8

6 $+\frac{4}{9}$

7 -49

8 $+3.14$

내가 발견한 개념 절댓값의 특징을 찾아봐!

• 절댓값은 거리이므로 항상 □ 보다 크거나 같다.
• 절댓값이 가장 작은 수 → □

개념모음문제
9 $+4$의 절댓값을 a, -7의 절댓값을 b라 할 때, $a+b$의 값은?

① 0 ② 3 ③ 11
④ 13 ⑤ 28

2nd 절댓값 구하기

● 다음 값을 구하시오.

10 $|+3|$

11 $|-8|$

12 $|+1.5|$

13 $|0|$

14 $|-18|$

15 $|+11.5|$

16 $\left|\frac{5}{8}\right|$

17 $\left|-\frac{4}{21}\right|$

18 $|-34.7|$

19 $|+3|+|-3|$

20 $|-2|+|+3|$

21 $|-5|+|-3|$

22 $\left|\frac{2}{5}\right|+\left|-\frac{3}{10}\right|$

23 $\left|-\frac{1}{2}\right|+|+0.5|$

24 $|13|+|-22|$

25 $\left|\frac{3}{8}\right|+\left|-\frac{3}{8}\right|$

26 $|1.8|-|-1|+|0.2|$

개념모음문제

27 다음 수들을 절댓값이 큰 수부터 차례로 나열하시오.

$-2,\quad -\frac{3}{4},\quad 0,\quad +\frac{1}{3},\quad +1$

06 절댓값은 거리니까 항상 0 또는 양수!

절댓값의 성질

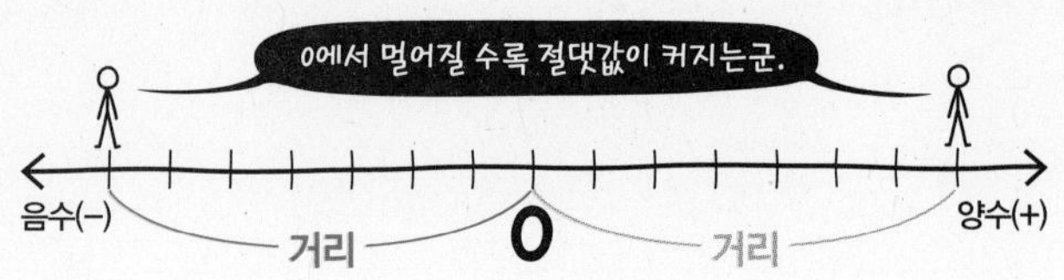

• **절댓값의 성질**

① 절댓값은 거리이므로 항상 0보다 크거나 같다.

② 0의 절댓값은 0이다. 즉 $|0|=0$

③ 양수 a에 대하여 절댓값이 a인 수는 $+a$, $-a$로 항상 두 개 존재한다.

④ 수를 수직선 위에 나타낼 때, 원점에서 멀리 떨어질수록 절댓값이 커진다.

원리확인 다음 □ 안에 알맞은 수를 써넣으시오.

❶

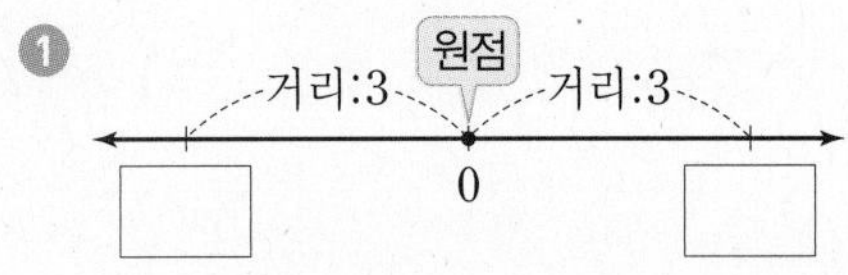

• 원점으로부터의 거리가 3인 두 수
→ □, □

• 절댓값이 3인 두 수
→ □, □

• -3과 3 사이의 거리는 □이다.

❷

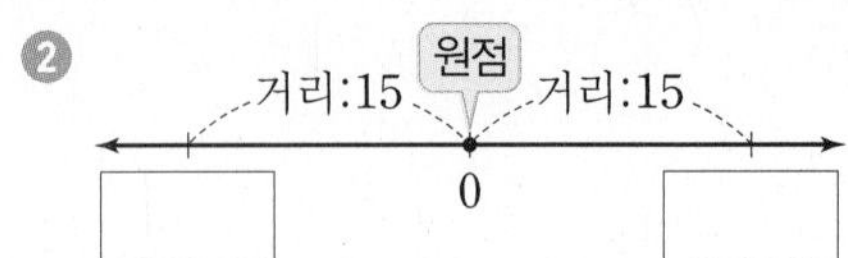

• 원점으로부터의 거리가 15인 두 수
→ □, □

• 절댓값이 15인 두 수
→ □, □

• -15와 15 사이의 거리는 □이다.

1st — 절댓값의 성질 이해하기

● 다음을 구하시오.

1 절댓값이 5인 수

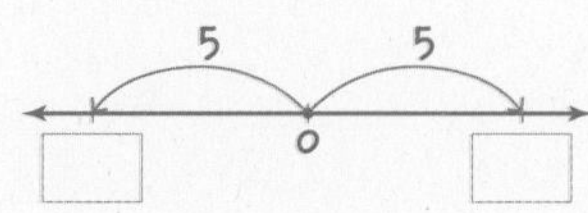

2 절댓값이 9인 수

3 절댓값이 $\frac{5}{17}$인 수

4 절댓값이 0인 수

5 원점으로부터의 거리가 8.7인 수

6 -3과 절댓값이 같은 양수

7 $\frac{4}{7}$와 절댓값이 같은 음수

내가 발견한 개념 어떤 수의 절댓값의 개수는?

• 절댓값이 0인 수: □ ← 1개

• 절댓값이 a인 수(a는 양수): +a, □ ← 2개

2nd 절댓값의 범위가 주어진 수 구하기

● 다음을 구하시오.

8 절댓값이 1 이하인 정수
절댓값이 1 이하인 정수는 절댓값이 0, 1인 정수야!
→ 절댓값이 0인 수: □
절댓값이 1인 수: □, 1

9 절댓값이 2보다 작은 정수
절댓값이 2보다 작은 정수는 절댓값이 0, 1인 정수야!

10 절댓값이 3보다 작은 정수

11 절댓값이 4 이하인 정수

12 절댓값이 $\frac{11}{2}$ 이하인 자연수
음의 정수와 0은 제외임에 주의해!

내가 발견한 개념 — 0과 절댓값의 관계는?
- 절댓값이 클수록 □에서 멀리 떨어져 있고,
절댓값이 작을수록 □에 가깝다.

개념모음문제
13 다음 조건을 만족하는 수는?

(가) 절댓값이 5보다 작은 정수
(나) 수직선 위에서 0에 대응하는 점의 오른쪽에 있는 점에 대응한다.

① −4 ② −2 ③ 0
④ 1 ⑤ 5

3rd 절댓값이 같고 부호가 반대인 두 수 구하기

● 절댓값이 같고 부호가 반대인 두 수를 나타내는 두 점 사이의 거리가 다음과 같을 때, 두 수를 구하시오.

14 2

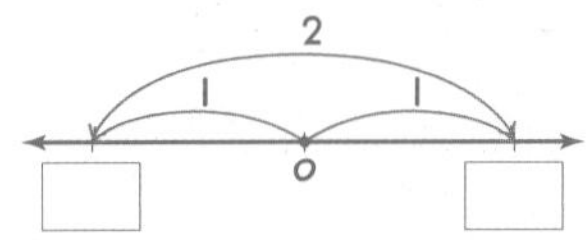

15 4

16 6

17 8

18 10

19 16

개념모음문제
20 수직선에서 절댓값이 같고 부호가 반대인 두 수를 나타내는 두 점 사이의 거리가 18일 때, 이를 만족하는 두 수 중 큰 수는?

① +4 ② +6 ③ +9
④ +18 ⑤ +36

07

서로 다른 두 수는 크기가 달라.

수의 대소 관계

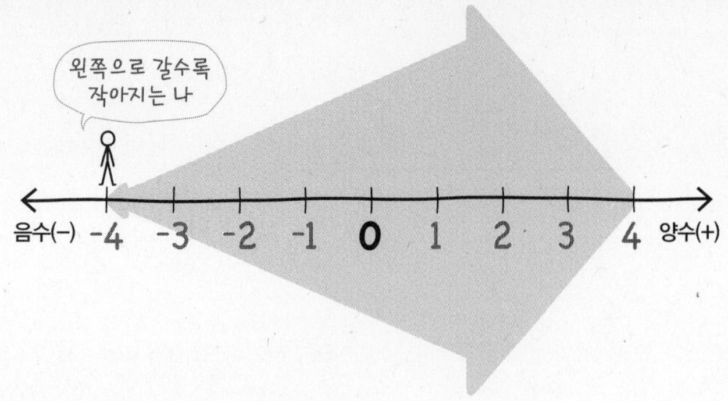

- **부호가 다른 두 수의 대소 관계**
  ① 음수는 0보다 작고, 양수는 0보다 크다.
  → (음수)<0<(양수) 예 $-2<0<+3$
  ② 양수는 음수보다 크다.
  → (음수)<(양수) 예 $-2<+3$
- **부호가 같은 두 수의 대소 관계**
  ① 양수끼리는 절댓값이 큰 수가 더 크다. 예 $+2<+3$
  ② 음수끼리는 절댓값이 큰 수가 더 작다. 예 $-3<-2$

원리확인 다음은 수직선 위의 점을 원점의 수 0을 기준으로 표현한 것이다. □ 안에 알맞은 수를 써넣으시오.

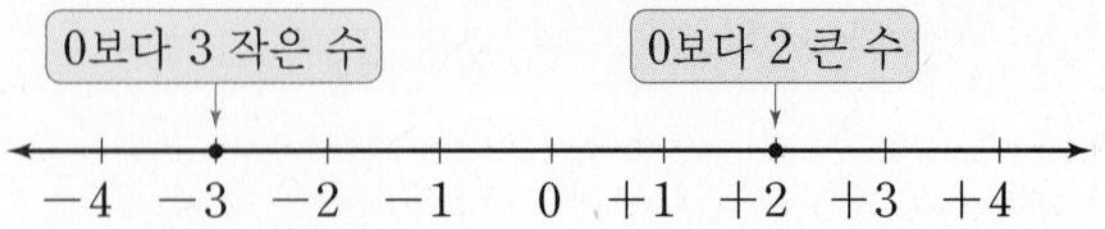

❶
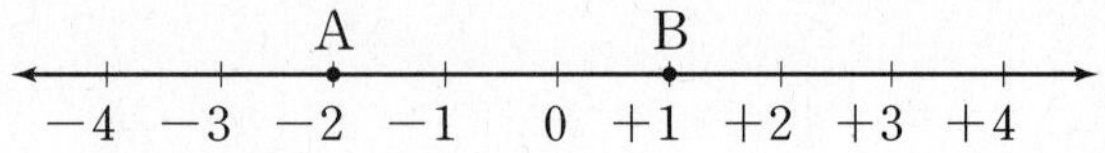

→ A: 0보다 □ 작은 수
B: 0보다 □ 큰 수

❷
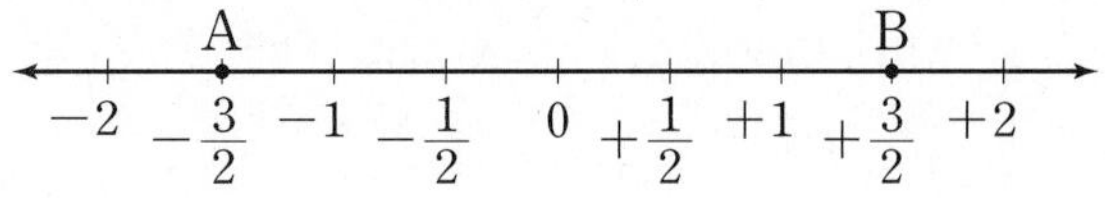

→ A: 0보다 □ 작은 수
B: 0보다 □ 큰 수

❸
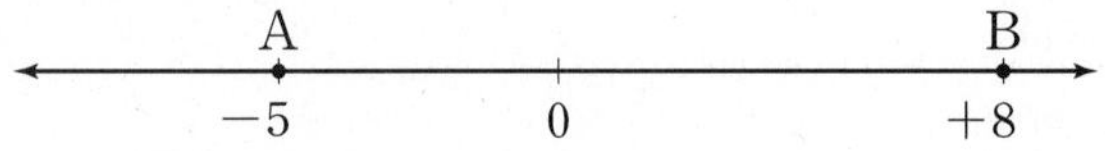

→ A: 0보다 □ 작은 수
B: 0보다 □ 큰 수

1st 부호가 다른 두 수의 대소 관계

- 다음 ○ 안에 부등호 <, > 중에서 알맞은 것을 써넣으시오.

1 0 ○ $+2$

2 $+3$ ○ 0

3 -1 ○ 0

4 0 ○ -2

5 $+\frac{1}{2}$ ○ 0

6 $-\frac{1}{3}$ ○ 0

7 0 ○ -2.5

8 0 ○ $+0.7$

내가 발견한 개념 오른쪽이 왼쪽보다 크다!

- (음수) ○ 0 ○ (양수)

9 -1 ◯ $+1$

10 -4 ◯ 5

11 5 ◯ -6

12 $+1.2$ ◯ -1.3

13 $+\frac{8}{5}$ ◯ $-\frac{7}{5}$

14 $\frac{17}{9}$ ◯ $-\frac{23}{6}$

15 $+3.8$ ◯ -4.7

16 101 ◯ -200

내가 발견한 개념 — 음수 vs 양수

• (음수) ◯ (양수)

2nd 부호가 같은 두 수의 대소 관계

17 $+4$ ◯ $+2$ ➔ $|+4|>|+2|$이므로 $+4>+2$

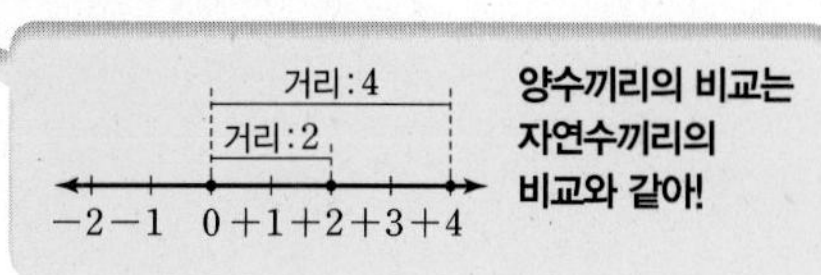

18 1 ◯ 1.5

19 $\frac{5}{7}$ ◯ $\frac{6}{7}$

20 2 ◯ $\frac{1}{2}$

21 1.45 ◯ 2.1

22 $\frac{2}{3}$ ◯ $\frac{3}{5}$ 두 수의 분모를 통분해서 비교해!

23 $\frac{4}{5}$ ◯ 0.6 소수와 분수의 대소는 소수 또는 분수로 통일해서 비교해!

24 0.8 ◯ $\left|-\frac{1}{6}\right|$

내가 발견한 개념 — 양수 vs 양수

• 양수끼리는 절댓값이 ☐ 수가 더 크다.

25 -1 ◯ -2 ➡ |-1|<|-2|이므로 -1>-2

거리 : 2
거리 : 1
-3 -2 -1 0 $+1$
음수끼리의 비교는 절댓값이 큰 수가 작은 수야!

26 -4 ◯ -3

27 -12 ◯ -10

28 -3.2 ◯ -4

29 -49 ◯ -51.5

30 $-\frac{2}{3}$ ◯ $-\frac{1}{3}$

31 $-1\frac{2}{5}$ ◯ $-3\frac{2}{5}$

32 -6 ◯ -6.1

33 -11 ◯ -8

34 -18 ◯ -20

35 -58 ◯ -44

36 $-\frac{6}{5}$ ◯ $-\frac{9}{8}$ 두 수의 분모를 통분해서 비교해!

37 $-\frac{6}{25}$ ◯ -0.25 소수와 분수의 대소는 소수 또는 분수로 통일해서 비교해!

38 -2.8 ◯ $-2\frac{1}{3}$

39 -300 ◯ -500

40 -1024 ◯ -1053

내가 발견한 개념 — 음수 vs 음수

• 음수끼리는 절댓값이 ☐ 수가 더 작다.

개념모음문제

41 다음 두 수의 대소 관계가 옳지 않은 것은?

① $-1<0$ ② $+\frac{1}{3}>-\frac{2}{3}$

③ $-10>-15$ ④ $\left|-\frac{5}{9}\right|<\left|+\frac{2}{3}\right|$

⑤ $\left|-\frac{4}{5}\right|<\left|-\frac{2}{3}\right|$

3rd 여러 개의 수의 대소 관계

● 다음 세 수의 대소 관계를 부등호를 사용하여 나타내시오.

42 $+2$, 0, -2.1

(음수)<0<(양수) 이므로 $-2.1<0<+2$

43 31, -30, 29

44 -5, $|+5|$, 6

$|+5|=5$임을 이용해!

45 2, -1, $|-1.2|$

46 $\frac{1}{7}$, $-\frac{5}{14}$, $\frac{3}{28}$

47 -2.5, $-\frac{2}{3}$, -0.8

소수를 분수로 고쳐서 비교해!

48 0, $|-0.1|$, 0.2

49 $-\frac{5}{12}$, 0.9, $\frac{5}{6}$

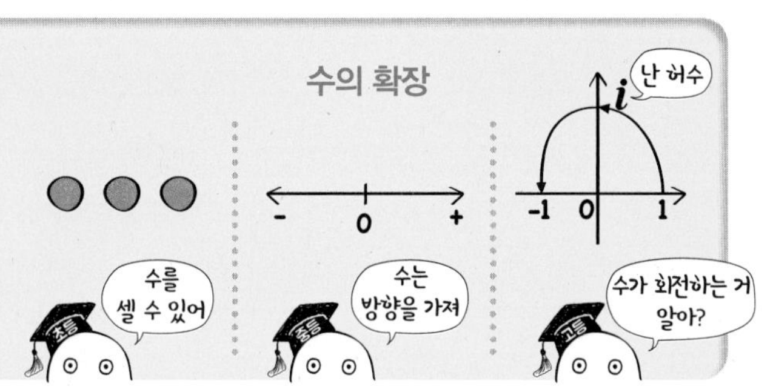

수의 확장
수를 셀 수 있어
수는 방향을 가져
난 허수
수가 회전하는 거 알아?

● 다음 수를 작은 수부터 차례대로 나열하시오.

50 -2, 6, 3, -7, 1

51 $|-10|$, 12, $|-13|$, -14, -10

52 5, -3, 0, -7.2, $\frac{13}{4}$

53 $-\frac{1}{3}$, 4, $\frac{3}{2}$, 2.5, -3.7

54 -9.2, $-\frac{7}{8}$, $|-6.3|$, $-\left|\frac{8}{9}\right|$, 0

개념모음문제

55 다음 수의 대소 관계가 옳지 않은 것은?

$-\frac{3}{4}$, 2, $\frac{1}{2}$, $-\frac{7}{2}$, -2.3, $\frac{13}{3}$

① 가장 큰 수는 $\frac{13}{3}$이다.

② 가장 작은 수는 -2.3이다.

③ 절댓값이 가장 큰 수는 $\frac{13}{3}$이다.

④ 절댓값이 가장 작은 수는 $\frac{1}{2}$이다.

⑤ 수직선 위에 나타낼 때, 가장 왼쪽에 있는 점에 대응하는 수는 $-\frac{7}{2}$이다.

08 부등호를 사용해서 수의 대소 관계를 나타내!

부등호의 사용

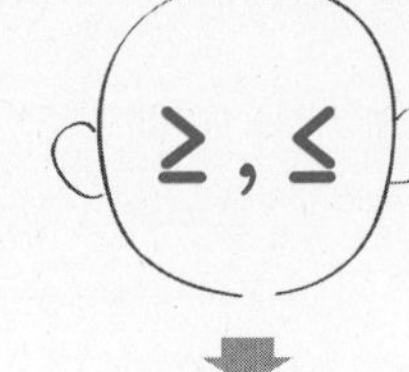

$>$, $<$ → 크다. / 작다. 초과이다. / 미만이다.

$\geq$, $\leq$ → 크거나 같다. / 작거나 같다. 이상이다. / 이하이다. 작지 않다. / 크지 않다.

예

$x>2$	$x<2$
x는 2보다 크다. x는 2 초과이다.	x는 2보다 작다. x는 2 미만이다.

$x\geq2$	$x\leq2$
x는 2보다 크거나 같다. x는 2 이상이다. x는 2보다 작지 않다.	x는 2보다 작거나 같다. x는 2 이하이다. x는 2보다 크지 않다.

1st 부등호를 사용하여 나타내기

● 다음 ○ 안에 부등호 $>$, $\geq$, $<$, $\leq$ 중 알맞은 것을 써넣으시오.

1 x는 3보다 크다.
→ x ○ 3

2 x는 3 초과이다.
→ x ○ 3

3 x는 -2보다 작다.
→ x ○ -2

4 x는 -2 미만이다.
→ x ○ -2

5 x는 5보다 크거나 같다.
→ x ○ 5

6 x는 5 이상이다.
→ x ○ 5

7 x는 5보다 작지 않다.
→ x ○ 5

8 x는 -7보다 작거나 같다.
→ x ○ -7

9 x는 -7 이하이다.
→ x ○ -7

10 x는 -7보다 크지 않다.
→ x ○ -7

11 x는 -7 초과이고, -2 미만이다.
→ -7 ○ x ○ -2

12 x는 -7보다 크거나 같고 5보다 작거나 같다.
→ -7 ○ x ○ 5

내가 발견한 개념 — 부등호로 한 번에 나타내!

• x는 a보다 크거나 같다. → $x>a$ 또는 $x=a$ → x ○ a
• x는 a보다 작거나 같다. → $x<a$ 또는 $x=a$ → x ○ a

● 다음을 부등호를 사용하여 나타내시오.

13 x는 4보다 크다.

→ $x>$ □

14 x는 10보다 작다.

15 x는 $-\frac{17}{20}$보다 크거나 같다.

16 x는 0.8보다 작거나 같다.

17 x는 -17 초과이다.

18 x는 $\frac{5}{4}$ 미만이다.

19 x는 -10 이상이다.

20 x는 $-\frac{2}{5}$보다 작지 않다.

21 x는 0 이하이다.

22 x의 절댓값이 3보다 크지 않다.

x의 절댓값이 $|x|$임을 이용해!

23 x는 -3 이상이고 8보다 작다.

24 x는 0 초과이고 11 미만이다.

25 x는 0보다 크고 4 이하이다.

26 x는 5보다 작지 않고 15보다 작다.

27 x는 -2.5 초과이고 2.5보다 크지 않다.

28 x는 $-\frac{3}{4}$보다 크거나 같고 $\frac{1}{3}$보다 작거나 같다.

29 x는 $-\frac{7}{8}$보다 작지 않고 2.5 미만이다.

부등호를 사용한 대소 관계, 부등식!

수에서	식에서
$4>2$	$x+5\le 10$
4는 2보다 크다	x에 5를 더하면 10보다 작거나 같다

2nd 주어진 범위에 속하는 정수 찾기

● 다음을 구하시오.

30 -4보다 크고 0 이하인 정수

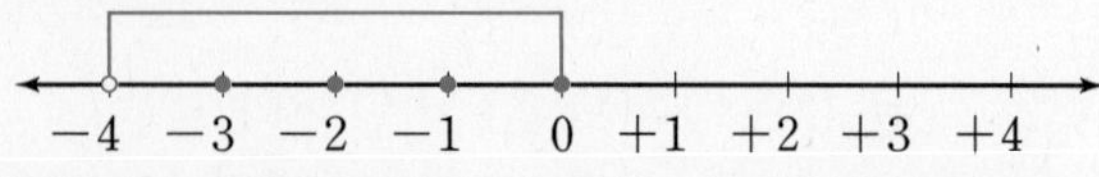

'이상, 이하, 크지 않다, 작지 않다'이면 ●, '초과, 미만, 크다, 작다'이면 ○로 표현하면 쉽게 찾을 수 있어!

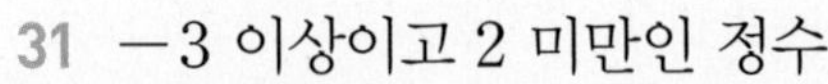

31 -3 이상이고 2 미만인 정수

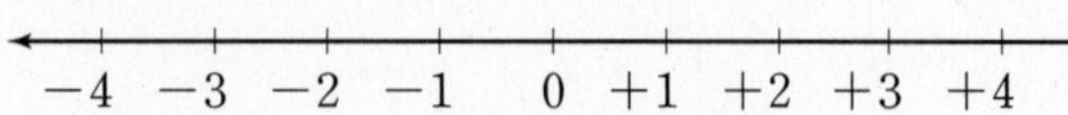

32 0보다 크거나 같고 4보다 작은 정수

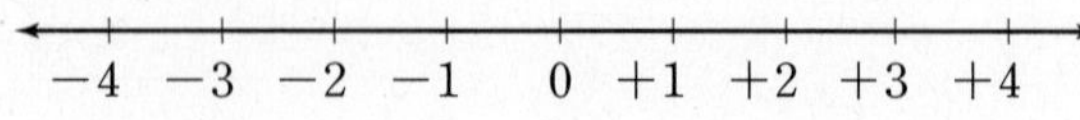

33 $-\frac{8}{3}$보다 크고 $+3$보다 크지 않은 정수

-4 -3 -2 -1 0 $+1$ $+2$ $+3$ $+4$

34 두 수 -2와 $+\frac{12}{5}$ 사이에 있는 정수

-4 -3 -2 -1 0 $+1$ $+2$ $+3$ $+4$

35 절댓값이 3보다 작거나 같은 정수

-4 -3 -2 -1 0 $+1$ $+2$ $+3$ $+4$

● 다음을 만족시키는 정수 x를 모두 구하시오.

36 $0<x<8$

37 $-5\le x<2$

38 $-\frac{9}{2}<x\le 1$

39 $-\frac{13}{4}\le x\le 0$

40 $|x|<1$

절댓값이 1보다 작은 정수를 의미해!

41 $|x|\le 4$

42 $|x|<6$

개념모음문제

43 다음 조건을 모두 만족하는 정수 A의 개수는?

(가) $-2\le A<1$	(나) $\lvert A\rvert \le 1$

① 1 ② 2 ③ 3 ④ 4 ⑤ 5

TEST 3. 정수와 유리수

1 다음 수에 대한 설명으로 옳지 않은 것은?

$-6,\ 3.5,\ 0,\ -\frac{12}{5},\ 1,\ \frac{6}{3}$

① 자연수의 개수는 2이다.
② 음의 정수의 개수는 1이다.
③ 정수의 개수는 3이다.
④ 음의 유리수의 개수는 2이다.
⑤ 유리수의 개수는 6이다.

2 다음 수에 대한 설명으로 옳은 것은?

① 0은 양수이다.
② 양수는 음수보다 작다.
③ 정수는 양의 정수와 음의 정수로 나눌 수 있다.
④ 유리수는 정수와 정수가 아닌 유리수로 나눌 수 있다.
⑤ 모든 유리수는 정수이다.

3 다음 수직선 위의 5개의 점 A, B, C, D, E가 나타내는 수로 옳은 것은?

A B C D E
−4 −3 −2 −1 0 +1 +2 +3 +4

① A: 3 ② B: $-\frac{1}{2}$ ③ C: $\frac{3}{4}$
④ D: $\frac{3}{8}$ ⑤ E: -4

4 다음 중 절댓값에 대한 설명으로 옳은 것은?

① 절댓값은 항상 0보다 큰 양수이다.
② 절댓값이 같은 수는 항상 2개이다.
③ 0의 절댓값은 없다.
④ 절댓값이 클수록 수직선의 원점에 가깝다.
⑤ 절댓값이 같고 부호가 반대인 두 수의 거리가 20이면 두 수 중 작은 수는 -10이다.

5 다음의 수 중에서 가장 큰 수와 가장 작은 수의 절댓값의 합을 구하시오.

$-4,\ 2,\ -\frac{15}{3},\ 5,\ \left|-\frac{9}{2}\right|,\ 6.5$

6 정수 a에 대하여 a는 $-\frac{19}{3}$보다 작지 않고 $\frac{4}{3}$보다 작거나 같을 때, a를 만족하는 정수의 개수를 구하시오.

4

0, 그리고 부호가 중요한!
정수와 유리수의 덧셈과 뺄셈

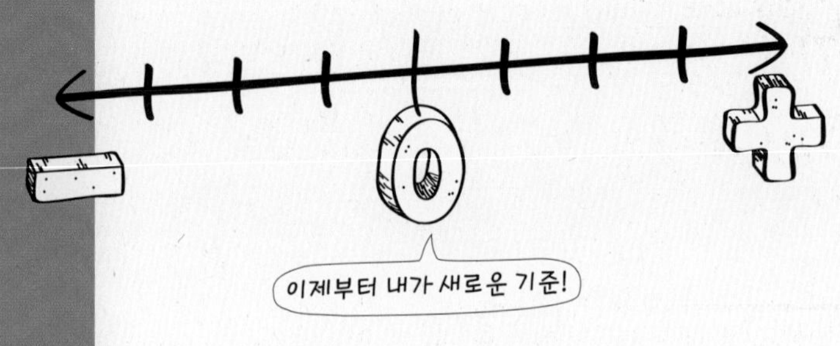

01 부호가 같은 두 수의 덧셈

수직선을 이용하여 덧셈의 원리를 이해하자! 양수이면 오른쪽으로, 음수이면 왼쪽으로, 같은 방향으로 이동하는 것은 덧셈이야.

같은 방향이 만나면 절댓값이 커져!

① (양수) + (양수)

$(+3)+(+2)=+5$

0 +1 +2 +3 +4 +5

② (음수) + (음수)

$(-3)+(-2)=-5$

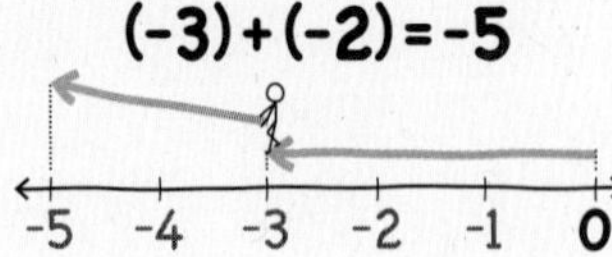

02 부호가 다른 두 수의 덧셈

수직선에서 부호가 다른 두 수의 덧셈의 결과에서 방향은 절댓값이 큰 쪽의 방향과 같고 이동한 거리는 두 수의 절댓값의 차와 같아!

서로 다른 방향이 만나면 절댓값이 작아져!

① (양수) + (음수)

$(+3)+(-2)=+1$

② (음수) + (양수)

$(-5)+(+3)=-2$

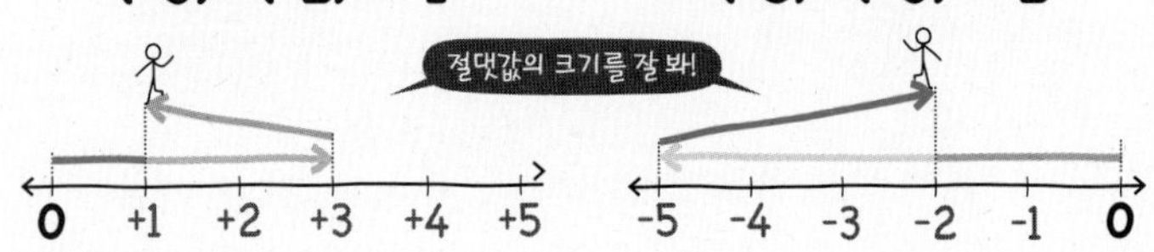

03 덧셈에 대한 계산 법칙

두 수의 덧셈에서 순서를 바꾸어 더해도 그 결과가 같아. 또한 세 수의 덧셈에서 앞 또는 뒤의 두 수를 먼저 더한 후 나머지 수를 더해도 그 결과가 같아!

덧셈을 쉽게 만드는 계산 법칙!

① 덧셈의 교환법칙

$a+b=b+a$

a	b
b	a

② 덧셈의 결합법칙

$(a+b)+c=a+(b+c)$

a	b	c
a	b	c

04 두 수의 뺄셈

초등과정에서는 작은 수에서 큰 수를 뺄 수 없다 배웠지? 하지만 중등과정에서는 음수를 배우면서 작은 수에서 큰 수를 뺄 수 있게 되었어.

덧셈식으로 바꿔 계산해!

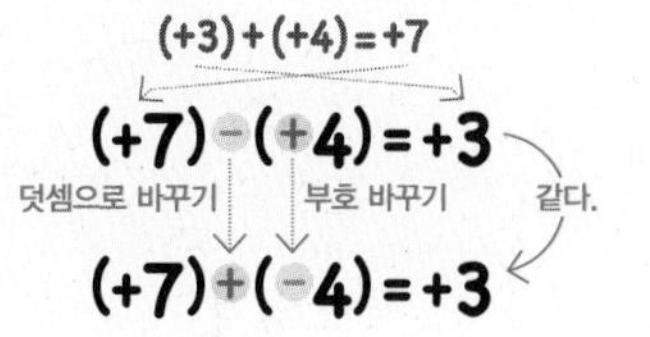

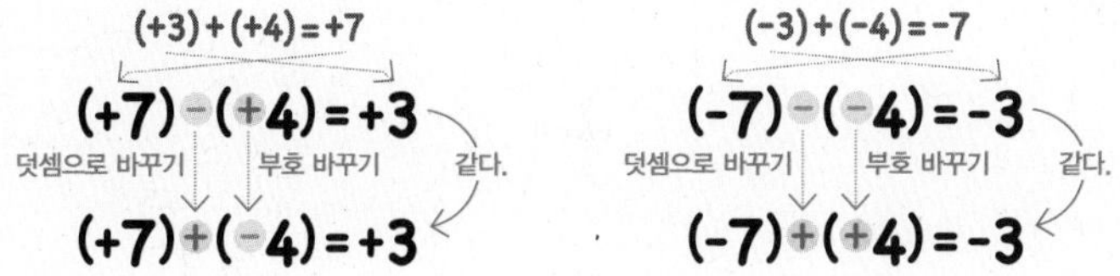

$(-3)+(-4)=-7$

$(-7)-(-4)=-3$ (덧셈으로 바꾸기, 부호 바꾸기) 같다.

$(-7)+(+4)=-3$

05 덧셈과 뺄셈의 혼합 계산

뺄셈에서는 교환법칙과 결합법칙이 성립하지 않아. 그래서 뺄셈은 변신이 필요해. 어떤 변신? 덧셈으로 바꿔주는거야.

뺄셈을 덧셈으로! 양수는 양수끼리! 음수는 음수끼리!

$(+3)+(-4)-(-2)$

$=(+3)+(-4)+(+2)$ ← 뺄셈을 덧셈으로

$=(+3)+(+2)+(-4)$ ← 덧셈의 교환법칙

$=\{(+3)+(+2)\}+(-4)$ ← 덧셈의 결합법칙

$=(+5)+(-4)=+1$

06 부호가 생략된 수의 계산

부호가 생략된 수의 덧셈과 뺄셈은 생략된 양의 부호 +를 넣고 괄호가 있는 식으로 고친 후 계산해!

양의 부호를 살리고 뺄셈을 덧셈으로 고쳐!

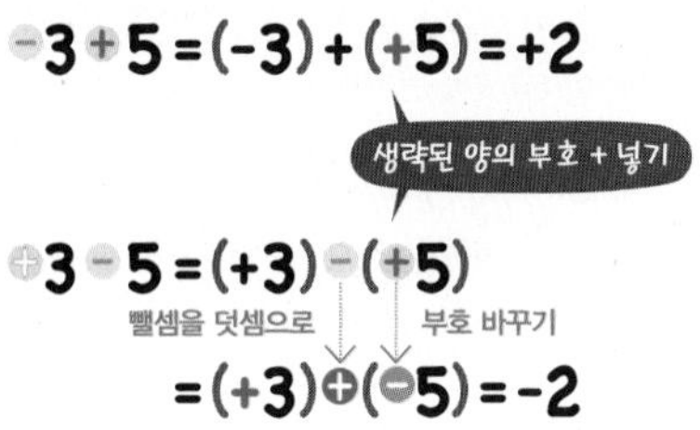

$-3+5=(-3)+(+5)=+2$

생략된 양의 부호 + 넣기

$+3-5=(+3)-(+5)$ (뺄셈을 덧셈으로, 부호 바꾸기)

$=(+3)+(-5)=-2$

07 덧셈과 뺄셈 사이의 관계

세 수의 덧셈과 뺄셈 사이의 관계를 알면 모르는 수를 구할 수 있어!

관계를 알면 식을 내 마음대로!

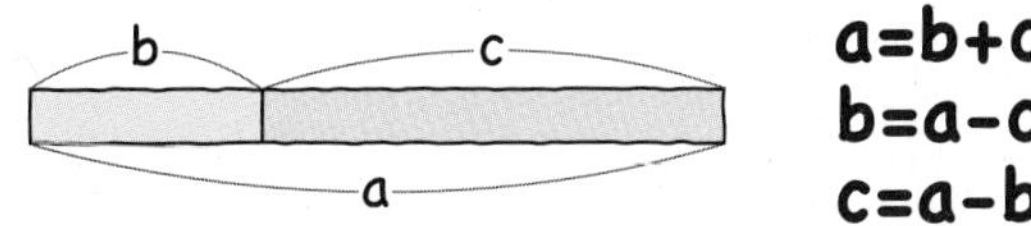

$a=b+c$

$b=a-c$

$c=a-b$

08 절댓값이 주어진 두 수의 덧셈과 뺄셈

절댓값이 주어진 두 수의 덧셈과 뺄셈을 해보면 결국 가장 큰 값은 양수끼리의 합! 가장 작은 값은 음수끼리의 합!

가장 큰 값은 양수끼리, 가장 작은 값은 음수끼리의 합!

$|a|=2,\ |b|=1$

① $a+b$

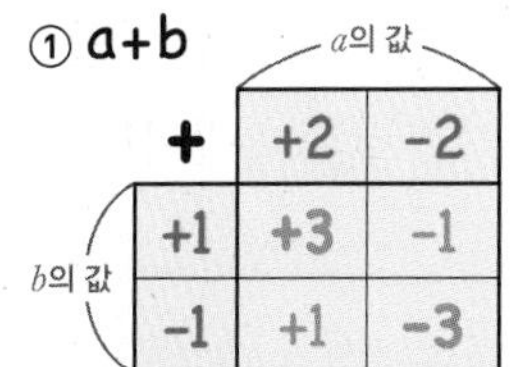

+	+2	-2
+1	+3	-1
-1	+1	-3

(a의 값: 가로, b의 값: 세로)

가장 큰 값은 양수끼리의 합!

가장 작은 값은 음수끼리의 합!

② $a-b$

-	+2	-2
+1	+1	-3
-1	+3	-1

(a의 값: 가로, b의 값: 세로)

01

같은 방향이 만나면 절댓값이 커져!

부호가 같은 두 수의 덧셈

① (양수) + (양수)

(+3) + (+2) = +5

0 +1 +2 +3 +4 +5

② (음수) + (음수)

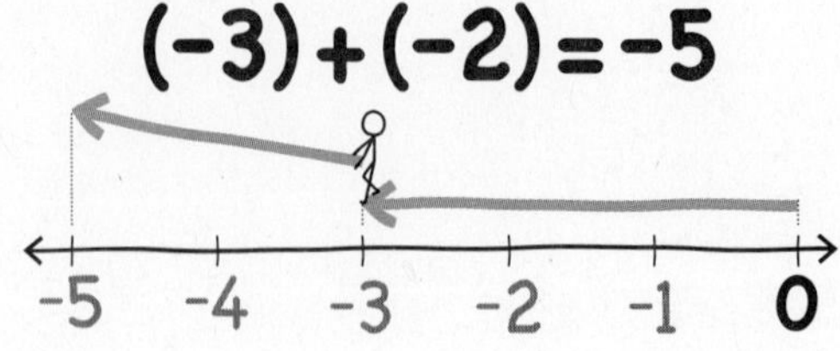

• **부호가 같은 두 수의 덧셈:** 두 수의 절댓값의 합에 공통인 부호를 붙여서 계산한다.

① (양수)+(양수)=+(두 수의 절댓값의 합)

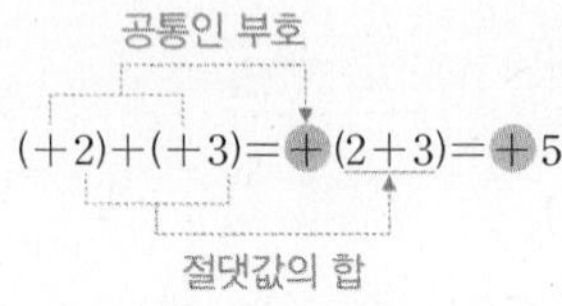

② (음수)+(음수)=−(두 수의 절댓값의 합)

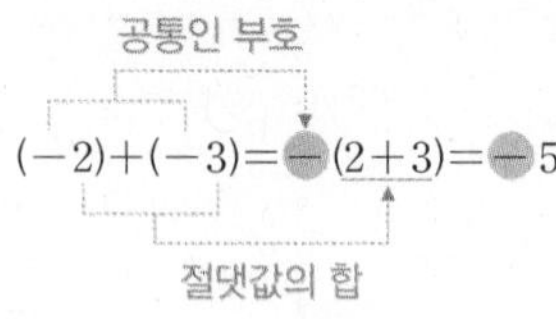

원리확인 다음 수직선을 보고 □ 안에 알맞은 수를 써넣으시오.

❶

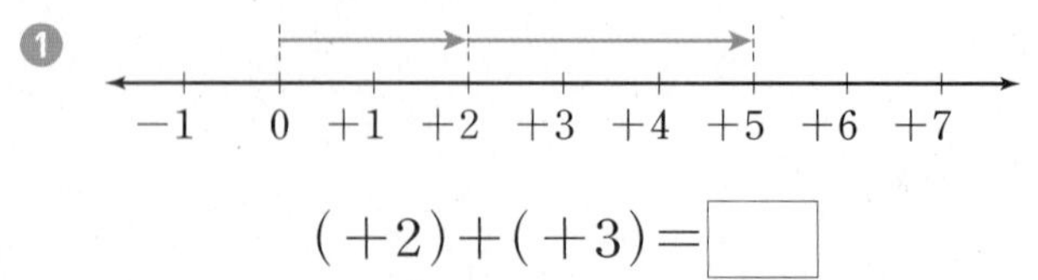

$(+2)+(+3)=$ □

❷

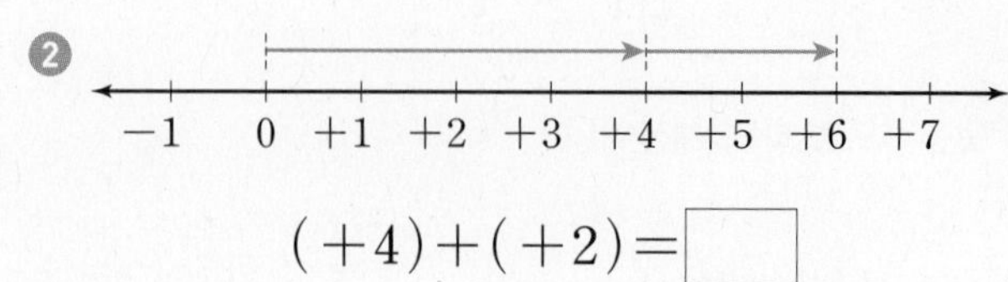

$(+4)+(+2)=$ □

❸

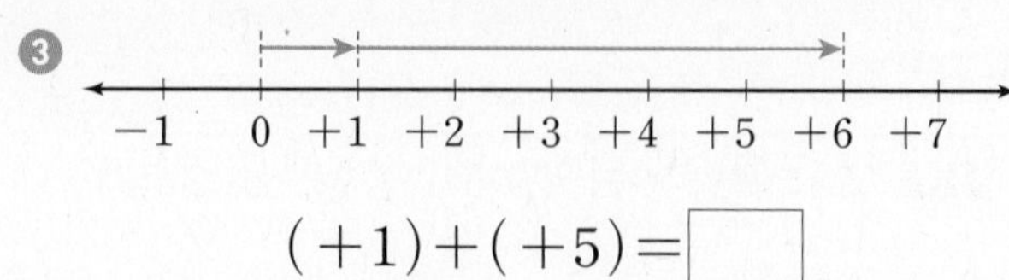

$(+1)+(+5)=$ □

❹

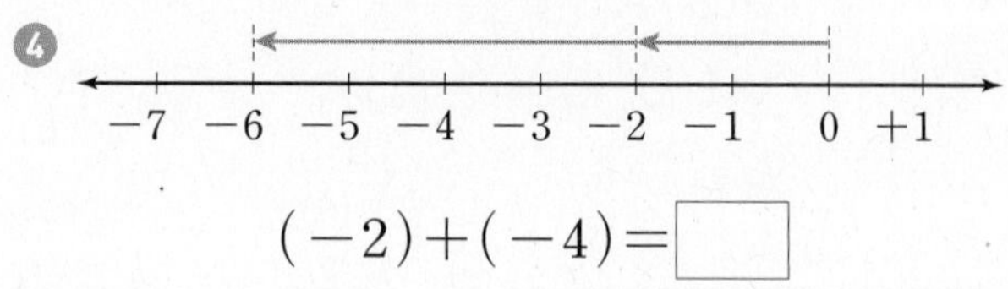

$(-2)+(-4)=$ □

❺

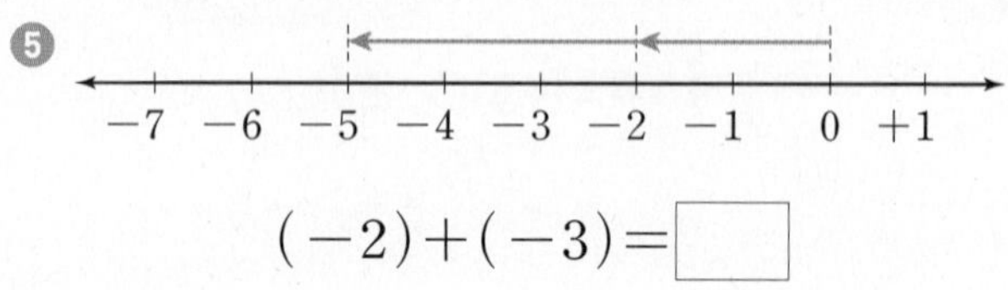

$(-2)+(-3)=$ □

❻

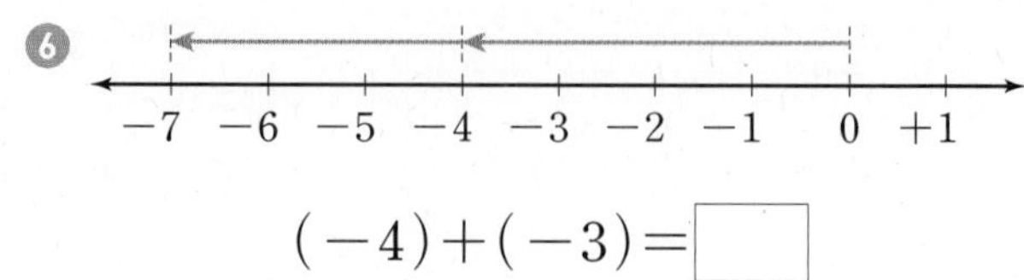

$(-4)+(-3)=$ □

내가 발견한 개념 수직선에서 부호가 같은 두 수의 덧셈의 원리를 찾아봐!

• 수직선에서 양수이면 □ 쪽으로 이동!

• 음수이면 □ 쪽으로 이동!

• 같은 방향으로 이동하면 덧셈!

1st 부호가 같은 두 정수의 덧셈하기

● 다음을 계산하시오.

1 $(+1)+(+2)=$ ◯ $(1+2)=$ ☐

공통인 부호

절댓값의 합

2 $(+1)+(+3)$

3 $(+2)+(+5)$

4 $(+2)+(+8)$

5 $(+3)+(+8)$

6 $(+4)+(+8)$

7 $(+5)+(+7)$

두 수의 자리가 바뀌면 덧셈 결과는 어떤지 살펴봐!

8 $(+7)+(+5)$

9 $(+8)+(+4)$

10 $(+9)+(+5)$

11 $(+10)+(+6)$

12 $(+12)+(+1)$

13 $(+15)+(+9)$

14 $(+22)+(+10)$

15 $(+24)+(+16)$

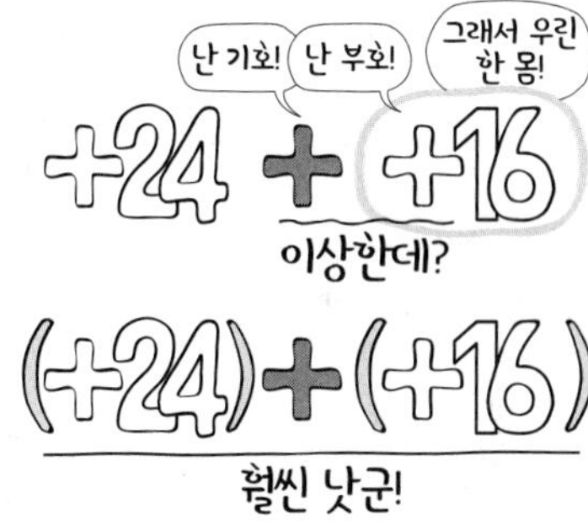

16 $(+31)+(+17)$

17 $(+42)+(+8)$

18 $(+56)+(+25)$

19 $(-1)+(-3)=$ ◯ $(1+3)=$ □

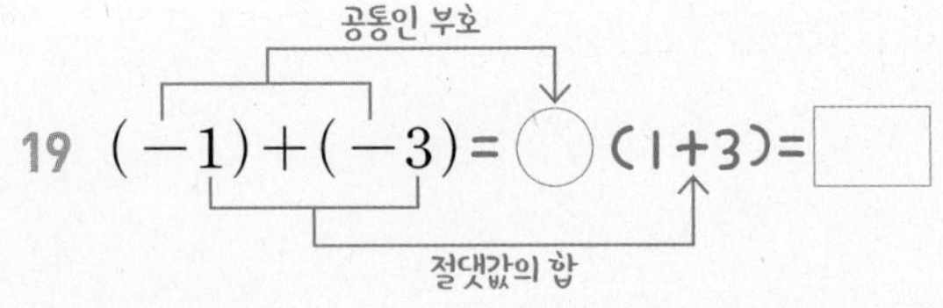

20 $(-2)+(-3)$

두 수의 자리가 바뀌면 덧셈 결과는 어떤지 살펴봐!

21 $(-3)+(-2)$

22 $(-4)+(-5)$

23 $(-4)+(-6)$

24 $(-5)+(-3)$

25 $(-6)+(-3)$

26 $(-7)+(-10)$

27 $(-8)+(-9)$

28 $(-9)+(-16)$

29 $(-10)+(-5)$

30 $(-13)+(-7)$

31 $(-16)+(-12)$

32 $(-18)+(-18)$

33 $(-24)+(-16)$

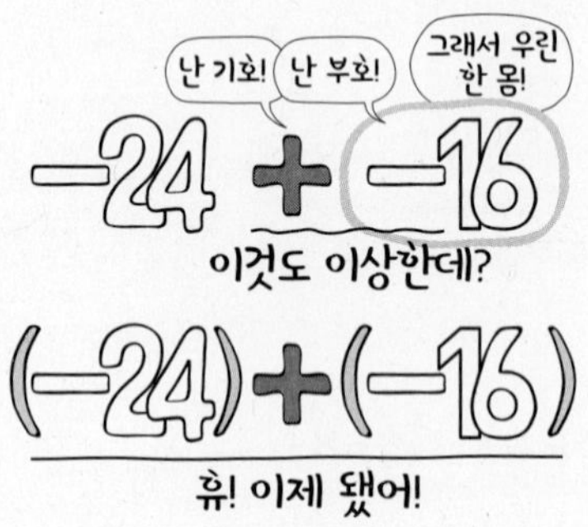

34 $(-35)+(-15)$

35 $(-42)+(-18)$

36 $(-62)+(-44)$

내가 발견한 개념 부호가 같은 두 수의 덧셈의 원리를 찾아봐!

- (양수) + (양수) = ◯ (절댓값의 합)
- (음수) + (음수) = ◯ (절댓값의 합)

2nd 부호가 같은 두 유리수의 덧셈하기

● 다음을 계산하시오.

37 $\left(+\frac{1}{4}\right)+\left(+\frac{3}{4}\right)=\bigcirc\left(\frac{1}{4}+\frac{3}{4}\right)=\square$

38 $\left(+\frac{2}{7}\right)+\left(+\frac{3}{7}\right)$

39 $\left(+\frac{3}{4}\right)+\left(+\frac{7}{4}\right)$

결과가 약분이 되면 꼭 약분을 해!

40 $\left(+\frac{7}{5}\right)+\left(+\frac{2}{5}\right)$

41 $\left(+\frac{8}{9}\right)+\left(+\frac{2}{9}\right)$

42 $\left(+\frac{2}{3}\right)+\left(+\frac{1}{2}\right)=\bigcirc\left(\frac{4}{6}+\frac{3}{6}\right)=\square$

분모가 다르면 통분을 이용해!

43 $\left(+\frac{3}{4}\right)+\left(+\frac{2}{7}\right)$

44 $\left(+\frac{4}{7}\right)+\left(+\frac{5}{9}\right)$

45 $\left(+\frac{7}{12}\right)+\left(+\frac{2}{15}\right)$

46 $(+3)+\left(+\frac{4}{5}\right)$

47 $\left(+\frac{5}{11}\right)+(+4)$

48 $(+2)+\left(+\frac{7}{34}\right)$

49 $(+0.5)+\left(+\frac{5}{2}\right)$

$=\bigcirc\left(\frac{5}{10}+\frac{25}{10}\right)=\bigcirc\frac{30}{10}=\square$

50 $\left(+\frac{5}{12}\right)+(+0.4)$

51 $(+2.9)+\left(+\frac{12}{5}\right)$

52 $(+3.2)+(+1.6)$

53 $(+4)+(+5.7)$

54 $(+14.2)+(+3.4)$

55 $\left(-\frac{1}{3}\right)+\left(-\frac{1}{3}\right)=\bigcirc\left(\frac{1}{3}+\frac{1}{3}\right)=\square$

56 $\left(-\frac{2}{7}\right)+\left(-\frac{1}{7}\right)$

57 $\left(-\frac{3}{10}\right)+\left(-\frac{2}{10}\right)$

결과가 약분이 되면 꼭 약분을 해!

58 $\left(-\frac{2}{15}\right)+\left(-\frac{3}{15}\right)$

59 $\left(-\frac{3}{8}\right)+\left(-\frac{15}{8}\right)$

60 $\left(-\frac{2}{3}\right)+\left(-\frac{1}{2}\right)$

분모가 다르면 통분을 이용해!

61 $\left(-\frac{3}{4}\right)+\left(-\frac{7}{6}\right)$

62 $\left(-\frac{11}{24}\right)+\left(-\frac{7}{12}\right)$

63 $\left(-\frac{8}{15}\right)+\left(-\frac{4}{5}\right)$

64 $(-1)+\left(-\frac{1}{5}\right)$

65 $\left(-\frac{7}{13}\right)+(-2)$

66 $(-3)+\left(-\frac{8}{15}\right)$

67 $(-0.3)+\left(-\frac{6}{5}\right)$

소수를 분수로 바꿔서 계산해!

68 $\left(-\frac{2}{9}\right)+(-1.2)$

69 $(-3.9)+\left(-\frac{11}{10}\right)$

70 $(-3.2)+(-4.3)$

71 $(-3)+(-2.5)$

개념모음문제

72 다음 중 계산 결과가 옳지 않은 것은?

① $(+2)+(+5)=+7$

② $(-1.5)+(-3.4)=-4.9$

③ $\left(-\frac{1}{2}\right)+\left(-\frac{1}{3}\right)=+\frac{5}{6}$

④ $(-0.2)+\left(-\frac{1}{4}\right)=-\frac{9}{20}$

⑤ $\left(+\frac{7}{24}\right)+\left(+\frac{1}{8}\right)=+\frac{5}{12}$

3rd ~보다 ~만큼 큰 수 구하기

● 다음을 구하시오.

73 $+2$보다 $+7$만큼 큰 수

큰 수는 덧셈!

→ $(+2)+(+7)=\bigcirc(2+7)=\square$

74 $+3$보다 $+6$만큼 큰 수

75 $+2.1$보다 $+3.9$만큼 큰 수

76 $+4$보다 $+6.3$만큼 큰 수

77 $+\frac{1}{3}$보다 $+\frac{4}{3}$만큼 큰 수

78 $+3$보다 $+\frac{3}{4}$만큼 큰 수

79 $+0.1$보다 $+\frac{5}{6}$만큼 큰 수

80 -3보다 -4만큼 큰 수

큰 수는 덧셈!

→ $(-3)+(-4)=\bigcirc(3+4)=\square$

81 -5보다 -7만큼 큰 수

82 -2.5보다 -0.5만큼 큰 수

83 -1.5보다 $-\frac{2}{3}$만큼 큰 수

84 $-\frac{5}{4}$보다 $-\frac{1}{6}$만큼 큰 수

85 -1.2보다 $-\frac{5}{4}$만큼 큰 수

86 $-\frac{3}{14}$보다 $-\frac{9}{28}$만큼 큰 수

02 서로 다른 방향이 만나면 절댓값이 작아져!

부호가 다른 두 수의 덧셈

① (양수) + (음수)

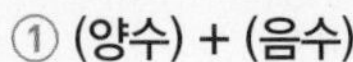

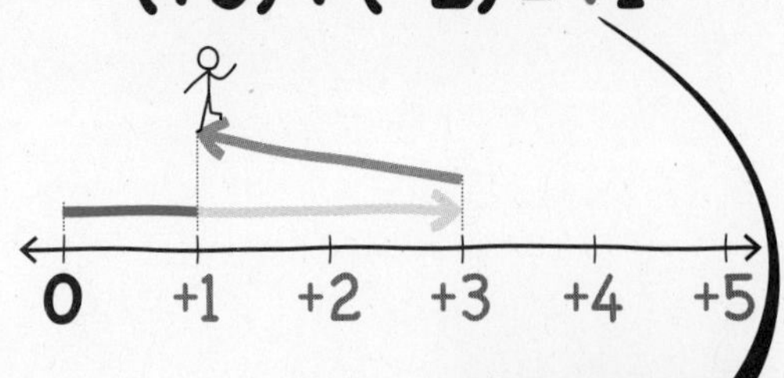

② (음수) + (양수)

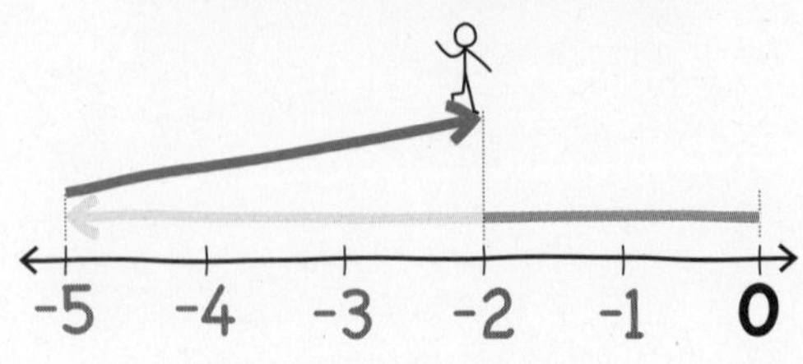

• **부호가 다른 두 수의 덧셈:** 두 수의 절댓값의 차에 절댓값이 큰 수의 부호를 붙여서 계산한다.

참고 ① 절댓값이 같고 부호가 다른 두 수의 합은 0이다.
② 어떤 수와 0의 합은 그 수 자신이다.

① (양수)+(음수)= ? (두 수의 절댓값의 차)　절댓값이 큰 수의 부호

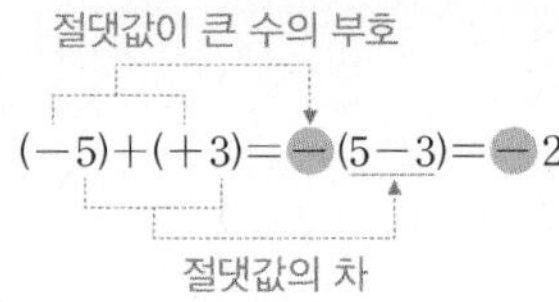

② (음수)+(양수)= ? (두 수의 절댓값의 차)

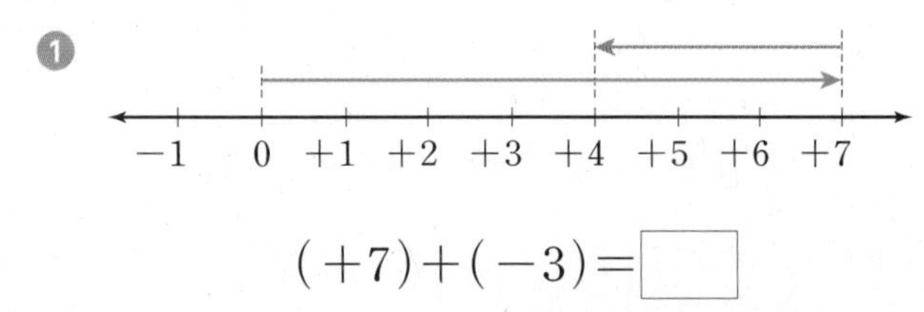

원리확인 다음 수직선을 보고 □ 안에 알맞은 수를 써넣으시오.

❶ −1　0　+1　+2　+3　+4　+5　+6　+7

$(+7)+(-3)=\square$

❷

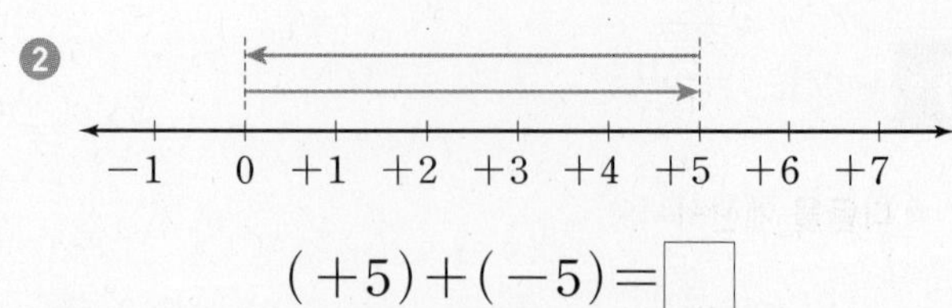

$(+5)+(-5)=\square$

❸

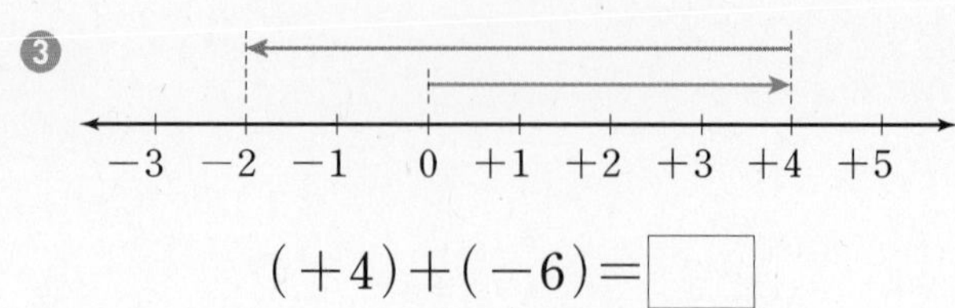

$(+4)+(-6)=\square$

❹

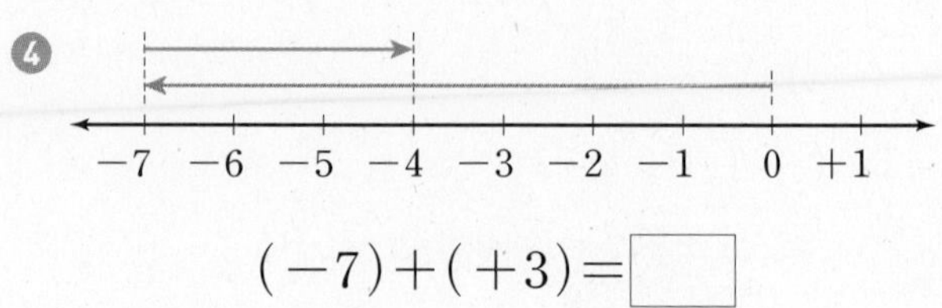

$(-7)+(+3)=\square$

❺

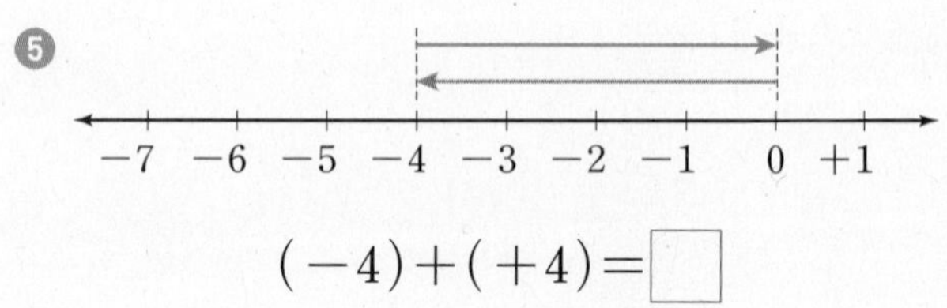

$(-4)+(+4)=\square$

❻

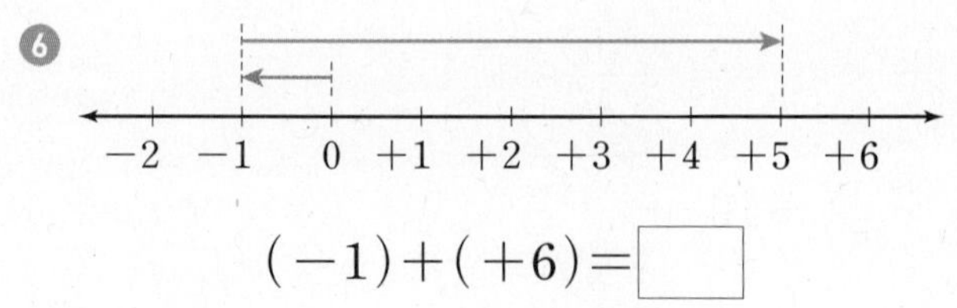

$(-1)+(+6)=\square$

내가 발견한 개념 수직선에서 부호가 다른 두 수의 덧셈의 원리를 찾아봐!

• (양수)+(음수): 오른쪽에서 □ 쪽으로 이동!
• (음수)+(양수): 왼쪽에서 □ 쪽으로 이동!

1st 부호가 다른 두 정수의 덧셈하기

● 다음을 계산하시오.

1 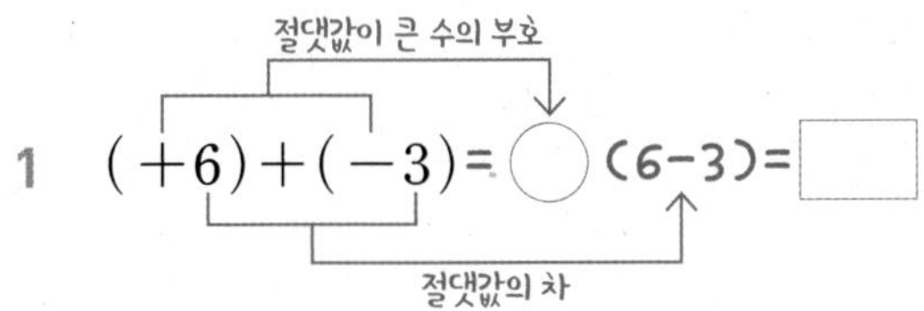

2 $(+6)+(-4)$

3 $(+6)+(-5)$

4 $(+6)+(-6)$
절댓값이 같고 부호가 반대인 두 수의 덧셈은?

5 $(+8)+(-7)$

6 $(+10)+(-5)$

7 $(+12)+(-10)$

8 $(+14)+(-5)$

9 $(+20)+0$
어떤 수랑 0이랑 더하면?

10 절댓값이 큰 수의 부호
$(+3)+(-8)=\bigcirc(8-3)=\square$
절댓값의 차

11 $(+4)+(-8)$

12 $(+5)+(-9)$

13 $(+15)+(-21)$

14 $(+10)+(-35)$

15 $(+11)+(-20)$

16 $(+15)+(-30)$

17 $(+42)+(-54)$

18 $0+(-16)$

19 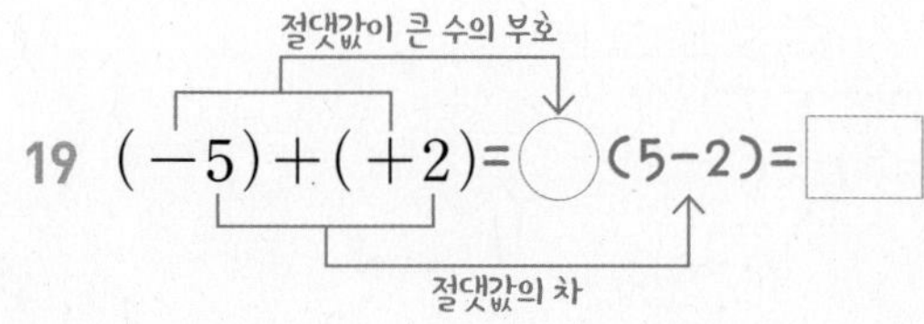

20 $(-5)+(+3)$

21 $(-5)+(+4)$

22 $(-5)+(+5)$

23 $(-8)+(+7)$

24 $(-11)+(+4)$

25 $(-27)+(+14)$

26 $(-30)+(+28)$

27 $(-54)+(+25)$

28 절댓값이 큰 수의 부호

$(-3)+(+9)=\bigcirc(9-3)=\square$

절댓값의 차

29 $(-3)+(+10)$

30 $(-3)+(+11)$

31 $(-5)+(+15)$

32 $(-7)+(+18)$

33 $(-9)+(+19)$

34 $(-12)+(+19)$

35 $(-25)+(+26)$

36 $(-38)+(+46)$

내가 발견한 개념 부호가 다른 두 수의 덧셈의 원리를 찾아봐!

- (양수)+(음수)
- (음수)+(양수)

→ ? (절댓값의 차)

→ 절댓값이 ☐ 수의 부호

2nd — 부호가 다른 두 유리수의 덧셈하기

● 다음을 계산하시오.

37 $\left(+\frac{3}{4}\right)+\left(-\frac{1}{4}\right)=\bigcirc\left(\frac{3}{4}-\frac{1}{4}\right)=\square$

결과가 약분이 되면 꼭 약분을 해!

38 $\left(+\frac{5}{7}\right)+\left(-\frac{2}{7}\right)$

39 $\left(+\frac{7}{8}\right)+\left(-\frac{3}{8}\right)$

40 $\left(+\frac{13}{12}\right)+\left(-\frac{3}{5}\right)$

분모가 다르면 통분을 이용해!

41 $\left(+\frac{13}{15}\right)+\left(-\frac{5}{6}\right)$

42 $(+4.5)+(-2.4)$

43 $(+12.8)+(-8)$

44 $(+3.7)+\left(-\frac{7}{2}\right)$

소수를 분수로 바꿔서 계산해!

45 $\left(+\frac{56}{15}\right)+(-2.5)$

46 $\left(+\frac{3}{4}\right)+\left(-\frac{7}{4}\right)=\bigcirc\left(\frac{7}{4}-\frac{3}{4}\right)=\square$

47 $\left(+\frac{8}{5}\right)+\left(-\frac{13}{5}\right)$

48 $\left(+\frac{11}{12}\right)+\left(-\frac{29}{12}\right)$

49 $\left(+\frac{7}{4}\right)+\left(-\frac{23}{6}\right)$

50 $\left(+\frac{71}{8}\right)+(-10)$

51 $(+2.3)+(-5)$

52 $(+6.4)+(-8.3)$

53 $(+2.4)+\left(-\frac{11}{3}\right)$

54 $\left(+\frac{13}{6}\right)+(-4.2)$

55 $\left(-\frac{3}{4}\right)+\left(+\frac{1}{4}\right)=\bigcirc\left(\frac{3}{4}-\frac{1}{4}\right)=\square$

약분이 되면 꼭 약분을 해!

56 $\left(-\frac{8}{9}\right)+\left(+\frac{4}{9}\right)$

57 $\left(-\frac{11}{12}\right)+0$

58 $\left(-\frac{7}{4}\right)+\left(+\frac{9}{16}\right)$

59 $\left(-\frac{25}{8}\right)+\left(+\frac{5}{3}\right)$

60 $(-4.9)+(+2.5)$

61 $(-12.7)+(+6)$

62 $(-5.7)+\left(+\frac{9}{2}\right)$

소수를 분수로 바꿔서 계산해!

63 $\left(-\frac{16}{7}\right)+(+1.8)$

내가 발견한 개념

우리의 만남은 결과가 정해져 있어.

양수 a에 대하여

- $(+a)+(-a)=\square$

→ 절댓값이 같고 부호가 다른 두 수의 합은 0이다.

- $(+a)+\square=+a$, $\square+(-a)=-a$

→ 어떤 수와 0의 합은 그 수 자신이다.

64 $\left(-\frac{3}{4}\right)+\left(+\frac{9}{4}\right)=\bigcirc\left(\frac{9}{4}-\frac{3}{4}\right)=\square$

65 $\left(-\frac{8}{3}\right)+\left(+\frac{14}{3}\right)$

66 $\left(-\frac{11}{6}\right)+\left(+\frac{17}{6}\right)$

67 $(-2.2)+\left(+\frac{11}{3}\right)$

68 $(-4.5)+(+5.5)$

69 $\left(-\frac{1}{9}\right)+(+3)$

70 $(-14.6)+(+14.6)$

71 $0+(-8.7)$

개념모음문제

72 다음 중 계산 결과가 가장 작은 것은?

① $(-7)+(+3)$

② $(-5)+0$

③ $\left(-\frac{5}{2}\right)+\left(+\frac{5}{2}\right)$

④ $(-6.7)+(-0.3)$

⑤ $\left(-\frac{29}{10}\right)+\left(+\frac{2}{5}\right)$

3rd ~보다 ~만큼 큰 수 구하기

● 다음을 구하시오.

73 $+4$보다 -2만큼 큰 수

큰 수는 덧셈!

→ $(+4)+(-2)=\square$

74 $+5$보다 -7만큼 큰 수

75 $+6.2$보다 -2.3만큼 큰 수

76 $+7$보다 -8.7만큼 큰 수

77 $+\frac{17}{8}$보다 $-\frac{19}{8}$만큼 큰 수

78 $+2.5$보다 $-\frac{9}{4}$만큼 큰 수

79 $+0.6$보다 $-\frac{9}{10}$만큼 큰 수

80 -3보다 $+7$만큼 큰 수

→ $(-3)+(+7)=\square$

81 -5보다 $+1$만큼 큰 수

82 -12보다 $+15$만큼 큰 수

83 -3.6보다 $+0.6$만큼 큰 수

84 $-\frac{3}{2}$보다 $+\frac{9}{5}$만큼 큰 수

85 -7보다 $+\frac{22}{3}$만큼 큰 수

개념모음문제

86 -5보다 9만큼 큰 수를 a, $+3$보다 -10만큼 큰 수를 b라 할 때, $a+b$의 값은?

① -7　② -5　③ -3

④ 5　⑤ 7

03 덧셈을 쉽게 만드는 계산 법칙!

덧셈에 대한 계산 법칙

① 덧셈의 교환법칙

$$a+b=b+a$$

② 덧셈의 결합법칙

$$(a+b)+c=a+(b+c)$$

• **덧셈에 대한 계산 법칙**: 세 수 a, b, c에 대하여

① 교환법칙: $a+b=b+a$

예 $(+3)+(-2)=(-2)+(+3)=+1$

② 결합법칙: $(a+b)+c=a+(b+c)$

예 $\{(+1)+(+2)\}+(+3)=(+1)+\{(+2)+(+3)\}=6$

참고 세 수의 덧셈에서는 덧셈의 결합법칙이 성립하므로 $(a+b)+c$, $a+(b+c)$를 모두 $a+b+c$로 나타낼 수 있다.

원리확인 다음 □안에 알맞은 것을 써넣으시오.

❶ $(+3)+(-2)+(+1)$

$=(+3)+(+1)+(-2)$ ← 덧셈의 □ 법칙

$=\{(+3)+(+1)\}+(-2)$ ← 덧셈의 □ 법칙

$=(+4)+(-2)=+2$

❷ $\left(-\frac{3}{2}\right)+(+1)+\left(-\frac{1}{2}\right)$

$=\left(-\frac{3}{2}\right)+\left(-\frac{1}{2}\right)+(+1)$ ← 덧셈의 □ 법칙

$=\left\{\left(-\frac{3}{2}\right)+\left(-\frac{1}{2}\right)\right\}+(+1)$ ← 덧셈의 □ 법칙

$=(-2)+(+1)=-1$

1st 덧셈에 대한 계산 법칙 이용하기

• 다음 □ 안에 알맞은 수를 써넣으시오.

1 $(+9)+(-7)+(+3)$

$=(+9)+(\square)+(\square)$

$=\{(+9)+(+3)\}+(\square)$

$=(+12)+(\square)$

$=\square$

2 $\left(+\frac{9}{5}\right)+(-3)+\left(+\frac{6}{5}\right)$

$=\left(+\frac{9}{5}\right)+\left(\square\right)+(\square)$

$=\left\{\left(\square\right)+\left(\square\right)\right\}+(-3)$

$=(\square)+(-3)$

$=\square$

3 $(-5)+\left(+\frac{1}{2}\right)+(-2)$

$=(-5)+(\square)+\left(\square\right)$

$=\{(-5)+(-2)\}+\left(\square\right)$

$=(-7)+\left(\square\right)$

$=\square$

4 $(-2)+(+3)+(-5)+(+4)$

$=(-2)+(\square)+(+3)+(\square)$

$=\{(-2)+(\square)\}+\{(+3)+(\square)\}$

$=(\square)+(\square)$

$=\square$

2nd 세 개 이상의 수의 덧셈하기

● 덧셈의 교환법칙과 결합법칙을 이용하여 다음을 계산하시오.

5 $(+11)+(-20)+(+15)$

부호가 같은 수끼리 먼저 계산하면 편해!

6 $(-27)+(+14)+(-3)$

7 $\left(+\frac{7}{9}\right)+\left(-\frac{5}{9}\right)+\left(+\frac{2}{9}\right)$

8 $\left(-\frac{11}{6}\right)+\left(+\frac{7}{3}\right)+\left(-\frac{5}{6}\right)$

9 $(+4.5)+(-6)+(+7.2)$

10 $(-3.4)+(+0.4)+(-2)$

11 $\left(+\frac{8}{3}\right)+\left(-\frac{11}{6}\right)+\left(+\frac{7}{3}\right)$

12 $(-1.05)+\left(+\frac{1}{2}\right)+(-2.45)$

13 $(+2)+(-7)+(+8)+(-4)$

양수는 양수끼리, 음수는 음수끼리 모아서 계산해!

14 $(-7)+(+5)+(-9)+(+6)$

15 $(-2)+(-3.7)+(+3)+(+4.7)$

정수는 정수끼리, 소수는 소수끼리 모아서 계산해!

16 $\left(+\frac{5}{2}\right)+\left(-\frac{9}{4}\right)+\left(-\frac{1}{12}\right)+\left(+\frac{3}{2}\right)$

04 두 수의 뺄셈

덧셈식으로 바꿔 계산해!

①

$(+3)+(+4)=+7$

$(+7)-(+4)=+3$

덧셈으로 바꾸기　부호 바꾸기　같다.

$(+7)+(-4)=+3$

②

$(-3)+(-4)=-7$

$(-7)-(-4)=-3$

덧셈으로 바꾸기　부호 바꾸기　같다.

$(-7)+(+4)=-3$

• **정수와 유리수의 뺄셈**: 두 수의 뺄셈은 빼는 수의 부호를 바꾸어 덧셈으로 고쳐서 계산한다.

참고 어떤 수에서 0을 뺀 값은 그 수 자신이다.

예 $(+2)-0=+2$, $(-2)-0=-2$

원리확인 다음 ○ 안에는 +, − 중 알맞은 부호를, □ 안에는 알맞은 수를 써넣으시오.

❶ $(+12)-(+5)$
$=(+12)\bigcirc(\bigcirc 5)$
$=+(12-5)=\bigcirc\square$

❷ $(+12)-(-5)$
$=(+12)\bigcirc(\bigcirc 5)$
$=+(12+5)=\bigcirc\square$

❸ $(-12)-(+5)$
$=(-12)\bigcirc(\bigcirc 5)$
$=-(12\bigcirc 5)=\bigcirc\square$

❹ $(-12)-(-5)$
$=(-12)\bigcirc(\bigcirc 5)$
$=-(12\bigcirc 5)=\bigcirc\square$

❺ $\left(+\frac{1}{2}\right)-\left(+\frac{1}{3}\right)$
$=\left(+\frac{1}{2}\right)\bigcirc\left(\bigcirc\frac{1}{3}\right)$
$=+\left(\frac{1}{2}\bigcirc\frac{1}{3}\right)$
$=+\left(\frac{3}{6}\bigcirc\frac{2}{6}\right)=\bigcirc\square$

❻ $\left(+\frac{1}{2}\right)-\left(-\frac{1}{3}\right)$
$=\left(+\frac{1}{2}\right)\bigcirc\left(\bigcirc\frac{1}{3}\right)$
$=+\left(\frac{1}{2}\bigcirc\frac{1}{3}\right)$
$=+\left(\frac{3}{6}\bigcirc\frac{2}{6}\right)=\bigcirc\square$

❼ $\left(-\frac{1}{2}\right)-\left(+\frac{1}{3}\right)$
$=\left(-\frac{1}{2}\right)\bigcirc\left(\bigcirc\frac{1}{3}\right)$
$=\bigcirc\left(\frac{1}{2}\bigcirc\frac{1}{3}\right)$
$=\bigcirc\left(\frac{3}{6}\bigcirc\frac{2}{6}\right)=\bigcirc\square$

❽ $\left(-\frac{1}{2}\right)-\left(-\frac{1}{3}\right)$
$=\left(-\frac{1}{2}\right)\bigcirc\left(\bigcirc\frac{1}{3}\right)$
$=\bigcirc\left(\frac{1}{2}\bigcirc\frac{1}{3}\right)$
$=\bigcirc\left(\frac{3}{6}\bigcirc\frac{2}{6}\right)=\bigcirc\square$

1st 정수의 뺄셈하기

● 다음을 계산하시오.

1 $(+6)-(+3)=(+6)+(-3)$

덧셈으로 바꾸기 / 부호 바꾸기

$=+(6-3)=\square$

2 $(+4)-(+6)$

3 $(+4)-(+5)$

두 수의 자리가 바뀌면 덧셈 결과는 어떤지 살펴봐!

4 $(+5)-(+4)$

5 $(+6)-(+7)$

6 $(+10)-(+5)$

7 $(+15)-(+10)$

8 $(+12)-(+18)$

9 $(+20)-0$

어떤 수에서 0을 뺀 값은?

내가 발견한 개념

(양수)−(양수)의 계산 결과는?

0보다 큰 두 수 a, b에 대하여 a<b일 때

• b−a의 계산 결과의 부호는 +

• a−b의 계산 결과의 부호는 ◯

10 $(+4)-(-5)=(+4)+(+5)$

덧셈으로 바꾸기 / 부호 바꾸기

$=+(4+5)=\square$

11 $(+5)-(-6)$

12 $(+8)-(-1)$

13 $(+8)-(-6)$

14 $(+10)-(-10)$

15 $(+12)-(-17)$

16 $(+13)-(-17)$

17 $(+24)-(-11)$

18 $(+34)-(-19)$

내가 발견한 개념

(양수)−(음수)의 계산 결과는?

• (양수)−(음수) ➡ (양수)+(□)이므로

계산 결과의 부호는 항상 ◯

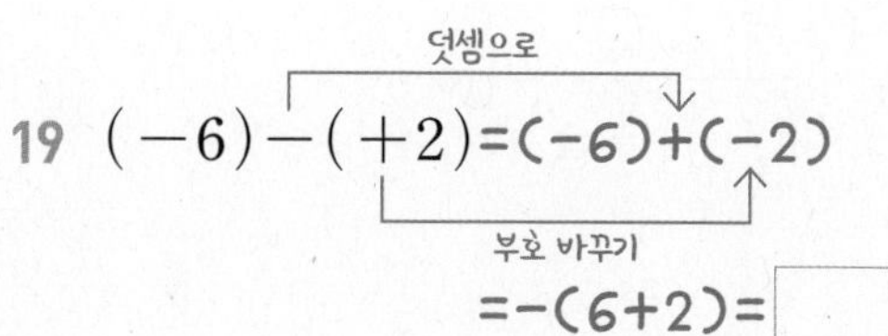

19 $(-6)-(+2)=(-6)+(-2)$

$=-(6+2)=\square$

20 $(-6)-(+3)$

21 $(-7)-(+4)$

22 $(-5)-(+5)$

23 $(-8)-(+7)$

24 $(-11)-(+9)$

25 $(-15)-(+14)$

26 $(-25)-0$

27 $(-34)-(+25)$

내가 발견한 개념

(음수)-(양수)의 계산 결과는?

• (음수)-(양수) → (음수)+($\square$)이므로

계산 결과의 부호는 항상 ◯

덧셈으로

28 $(-3)-(-7)=(-3)+(+7)$

부호 바꾸기

$=+(7-3)=\square$

29 $(-9)-(-3)$

30 $(-11)-(-3)$

31 $(-5)-(-5)$

32 $(-7)-(-16)$

33 $(-9)-(-20)$

34 $(-15)-(-29)$

두 수의 자리가 바뀌면 덧셈 결과는 어떤지 살펴봐!

35 $(-29)-(-15)$

36 $0-(-51)$

내가 발견한 개념

(음수)-(음수)의 계산 결과는?

(음수)-(음수) → (음수)+($\square$)이므로

• |음수|<|양수|이면 계산 결과의 부호는 항상 +

• |음수|>|양수|이면 계산 결과의 부호는 항상 ◯

2nd 유리수의 뺄셈하기

● 다음을 계산하시오.

37 $\left(+\frac{1}{4}\right)-\left(+\frac{3}{4}\right)=\left(+\frac{1}{4}\right)+\left(-\frac{3}{4}\right)$

약분이 되면 꼭 약분을 해!

$=-\left(\frac{3}{4}-\frac{1}{4}\right)=\square$

38 $\left(+\frac{3}{4}\right)-\left(+\frac{1}{4}\right)$

39 $\left(+\frac{4}{7}\right)-\left(+\frac{3}{7}\right)$

40 $\left(+\frac{5}{8}\right)-\left(+\frac{3}{8}\right)$

41 $\left(+\frac{2}{9}\right)-\left(+\frac{7}{9}\right)$

42 $\left(+\frac{7}{12}\right)-\left(+\frac{5}{18}\right)$

분모가 다르면 통분을 이용해!

43 $(+12.8)-(+8.2)$

44 $(+0.7)-\left(+\frac{3}{2}\right)$

소수를 분수로 바꿔서 계산해!

45 $\left(+\frac{12}{5}\right)-(+1.4)$

46 $\left(+\frac{1}{4}\right)-\left(-\frac{7}{4}\right)=\left(+\frac{1}{4}\right)+\left(+\frac{7}{4}\right)$

$=+\left(\frac{1}{4}+\frac{7}{4}\right)=\square$

47 $\left(+\frac{2}{5}\right)-\left(-\frac{8}{5}\right)$

48 $\left(+\frac{12}{7}\right)-\left(-\frac{8}{7}\right)$

49 $\left(+\frac{5}{4}\right)-\left(-\frac{13}{6}\right)$

50 $\left(+\frac{15}{4}\right)-(-3)$

51 $(+1.7)-0$

52 $(+4.7)-(-3.4)$

53 $(+0.4)-\left(-\frac{15}{2}\right)$

54 $\left(+\frac{5}{3}\right)-(-2.4)$

55 $\left(-\frac{7}{2}\right)-\left(+\frac{1}{2}\right)=\left(-\frac{7}{2}\right)+\left(-\frac{1}{2}\right)$

$=-\left(\frac{7}{2}+\frac{1}{2}\right)=\square$

56 $\left(-\frac{3}{10}\right)-\left(+\frac{4}{10}\right)$

57 $\left(-\frac{4}{15}\right)-0$

58 $\left(-\frac{3}{4}\right)-\left(+\frac{5}{16}\right)$

59 $\left(-\frac{17}{6}\right)-\left(+\frac{8}{3}\right)$

60 $(-1.2)-(+2.5)$

61 $(-4)-(+12.2)$

62 $(-1.6)-\left(+\frac{9}{4}\right)$

63 $\left(-\frac{14}{3}\right)-\left(-\frac{7}{3}\right)=\left(-\frac{14}{3}\right)+\left(+\frac{7}{3}\right)$

$=-\left(\frac{14}{3}-\frac{7}{3}\right)=\square$

64 $\left(-\frac{11}{6}\right)-\left(-\frac{5}{6}\right)$

65 $(-1.4)-\left(-\frac{11}{4}\right)$

66 $(-8.4)-(-1.6)$

67 $\left(-\frac{2}{19}\right)-(-2)$

68 $(-21.4)-(-21.4)$

69 $0-(-3.4)$

내가 발견한 개념 우리의 만남은 순서에 따라 달라져!

양수 a에 대하여

- $(+a)-\square=+a$
  → 어떤 수에서 0을 뺀 값은 그 수 자신이다.
- $0-(+a)=-a$, $0-(-a)=\square$
  → 0에서 어떤 수를 뺀 값은 그 수의 부호가 바뀐다.

개념모음문제

70 다음 중 계산 결과가 옳지 않은 것은?

① $(+3)-(+2)=+1$

② $(-12.4)-(-1.4)=-13.8$

③ $\left(-\frac{7}{9}\right)-\left(+\frac{5}{12}\right)=-\frac{43}{36}$

④ $(+24.5)-(-11.4)=+35.9$

⑤ $(-0.8)-\left(-\frac{1}{5}\right)=-\frac{3}{5}$

3rd ~보다 ~만큼 작은 수 구하기

● 다음을 구하시오.

71 $+5$보다 $+2$만큼 작은 수

작은 수는 뺄셈!

→ $(+5)-(+2)=(+5)+(-2)$

$=\bigcirc(5-2)=\square$

72 $+3$보다 -4만큼 작은 수

73 $+1.7$보다 $+3.2$만큼 작은 수

74 $+5$보다 -3.7만큼 작은 수

75 $+\frac{13}{6}$보다 $-\frac{9}{2}$만큼 작은 수

76 $+1.7$보다 $-\frac{5}{2}$만큼 작은 수

77 $+0.7$보다 $-\frac{11}{10}$만큼 작은 수

$2-5=2-(+5)=2+(-5)=-3$

78 -3보다 $+7$만큼 작은 수

작은 수는 뺄셈!

→ $(-3)-(+7)=(-3)+(-7)$

$=\bigcirc(3+7)=\square$

79 -5보다 -8만큼 작은 수

80 -14보다 $+36$만큼 작은 수

81 -2.6보다 $+1.7$만큼 작은 수

82 $-\frac{3}{4}$보다 $+\frac{4}{7}$만큼 작은 수

83 -5보다 $-\frac{15}{4}$만큼 작은 수

개념모음문제

84 -3.5보다 $+\frac{1}{2}$만큼 큰 수를 a, $-\frac{3}{4}$보다 -2만큼 작은 수를 b라 할 때, $a-b$의 값은?

① $-\frac{21}{2}$ ② $-\frac{17}{4}$ ③ $-\frac{15}{4}$

④ -2 ⑤ $-\frac{3}{4}$

05 뺄셈을 덧셈으로! 양수는 양수끼리! 음수는 음수끼리!

덧셈과 뺄셈의 혼합 계산

$(+3)+(-4)-(-2)$

$=(+3)+(-4)+(+2)$ ← 뺄셈을 덧셈으로

$=(+3)+(+2)+(-4)$ ← 덧셈의 교환법칙

$=\{(+3)+(+2)\}+(-4)$ ← 덧셈의 결합법칙

$=(+5)+(-4)=+1$

- 덧셈과 뺄셈의 혼합 계산
  - (i) 뺄셈을 모두 덧셈으로 고친다.
  - (ii) 덧셈의 교환법칙과 결합법칙을 이용하여 적절하게 순서를 바꾸어 양수는 양수끼리, 음수는 음수끼리 계산한다.

참고 뺄셈에서는 교환법칙과 결합법칙이 성립하지 않는다.

예 ① $(+3)-(-1)=+4$, $(-1)-(+3)=-4$ → 다르다

② $\{(+2)-(-1)\}-(-4)=+7$, $(+2)-\{(-1)-(-4)\}=-1$ → 다르다

원리확인 다음 ○ 안에는 +, − 중 알맞은 부호를, □ 안에는 알맞은 수를 써넣으시오.

❶ $(+2)-(-3)+(-6)$

$=(+2)\bigcirc(\bigcirc 3)+(-6)$

$=\{(+2)+(\square)\}+(-6)$

$=(\square)+(\square)$

$=\square$

❷ $(+2)+(-5)-(-4)$

$=(+2)+(-5)\bigcirc(\bigcirc 4)$

$=(+2)\bigcirc(\bigcirc 4)+(-5)$

$=\{(+2)+(+4)\}\bigcirc(-5)$

$=(\square)+(\square)$

$=\square$

1st — 정수의 덧셈과 뺄셈의 혼합 계산하기

- 다음을 계산하시오.

1 $(+5)+(-7)-(-10)$

2 $(+12)-(+5)+(+6)$

3 $(-15)+(+3)-(+2)$

4 $(-17)-(-3)-(+9)$

5 $(+9)-(+12)-(-14)$

6 $(+4)-(+3)+(-9)-(-7)$

양수는 양수끼리, 음수는 음수끼리 모아서 계산해!

7 $(-9)-(-16)+(-7)-(-12)$

2nd 유리수의 덧셈과 뺄셈의 혼합 계산하기

● 다음을 계산하시오.

8 $\left(+\frac{1}{5}\right)+\left(-\frac{6}{5}\right)-\left(-\frac{4}{5}\right)$

9 $\left(-\frac{7}{9}\right)-\left(-\frac{11}{9}\right)+\left(+\frac{2}{9}\right)$

10 $\left(-\frac{2}{3}\right)+\left(+\frac{5}{2}\right)-\left(+\frac{5}{3}\right)$

분모가 다르면 통분을 이용해!

11 $\left(-\frac{1}{2}\right)-\left(-\frac{1}{3}\right)-\left(+\frac{1}{7}\right)$

12 $\left(+\frac{1}{5}\right)-\left(-\frac{1}{9}\right)+\left(+\frac{6}{5}\right)$

13 $(-1.5)+(+2.4)-(+1.2)$

14 $(-3.5)-(-0.4)-(+5.5)$

15 $\left(+\frac{1}{7}\right)-(-1.4)+\left(-\frac{5}{7}\right)$

소수를 분수로 바꿔서 계산해!

16 $\left(+\frac{4}{3}\right)-(+0.4)+(+1)$

17 $\left(-\frac{1}{3}\right)+\left(+\frac{5}{2}\right)-\left(+\frac{5}{3}\right)-\left(-\frac{3}{2}\right)$

양수는 양수끼리, 음수는 음수끼리 모아서 계산해!

18 $\left(+\frac{2}{9}\right)-\left(-\frac{1}{3}\right)-\left(+\frac{1}{6}\right)-\left(+\frac{5}{18}\right)$

19 $(+1.2)-(-0.4)+(-5.7)-(+2.3)$

20 $(-4)-(-0.6)-(+5)+(+0.4)$

21 $\left(-\frac{1}{2}\right)-(-4.6)-\left(-\frac{4}{3}\right)-(+0.6)$

06

양의 부호를 살리고 뺄셈을 덧셈으로 고쳐!

부호가 생략된 수의 계산

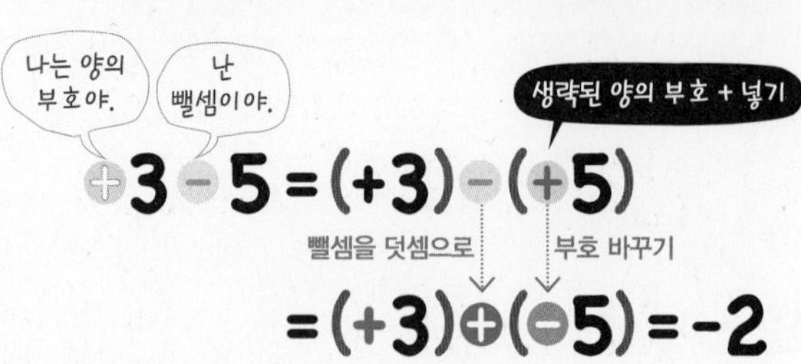

나는 양의 부호야.

난 뺄셈이야.

생략된 양의 부호 + 넣기

$+3-5=(+3)-(+5)$

뺄셈을 덧셈으로 / 부호 바꾸기

$=(+3)+(-5)=-2$

• **부호가 생략된 수의 식**

식의 시작 부분에 있는 음수는 괄호를 생략하여 나타낼 수 있다.

예 $(-2)+3=-2+3$

• **부호가 생략된 수의 덧셈과 뺄셈**

생략된 양의 부호 +를 넣고 괄호가 있는 식으로 고친 후 계산한다.

예 $-1-4=(-1)-(+4)=(-1)+(-4)=-5$

원리확인 다음 □ 안에 알맞은 수를 써넣으시오.

❶ $-3+4$

$=(-3)+(\square)=\square$

❷ $5-8$

$=(+5)-(\square)$

$=(+5)+(\square)=\square$

❸ $3-4+7$

$=(+3)-(\square)+(+7)$

$=(+3)+(\square)+(+7)$

$=\{(+3)+(+7)\}+(\square)$

$=(+10)+(\square)$

$=\square$

1st — 부호가 생략된 두 수의 덧셈과 뺄셈하기

• 다음을 계산하시오.

1 $-4+8=(-4)+(+8)$

2 $-7-12=(-7)-(+12)$

3 $4-15$

4 $-6-6$

5 $-\frac{1}{2}+\frac{3}{2}$

6 $-\frac{1}{12}-\frac{3}{4}$

7 $-1.2+3.3$

2nd 부호가 생략된 수의 혼합 계산하기

● 다음을 계산하시오.

8 $-2-6+7=(-2)-(+6)+(+7)$

9 $-3+5-7$

10 $-3-2-3$

11 $3-0-4$

12 $12-7-16$

13 $-11+5+14-8$

14 $8-12+9-6$

15 $-\frac{1}{7}+\frac{2}{7}-\frac{4}{7}$

16 $-\frac{8}{9}-\frac{1}{3}+\frac{2}{9}$

17 $-\frac{1}{3}-\frac{3}{4}+\frac{1}{2}$

18 $1.2-0.2+3$

19 $-6.7-1.3+2.5$

20 $1.4-\frac{1}{2}+2.3-\frac{3}{5}$

21 $-1.2+3.3-\frac{5}{2}+3$

07

관계를 알면 식을 내 마음대로!

덧셈과 뺄셈 사이의 관계

b c a

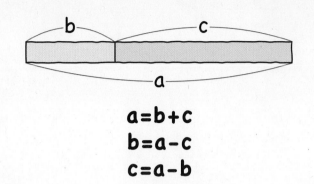

a=b+c
b=a-c
c=a-b

예 ① $(+2)+(+3)=+5$ < $+2=(+5)-(+3)$, $+3=(+5)-(+2)$

② $(+3)-(+2)=+1$ < $+3=(+1)+(+2)$, $+2=(+3)-(+1)$

원리확인 다음 ○ 안에 알맞은 부호를 써넣으시오.

❶ 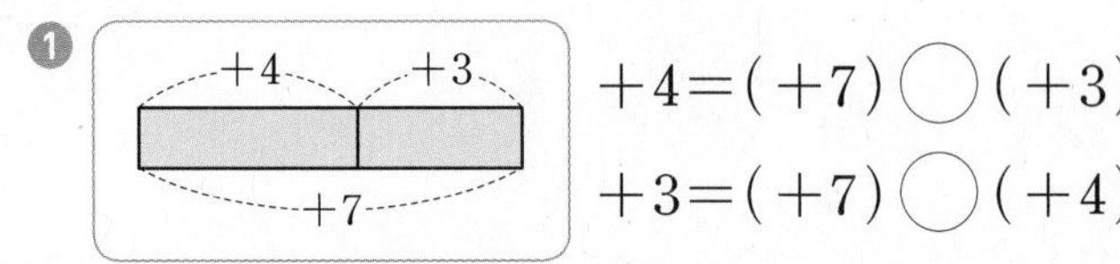

$+4=(+7)$ ○ $(+3)$

$+3=(+7)$ ○ $(+4)$

❷ 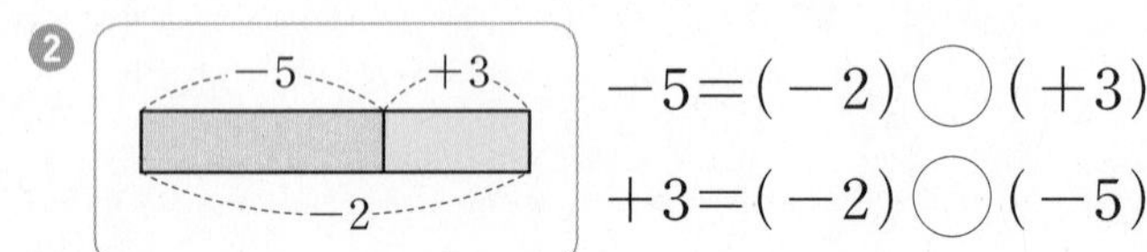

$-5=(-2)$ ○ $(+3)$

$+3=(-2)$ ○ (-5)

❸ +4, +2, +6

$+6=(+4)$ ○ $(+2)$

$+2=(+6)$ ○ $(+4)$

❹ −2, +5, +3

$+3=(+5)$ ○ (-2)

$+5=(+3)$ ○ (-2)

1st 계산 결과가 주어진 경우 모르는 수 구하기

● 다음 □ 안에 알맞은 수를 구하시오.

1 $(\square)+(+3)=+6$

→ $\square=(+6)-(+3)$

□는 +6보다 +3만큼 작은 수야!

2 $(\square)+(+2)=+7$

3 $\left(\square\right)+\left(+\frac{1}{5}\right)=\left(+\frac{3}{5}\right)$

4 $(\square)+(-3)=-6$

→ $\square=(-6)-(-3)$

□는 −6보다 −3만큼 작은 수야!

5 $(\square)+(-1)=-4$

6 $(\square)+(-0.5)=-1.5$

7 $(\square)-(+3)=+9$

→ $\square=(+9)+(+3)$

□는 +9보다 +3만큼 큰 수야!

8 $(\square)-(+9)=+15$

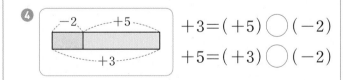

9 $\left(\boxed{}\right)-\left(+\frac{2}{5}\right)=+\frac{4}{5}$

10 $(\boxed{})-(-4)=-3$

→ $\boxed{}=(-3)+(-4)$

□는 -3보다 -4만큼 큰 수야!

11 $(\boxed{})-(-2)=-6$

12 $(\boxed{})-(-3.2)=-1.8$

13 $(+3)+(\boxed{})=+7$

→ $\boxed{}=(+7)-(+3)$

□는 $+7$보다 $+3$만큼 작은 수야!

14 $(+5)+(\boxed{})=+11$

15 $(+2)+(\boxed{})=+5$

16 $(-1)+(\boxed{})=-3$

→ $\boxed{}=(-3)-(-1)$

□는 -3보다 -1만큼 작은 수야!

17 $(-4)+(\boxed{})=-6$

18 $(-4)+(\boxed{})=+3$

19 $(+15)-(\boxed{})=+5$

→ $\boxed{}=(+15)-(+5)$

□는 $+15$보다 $+5$만큼 작은 수야!

20 $(+12)-(\boxed{})=-2$

21 $(+2)-(\boxed{})=-9$

22 $(-2.3)-(\boxed{})=-3$

→ $\boxed{}=(-2.3)-(-3)$

□는 -2.3보다 -3만큼 작은 수야!

23 $\left(-\frac{10}{13}\right)-\left(\boxed{}\right)=-\frac{5}{13}$

개념모음문제

24 다음 식을 만족하는 두 수 a, b에 대하여 $a+b$의 값은?

$a+(+4)=+6$, $b-(-0.5)=+1.5$

① 0 ② 1 ③ 2 ④ 3 ⑤ 4

08 가장 큰 값은 양수끼리, 가장 작은 값은 음수끼리의 합!

절댓값이 주어진 두 수의 덧셈과 뺄셈

|a|=2, |b|=1

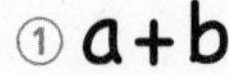

① a+b

(a의 값)

+	+2	-2
+1	+3	-1
-1	+1	-3

(b의 값)

가장 큰 값은 양수끼리의 합!
가장 작은 값은 음수끼리의 합!

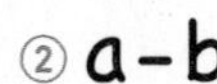

② a-b

(a의 값)

-	+2	-2
+1	+1	-3
-1	+3	-1

(b의 값)

$|a|=m$, $|b|=n$일 때

	가장 큰 값	가장 작은 값
$a+b$의 값	$(+m)+(+n)$	$(-m)+(-n)$
$a-b$의 값	$(+m)-(-n)$ $=(+m)+(+n)$	$(-m)-(+n)$ $=(-m)+(-n)$

1st 절댓값이 주어진 두 수의 덧셈과 뺄셈의 값 구하기

● 다음 표를 완성하고 물음에 답하시오.

1 $|a|=4$, $|b|=3$일 때,

(1) $a+b$

(a의 값)

$+$	$+4$	-4
$+3$		
-3		

(b의 값)

(2) $a+b$의 값 중 가장 큰 값: ________

(3) $a+b$의 값 중 가장 작은 값: ________

2 $|a|=5$, $|b|=9$일 때,

(1) $a+b$

(a의 값)

$+$	$+5$	☐
☐		
-9		

(b의 값)

(2) $a+b$의 값 중 가장 큰 값: ________

(3) $a+b$의 값 중 가장 작은 값: ________

3 $|a|=6$, $|b|=5$일 때,

(1) $a-b$

(a의 값)

$-$	$+6$	☐
☐		
-5		

(b의 값)

(2) $a-b$의 값 중 가장 큰 값: ________

(3) $a-b$의 값 중 가장 작은 값: ________

4 $|a|=10$, $|b|=7$일 때,

(1) $a-b$

(a의 값)

$-$	☐	☐
☐		
☐		

(b의 값)

(2) $a-b$의 값 중 가장 큰 값: ________

(3) $a-b$의 값 중 가장 작은 값: ________

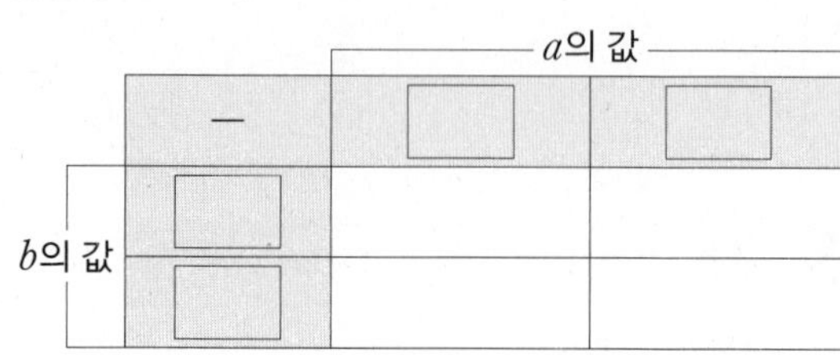

내가 발견한 개념 — 절댓값의 덧셈과 뺄셈의 원리를 찾아봐!

절댓값이 주어진 두 수의 덧셈과 뺄셈에서
- 가장 큰 값은 ☐ 끼리의 합이다.
- 가장 작은 값은 ☐ 끼리의 합이다.

TEST 4. 정수와 유리수의 덧셈과 뺄셈

1 다음 중 옳은 것은?

① $(+11)+(-14)=+3$
② $(-3)+(-6)=-3$
③ $(-1.5)+(-2.3)=-3.8$
④ $\left(+\frac{7}{12}\right)+\left(-\frac{8}{12}\right)=+\frac{1}{12}$
⑤ $\left(-\frac{2}{3}\right)+\left(+\frac{1}{5}\right)=+\frac{7}{15}$

2 다음 계산 과정에서 덧셈의 교환법칙과 결합법칙이 이용된 곳의 기호를 각각 쓰시오.

$(-5)+(+4)+(-6)+(+8)$
㉠
$=(-5)+(-6)+(+4)+(+8)$
㉡
$=\{(-5)+(-6)\}+\{(+4)+(+8)\}$
㉢
$=(-11)+(+12)$
㉣
$=+1$

3 다음 중 옳지 않은 것은?

① $(+5)-(+5)=0$
② $(-7)-(+2)=-9$
③ $(+0.7)-(-0.6)=+1.3$
④ $\left(-\frac{3}{5}\right)-\left(-\frac{1}{15}\right)=-\frac{2}{5}$
⑤ $(-0.5)-(-1)=+0.5$

4 다음 등식이 성립하도록 ○ 안에 + 또는 −를 써넣으시오.

$6+(-2)-3\bigcirc(-1)=0$

5 $\frac{1}{2}-\frac{2}{3}+1-\left|-\frac{2}{3}\right|$를 계산하여 기약분수로 나타내면 $+\frac{b}{a}$일 때, $a+b$의 값은?

① 4 ② 5 ③ 6
④ 7 ⑤ 8

6 다음 □ 안에 알맞은 수는?

$\left(+\frac{3}{7}\right)+(\square)=+\frac{20}{21}$

① $+\frac{11}{21}$ ② $+\frac{13}{21}$ ③ $+\frac{5}{7}$
④ $+\frac{17}{21}$ ⑤ $+\frac{19}{21}$

5

0, 그리고 부호가 중요한!

정수와 유리수의 곱셈과 나눗셈

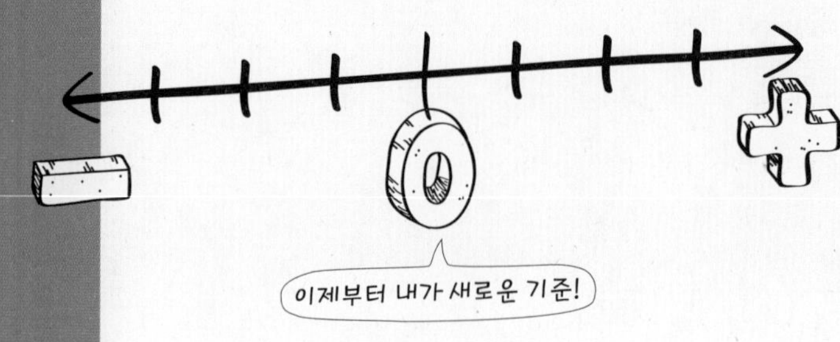

곱하는 두 수의 부호가 같으면 양수! 다르면 음수!

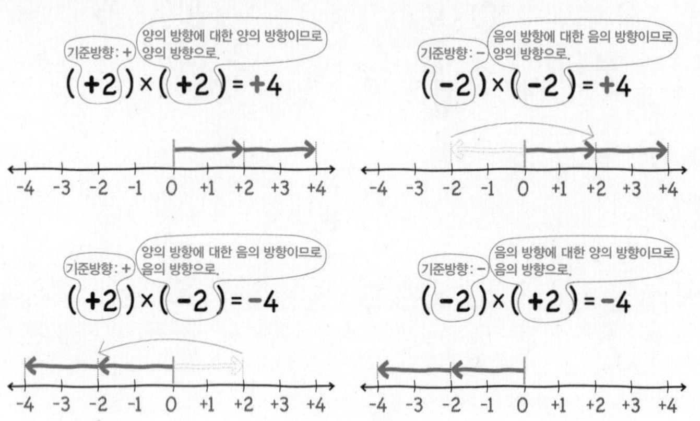

01~02 유리수의 곱셈

'음수 곱하기 음수는 양수' 정말 이러한 일이 가능할까? 유리수의 곱셈의 원리를 알게 되면 음수 곱하기 음수가 양수가 된다는 것을 알게 될 거야.

곱셈을 쉽게 만드는 계산 법칙!

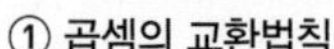

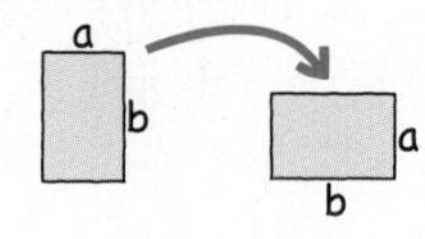

$a \times b = b \times a$

② 곱셈의 결합법칙

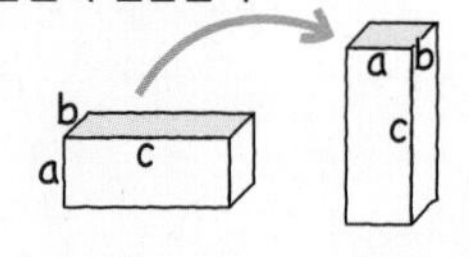

$(a \times b) \times c = a \times (b \times c)$

03 곱셈의 계산 법칙

덧셈에 대한 계산 법칙과 마찬가지로 곱셈에서도 교환법칙과 결합법칙이 성립해!

음수의 개수에 따라 곱의 부호가 결정돼!

① 음수의 개수가 짝수 (음수가 2(짝수)개)

$(+2)\times(-1)\times(-3)=+(2\times1\times3)=+6$

② 음수의 개수가 홀수 (음수가 3(홀수)개)

$(-1)\times(-2)\times(-5)\times(+3)=-(1\times2\times5\times3)=-30$

04 세 수 이상의 곱셈

세 수 이상의 곱셈에서는 음수의 개수에 따라 부호가 결정돼! 즉 음수의 개수가 0 또는 짝수이면 +, 홀수이면 −로 부호가 결정돼!

05 거듭제곱의 계산

양수의 거듭제곱의 부호는 지수와 관계없이 $+$이고, 음수의 거듭제곱은 지수가 짝수이면 $+$, 지수가 홀수이면 $-$로 부호가 결정돼!

음수의 개수에 따라 곱의 부호가 결정돼!

① 양수의 거듭제곱 (양수)$^{(짝수)}$ → $+$ (양수)$^{(홀수)}$ → $+$

② 음수의 거듭제곱 (음수)$^{(짝수)}$ → $+$ (음수)$^{(홀수)}$ → $-$

06 분배법칙

분배법칙의 정확한 명칭은 '덧셈에 대한 곱셈의 분배법칙'이야. 즉 어떤 두 수의 합에 어떤 수를 곱할 때 성립하는 법칙이지!

더해서 곱하나 곱해서 더하나 같아!

b+c
a axb axc
b c

$$a\times(b+c)=a\times b+a\times c$$

07~08 유리수의 나눗셈

나눗셈은 곱셈의 반대 과정이야. 따라서 두 수의 곱의 부호가 결정되는 원리와 두 수의 나눗셈의 부호가 결정되는 원리는 같아!

나누는 두 수의 부호가 같으면 양수! 다르면 음수!

$(+6)\div(+3)=+2$ $(-6)\div(-3)=+2$

$(+6)\div(-3)=-2$ $(-6)\div(+3)=-2$

09~10 역수를 이용한 수의 나눗셈

두 수의 곱이 1일 때, 한 수를 다른 수의 역수라 해. 초등학교에서 분수의 나눗셈을 할 때 역수를 이용한 것처럼 유리수의 나눗셈에서도 역수를 이용해서 계산할 수 있어.

유리수? 문제없어!

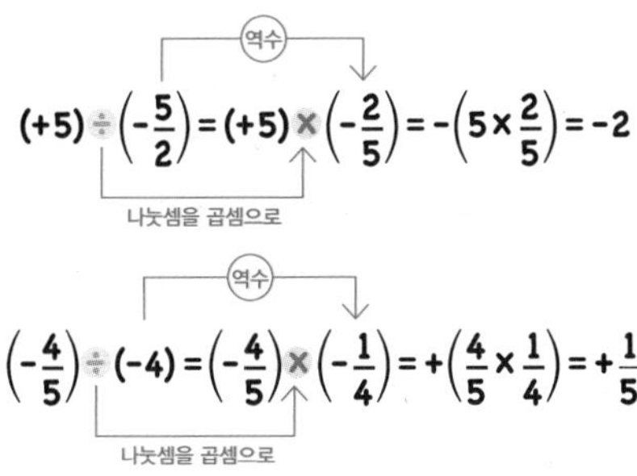

11~12 사칙계산의 혼합 계산

덧셈, 뺄셈, 곱셈, 나눗셈이 섞인 식의 계산은 그 순서가 정해져 있어. 순서를 지키지 않으면 계산 결과가 달라지기 때문에 순서에 맞게 계산해야 해!

곱셈, 나눗셈 먼저! 그 다음에 덧셈, 뺄셈!

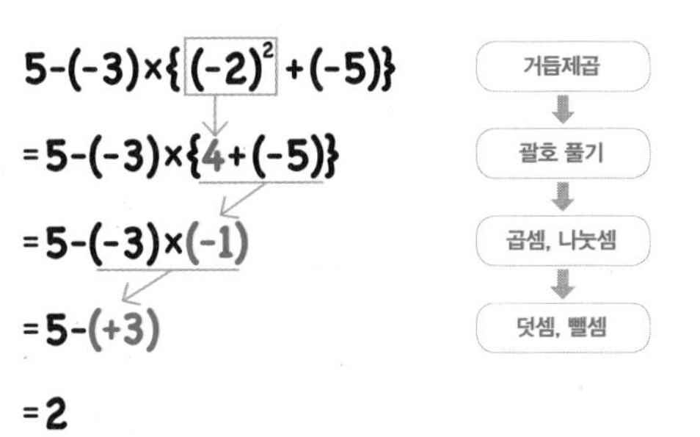

01 **곱하는 두 수의 부호가 같으면 양수!**

부호가 같은 두 수의 곱셈

① (양수)×(양수)=(양수)

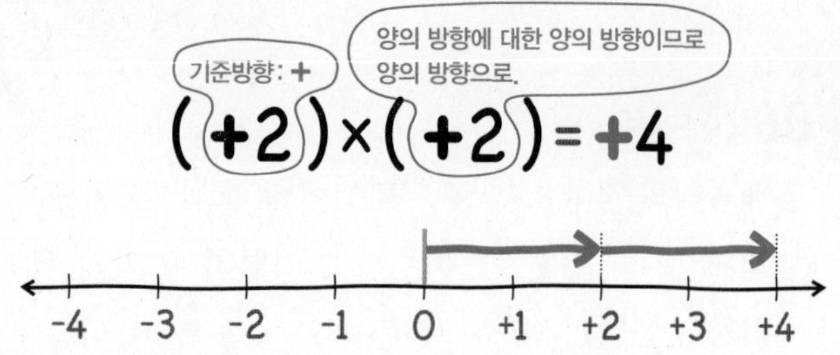

② (음수)×(음수)=(양수)

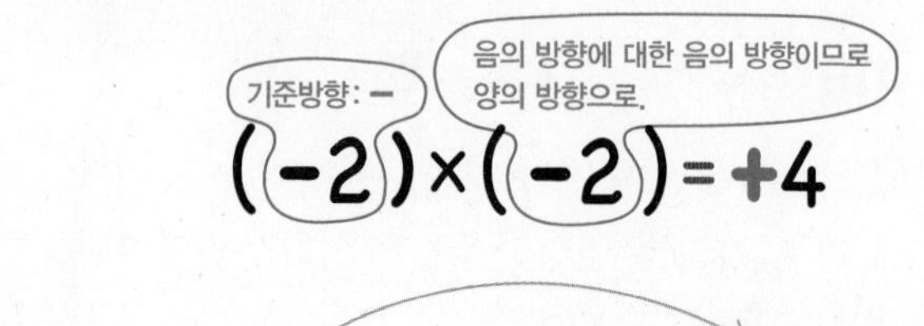

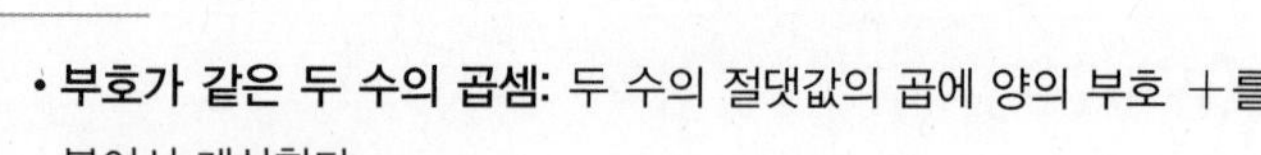

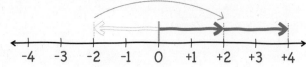

• **부호가 같은 두 수의 곱셈:** 두 수의 절댓값의 곱에 양의 부호 +를 붙여서 계산한다.

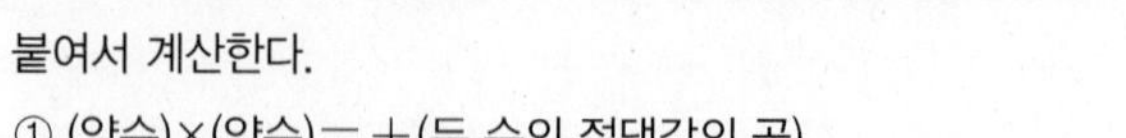

① (양수)×(양수)=+(두 수의 절댓값의 곱)

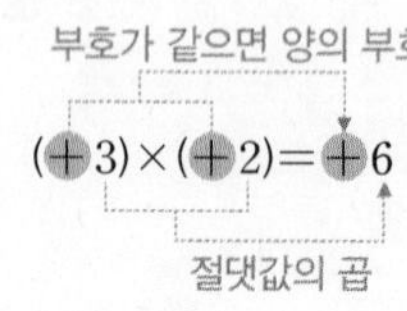

② (음수)×(음수)=+(두 수의 절댓값의 곱)

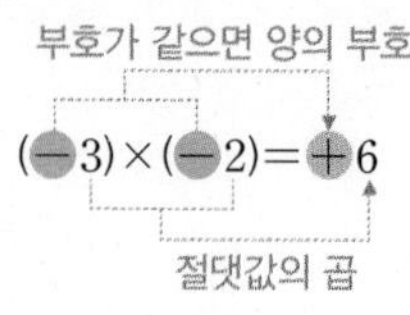

참고 어떤 수와 0의 곱은 항상 0이다.

예 $(+2)\times 0=0\times(-2)=0$

원리확인 다음 수직선을 보고 □ 안에 알맞은 수를 써넣으시오.

❶

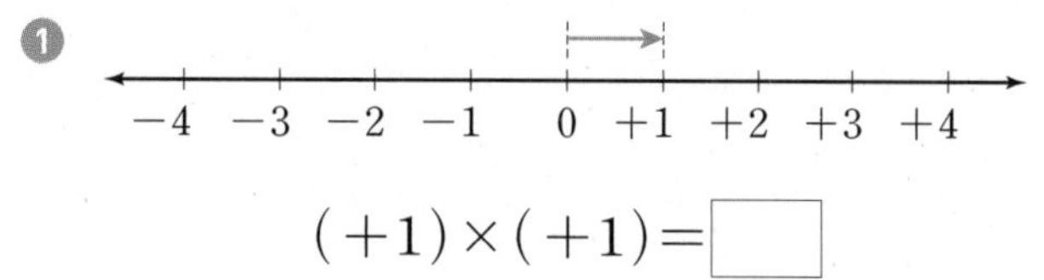

$(+1)\times(+1)=\square$

❷

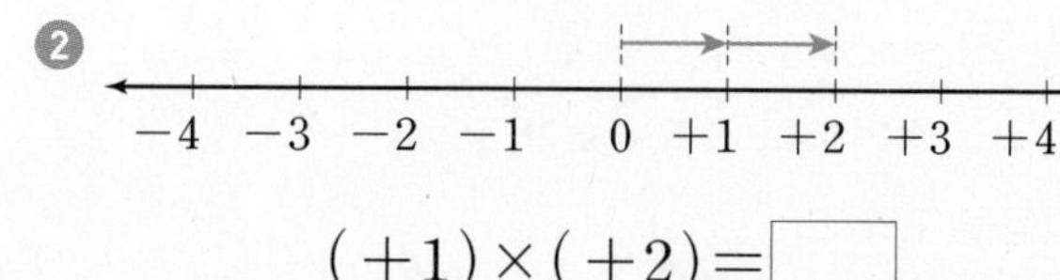

$(+1)\times(+2)=\square$

❸

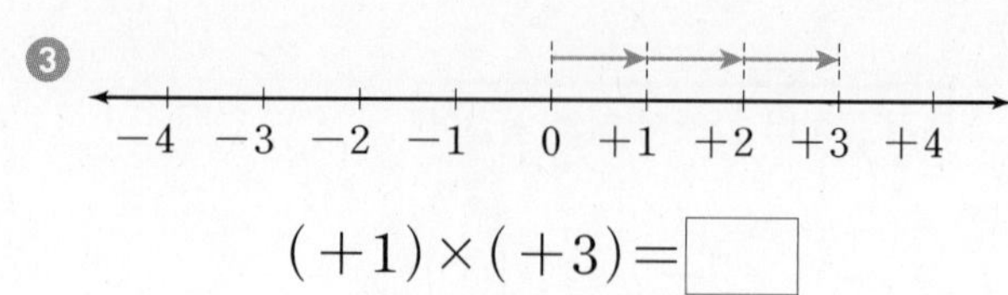

$(+1)\times(+3)=\square$

❹

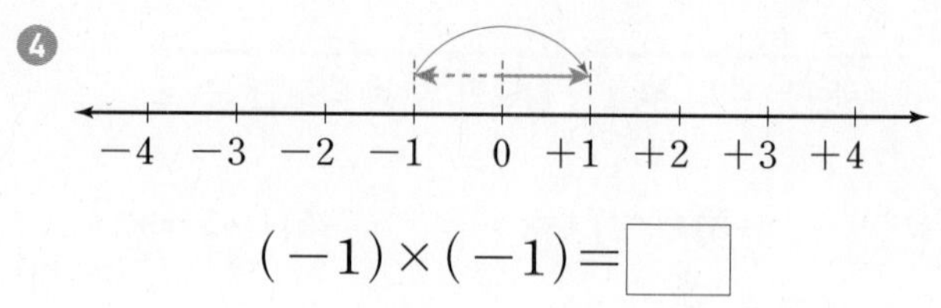

$(-1)\times(-1)=\square$

❺

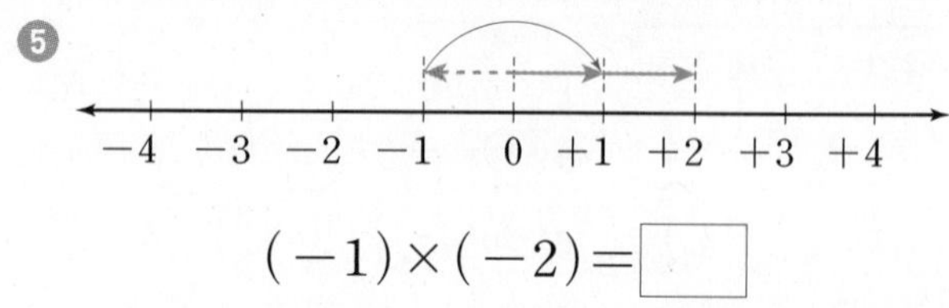

$(-1)\times(-2)=\square$

❻

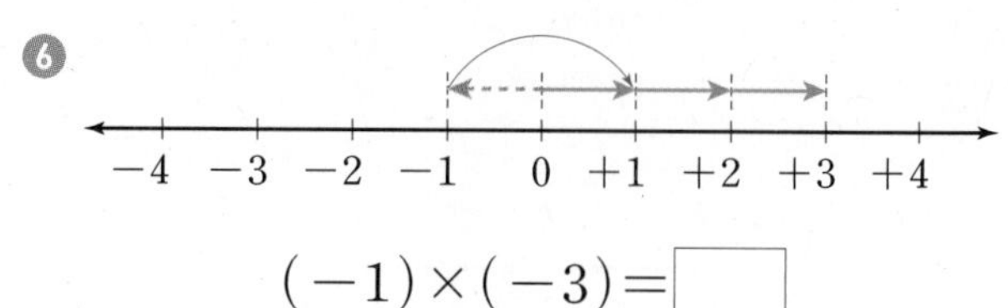

$(-1)\times(-3)=\square$

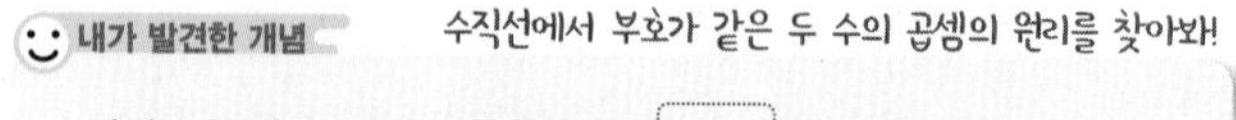

내가 발견한 개념 수직선에서 부호가 같은 두 수의 곱셈의 원리를 찾아봐!

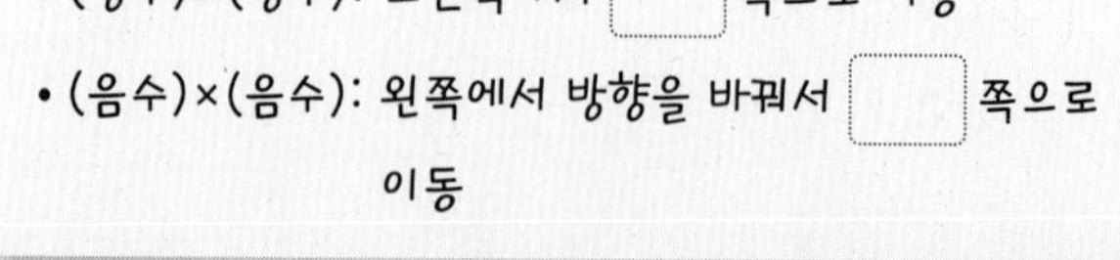

• (양수)×(양수): 오른쪽에서 □ 쪽으로 이동

• (음수)×(음수): 왼쪽에서 방향을 바꿔서 □ 쪽으로 이동

1st 부호가 같은 두 정수의 곱셈하기

● 다음을 구하시오.

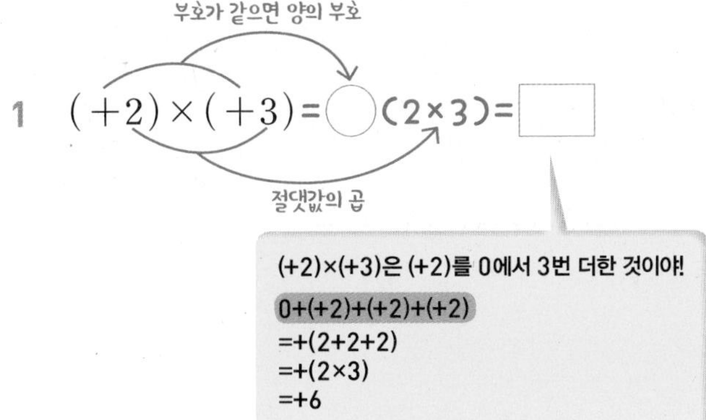

(+2)×(+3)은 (+2)를 0에서 3번 더한 것이야!
0+(+2)+(+2)+(+2)
=+(2+2+2)
=+(2×3)
=+6

2 $(+3)\times(+4)$

3 $(+4)\times(+3)$

두 수의 자리가 바뀌면 곱셈 결과는 어떤지 살펴봐!

4 $(+5)\times(+2)$

5 $(+5)\times(+4)$

6 $(+6)\times(+5)$

7 $(+6)\times(+7)$

8 $(+8)\times(+5)$

9 $(+9)\times(+9)$

10 $(+10)\times(+5)$

11 $(+11)\times(+6)$

12 $(+6)\times(+12)$

13 $(+15)\times(+3)$

14 $(+16)\times(+4)$

15 $(+23)\times0$

어떤 수와 0의 곱은?

16 $(+17)\times(+18)$

17 $(+32)\times(+3)$

18 $(+40)\times(+3)$

내가 발견한 개념

(양수)×(양수)의 계산 결과는?

• (양수)×(양수)=◯(두 양수의 절댓값의 곱)

×	+	−
+	+	−
−	−	+

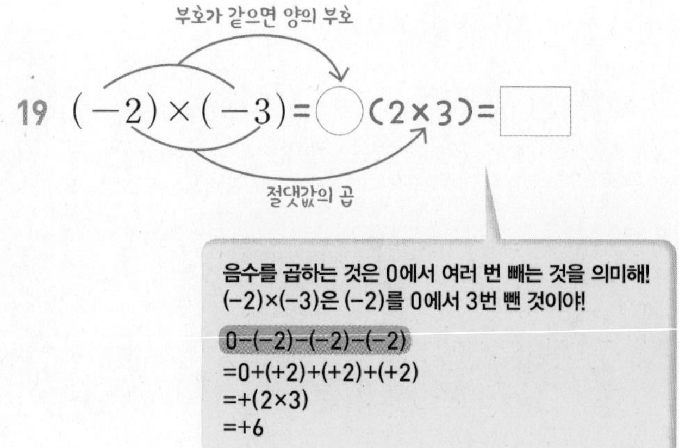
부호가 같으면 양의 부호
19 $(-2)\times(-3)=\bigcirc(2\times3)=\square$
절댓값의 곱
음수를 곱하는 것은 0에서 여러 번 빼는 것을 의미해!
(−2)×(−3)은 (−2)를 0에서 3번 뺀 것이야!
0−(−2)−(−2)−(−2)
=0+(+2)+(+2)+(+2)
=+(2×3)
=+6

20 $(-3)\times(-5)$

21 $(-4)\times(-6)$

22 $(-6)\times(-4)$

두 수의 자리가 바뀌면 곱셈 결과는 어떤지 살펴봐!

23 $(-7)\times(-9)$

24 $(-8)\times(-8)$

25 $(-9)\times(-6)$

26 $(-10)\times(-12)$

27 $(-11)\times(-8)$

어떤 수×음수 (어떤 수를 0에서 여러 번 빼)

어떤 수×양수 (어떤 수를 0에서 여러 번 더해)

28 $(-12)\times(-7)$

29 $(-13)\times(-5)$

30 $(-13)\times(-12)$

31 $(-14)\times(-2)$

32 $(-15)\times0$

33 $(-16)\times(-4)$

34 $(-18)\times(-3)$

35 $(-25)\times(-5)$

36 $(-40)\times(-8)$

내가 발견한 개념

(음수)×(음수)의 계산 결과는?

• (음수)×(음수)= ◯ (두 음수의 절댓값의 곱)

×	+	−
+	+	−
−	−	+

2nd 부호가 같은 두 유리수의 곱셈하기

● 다음을 구하시오.

37 $\left(+\frac{2}{5}\right)\times\left(+\frac{7}{4}\right)=\bigcirc\left(\frac{2}{5}\times\frac{7}{4}\right)=\square$

38 $\left(+\frac{9}{8}\right)\times\left(+\frac{16}{3}\right)$

39 $\left(+\frac{5}{9}\right)\times(+45)$

40 $\left(+\frac{11}{12}\right)\times\left(+\frac{9}{10}\right)$

41 $\left(+\frac{4}{15}\right)\times\left(+\frac{9}{32}\right)$

42 $(+0.5)\times(+0.5)$

43 $(+3)\times(+1.5)$

44 $\left(+\frac{3}{2}\right)\times(+1.2)$

소수를 분수로 고쳐서 계산해!

45 $(+1.6)\times\left(+\frac{2}{3}\right)$

46 $\left(-\frac{2}{7}\right)\times\left(-\frac{4}{3}\right)=\bigcirc\left(\frac{2}{7}\times\frac{4}{3}\right)=\square$

두 수의 자리가 바뀌면 곱셈 결과는 어떤지 살펴봐!

47 $\left(-\frac{4}{3}\right)\times\left(-\frac{2}{7}\right)$

48 $\left(-\frac{8}{11}\right)\times\left(-\frac{22}{4}\right)$

49 $(-4)\times\left(-\frac{13}{16}\right)$

50 $\left(-\frac{5}{24}\right)\times(-12)$

51 $(-3)\times(-1.03)$

52 $\left(-\frac{2}{5}\right)\times(-0.8)$

53 $(-4.5)\times\left(-\frac{5}{9}\right)$

개념모음문제

54 $a=(+2)\times\left(+\frac{1}{4}\right)$, $b=(-0.3)\times\left(-\frac{2}{3}\right)$일 때, $a\times b$의 값은?

① $-\frac{1}{2}$ ② $-\frac{1}{10}$ ③ 0

④ $+\frac{1}{10}$ ⑤ $+\frac{1}{2}$

02 곱하는 두 수의 부호가 다르면 음수!

부호가 다른 두 수의 곱셈

① (양수) × (음수) = (음수)

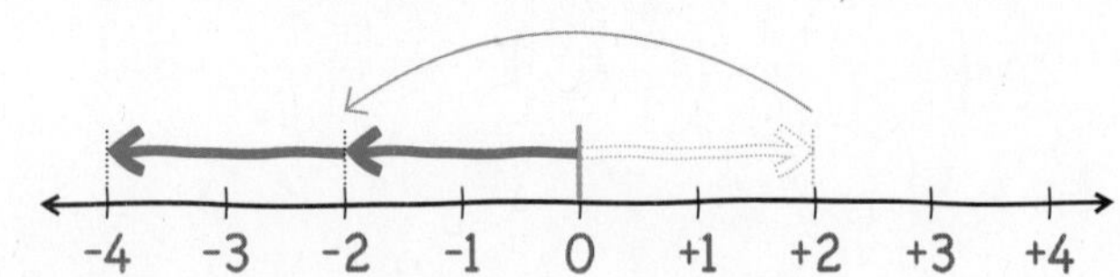

② (음수) × (양수) = (음수)

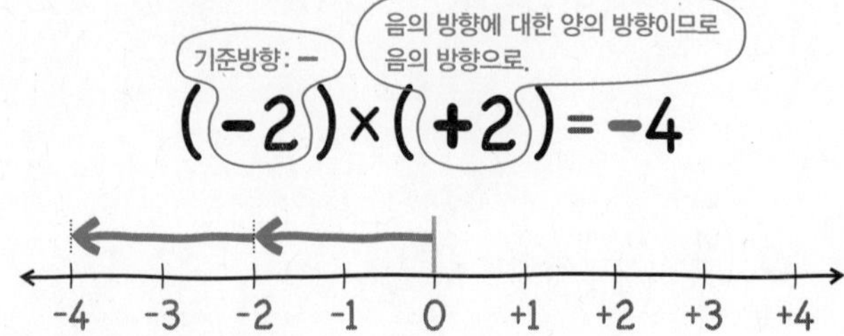

• **부호가 다른 두 수의 곱셈:** 두 수의 절댓값의 곱에 음의 부호 −를 붙여서 계산한다.

① (양수)×(음수)= −(두 수의 절댓값의 곱)

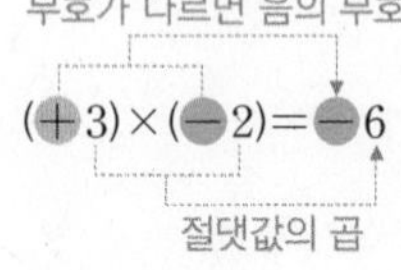

② (음수)×(양수)= −(두 수의 절댓값의 곱)

부호가 다르면 음의 부호

$(-3)\times(+2)=-6$

절댓값의 곱

참고 어떤 수와 0의 곱은 항상 0이다.

원리확인 다음 수직선을 보고 □ 안에 알맞은 수를 써넣으시오.

❶

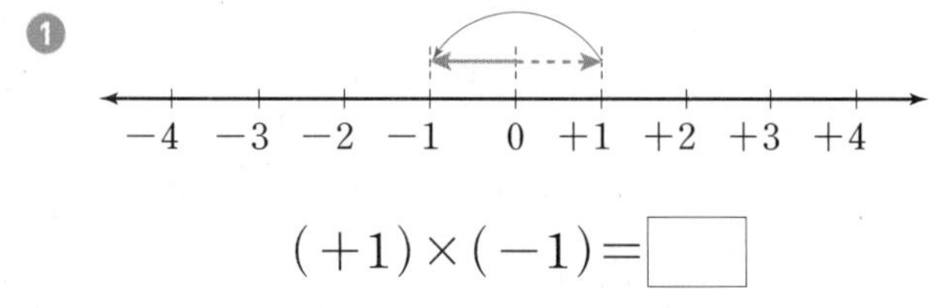

$(+1)\times(-1)=\square$

❷

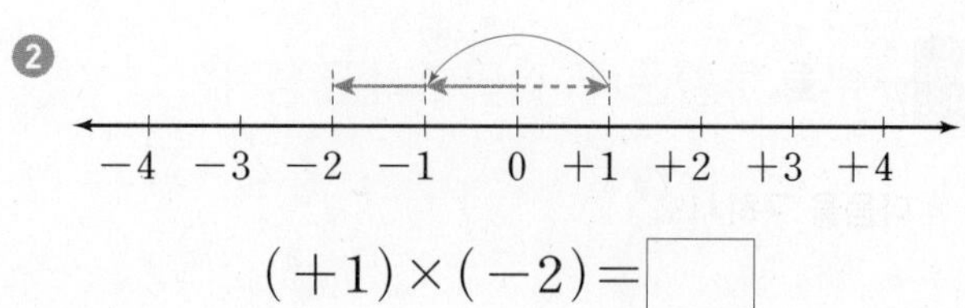

$(+1)\times(-2)=\square$

❸

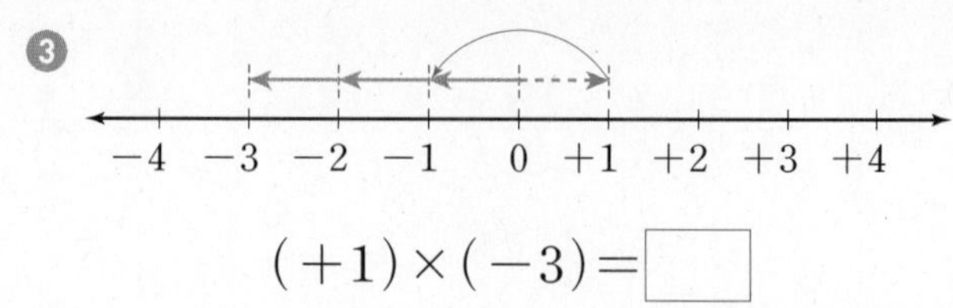

$(+1)\times(-3)=\square$

❹

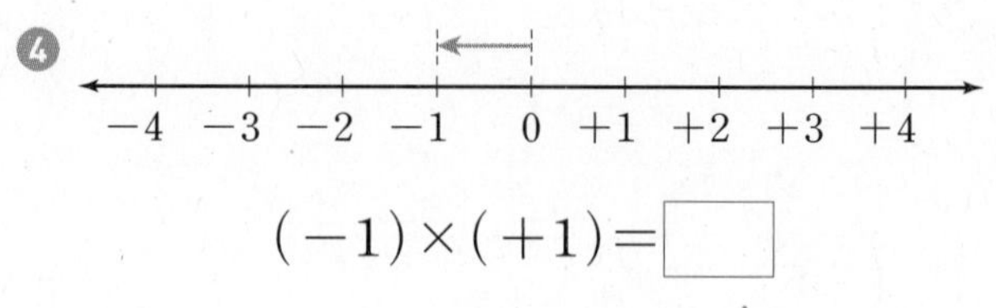

$(-1)\times(+1)=\square$

❺

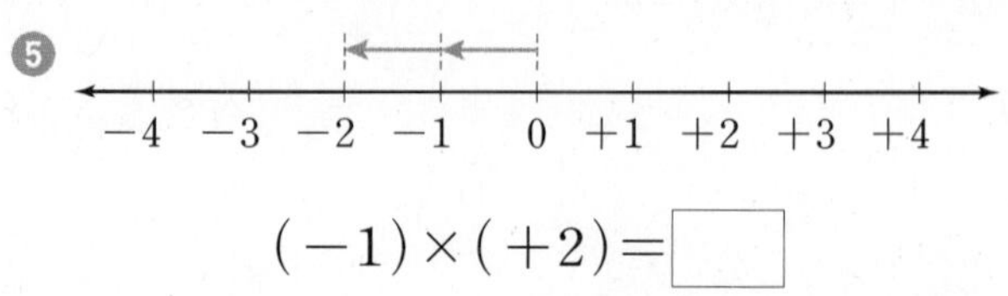

$(-1)\times(+2)=\square$

❻

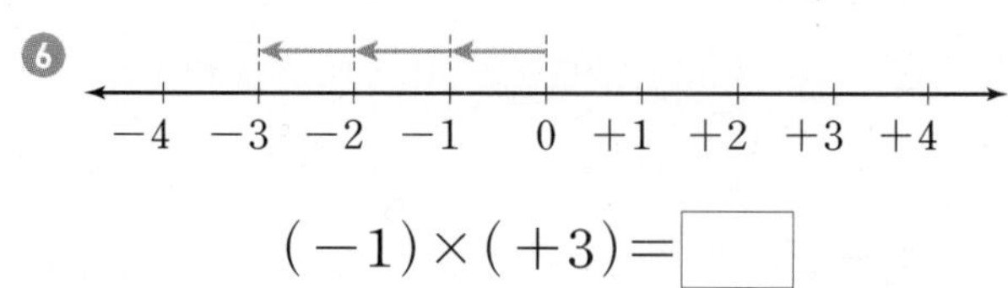

$(-1)\times(+3)=\square$

내가 발견한 개념 수직선에서 부호가 다른 두 수의 곱셈의 원리를 찾아봐!

• (양수)×(음수): 오른쪽에서 방향을 바꿔서 □ 쪽으로 이동

• (음수)×(양수): 왼쪽에서 □ 쪽으로 이동

1st 부호가 다른 두 정수의 곱셈하기

● 다음을 구하시오.

1

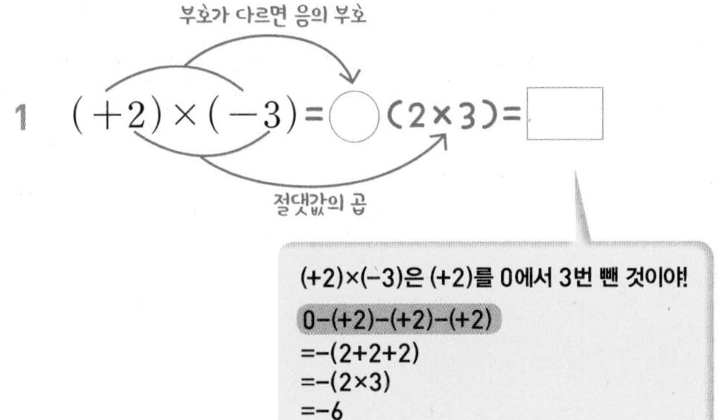

부호가 다르면 음의 부호
$(+2)\times(-3)=\bigcirc(2\times3)=\square$
절댓값의 곱
(+2)×(−3)은 (+2)를 0에서 3번 뺀 것이야!
0−(+2)−(+2)−(+2)
=−(2+2+2)
=−(2×3)
=−6

2 $(+5)\times(-8)$

3 $(+6)\times(-6)$

4 $(+7)\times(-3)$

5 $(+7)\times(-8)$

6 $(+9)\times(-12)$

7 $(+15)\times(-4)$

8 $(+15)\times(-7)$

9 $(+20)\times(-6)$

10 $(+10)\times(-1)$

11 $(+11)\times(-12)$

12 $(+12)\times(-12)$

13 $(+25)\times(-3)$

14 $(+16)\times(-4)$

15 $(+30)\times(-5)$

16 $(+36)\times(-3)$

17 $(+21)\times(-9)$

18 $(+125)\times(-6)$

내가 발견한 개념 (양수)×(음수)의 계산 결과는?

• (양수)×(음수)=◯(두 수의 절댓값의 곱)

	+	−
+	+	−
−	−	+

19 $(-2)\times(+3)=$ ◯ $(2\times3)=$ ☐

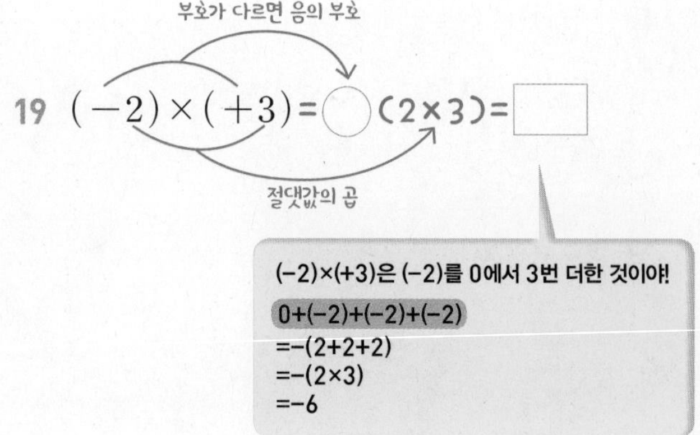
부호가 다르면 음의 부호
절댓값의 곱
(−2)×(+3)은 (−2)를 0에서 3번 더한 것이야!
0+(−2)+(−2)+(−2)
=−(2+2+2)
=−(2×3)
=−6

20 $(-3)\times(+5)$

21 $(-5)\times(+6)$

22 $(-6)\times(+8)$

23 $(-7)\times(+9)$

24 $(-8)\times(+8)$

25 $(-9)\times(+11)$

26 $(-10)\times(+15)$

27 $(-12)\times(+5)$

28 $(-12)\times(+8)$

29 $(-14)\times(+6)$

30 $(-15)\times(+13)$

31 $(-16)\times(+8)$

32 $(-23)\times0$

내가 발견한 개념 (어떤 수)×0=?

• 어떤 수와 0의 곱은 항상 ☐ 이다.

33 $(-25)\times(+9)$

34 $(-20)\times(+3)$

35 $(-112)\times(+5)$

36 $(-72)\times(+7)$

내가 발견한 개념 (음수)×(양수)의 계산 결과는?

• (음수)×(양수)= ◯ (두 수의 절댓값의 곱)

×	+	−
+	+	−
−	−	+

2nd 부호가 다른 두 유리수의 곱셈하기

● 다음을 구하시오.

37 $\left(+\frac{3}{5}\right)\times\left(-\frac{7}{4}\right)$

38 $\left(+\frac{9}{7}\right)\times\left(-\frac{7}{3}\right)$

39 $\left(+\frac{23}{10}\right)\times\left(-\frac{2}{5}\right)$

40 $\left(+\frac{1}{12}\right)\times(-42)$

41 $\left(+\frac{15}{24}\right)\times\left(-\frac{18}{45}\right)$

42 $(+0.2)\times(-0.6)$

43 $(+3.6)\times(-5)$

44 $\left(+\frac{3}{4}\right)\times(-1.8)$

소수를 분수로 고쳐서 계산해!

45 $(+3.5)\times\left(-\frac{3}{5}\right)$

46 $\left(-\frac{2}{3}\right)\times\left(+\frac{5}{3}\right)$

47 $\left(-\frac{14}{5}\right)\times\left(+\frac{12}{7}\right)$

48 $\left(-\frac{25}{12}\right)\times\left(+\frac{2}{5}\right)$

49 $(-5)\times\left(+\frac{8}{15}\right)$

50 $\left(-\frac{9}{16}\right)\times(+18)$

51 $(-5)\times(+2.9)$

52 $(-1.5)\times(+1.5)$

53 $(-3.6)\times\left(+\frac{2}{9}\right)$

54 개념모음문제
$a=(+4)\times(-0.5)$, $b=\left(-\frac{2}{7}\right)\times(-14)$일 때, $a\times b$의 값은?

① -8 ② -6 ③ $+6$
④ $+8$ ⑤ $+12$

03 곱셈을 쉽게 만드는 계산 법칙!

곱셈의 계산 법칙

① 곱셈의 교환법칙

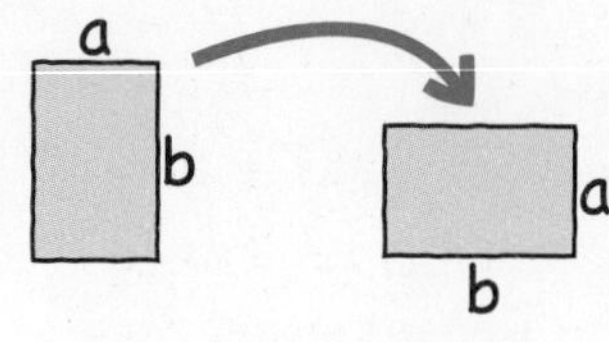

a×b=b×a

② 곱셈의 결합법칙

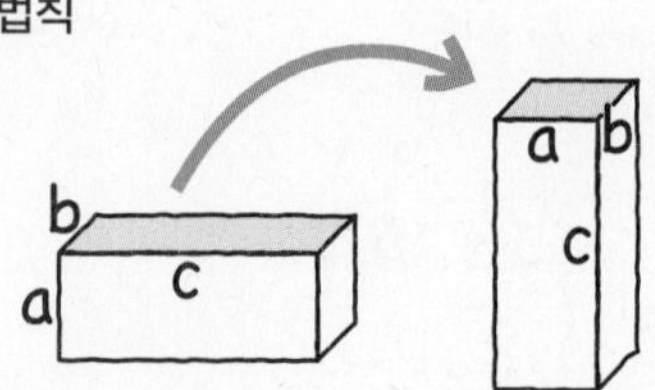

(a×b)×c=a×(b×c)

- **곱셈의 계산 법칙:** 세 수 a, b, c에 대하여
  ① 교환법칙: $a\times b=b\times a$
  예) $(+3)\times(-2)=(-2)\times(+3)=-6$
  ② 결합법칙: $(a\times b)\times c=a\times(b\times c)$
  예) $\{(+1)\times(+2)\}\times(-2)=(+1)\times\{(+2)\times(-2)\}=-4$
  참고 세 수의 곱셈에서는 곱셈의 결합법칙이 성립하므로 $(a\times b)\times c$, $a\times(b\times c)$를 모두 $a\times b\times c$로 나타낼 수 있다.

원리확인 다음 계산 과정에서 □ 안에 알맞은 수를 쓰고, 이 과정에서 이용된 곱셈의 계산 법칙을 써넣으시오.

❶ $(+3)\times(-4)\times(+2)$
$=(+3)\times(\square)\times(\square)$ ← □ 법칙
$=\{(+3)\times(+2)\}\times(\square)$ ← □ 법칙
$=(+6)\times(\square)=\square$

❷ $(-6)\times\left(+\frac{2}{3}\right)\times(-2)$
$=(-6)\times(\square)\times\left(\square\right)$ ← □ 법칙
$=\{(-6)\times(-2)\}\times\left(\square\right)$ ← □ 법칙
$=(+12)\times\left(\square\right)=\square$

1st 곱셈의 계산 법칙 이용하기

- 곱셈의 교환법칙과 결합법칙을 이용하여 다음을 계산하시오.

1 $(+3)\times(-2)\times(+7)$

2 $(-4)\times(+8)\times(-2)$

3 $(-5)\times(-3)\times(+2)$
곱해서 10 또는 -10이 되는 두 수를 먼저 곱하면 계산이 간단해져!

4 $(-2)\times(-6)\times(-5)$

5 $(+4)\times(-3)\times(+5)$
곱해서 10의 배수가 되는 두 수를 먼저 곱하면 계산이 간단해져!

6 $(-6)\times(-7)\times(-5)$

7 $\left(+\frac{5}{3}\right)\times\left(-\frac{6}{9}\right)\times\left(+\frac{2}{5}\right)$

8 $\left(-\frac{8}{5}\right)\times\left(+\frac{2}{3}\right)\times\left(-\frac{3}{4}\right)$

9 $\left(-\frac{3}{2}\right)\times\left(+\frac{1}{4}\right)\times\left(-\frac{2}{3}\right)$

곱해서 $+1$ 또는 -1이 되는 두 수를 먼저 곱하면 계산이 간단해져!

10 $\left(+\frac{7}{4}\right)\times\left(+\frac{11}{5}\right)\times\left(+\frac{4}{7}\right)$

11 $\left(-\frac{5}{12}\right)\times\left(-\frac{27}{8}\right)\times\left(+\frac{12}{5}\right)$

12 $\left(+\frac{8}{9}\right)\times\left(+\frac{6}{5}\right)\times\left(-\frac{18}{8}\right)$

약분하여 간단한 수가 되는 두 수를 먼저 곱하면 계산이 간단해져!

13 $\left(-\frac{27}{4}\right)\times(-2)\times\left(-\frac{16}{9}\right)$

14 $(+1.2)\times(-3)\times(+0.5)$

15 $(+2)\times\left(+\frac{1}{3}\right)\times(-4.5)$

16 $(+4.5)\times\left(-\frac{3}{7}\right)\times\left(+\frac{2}{3}\right)$

개념모음문제

17 다음 계산 과정의 ㉮~㉲에 들어갈 것으로 옳지 <u>않은</u> 것은?

$(+1.25)\times\left(+\frac{3}{5}\right)\times(-8)$

$=(+1.25)\times(\boxed{㉮})\times\left(+\frac{3}{5}\right)$ ← ㉯ 법칙

$=\{(+1.25)\times(\boxed{㉮})\}\times\left(+\frac{3}{5}\right)$ ← ㉰ 법칙

$=(\boxed{㉱})\times\left(+\frac{3}{5}\right)$

$=\boxed{㉲}$

① ㉮: -8　② ㉯: 교환　③ ㉰: 결합
④ ㉱: $+10$　⑤ ㉲: -6

04 음수의 개수에 따라 곱의 부호가 결정돼!

세 수 이상의 곱셈

① 음수의 개수가 짝수

음수가 2(짝수)개

$(+2)\times(-1)\times(-3)=+(2\times1\times3)=+6$

절댓값의 곱

② 음수의 개수가 홀수

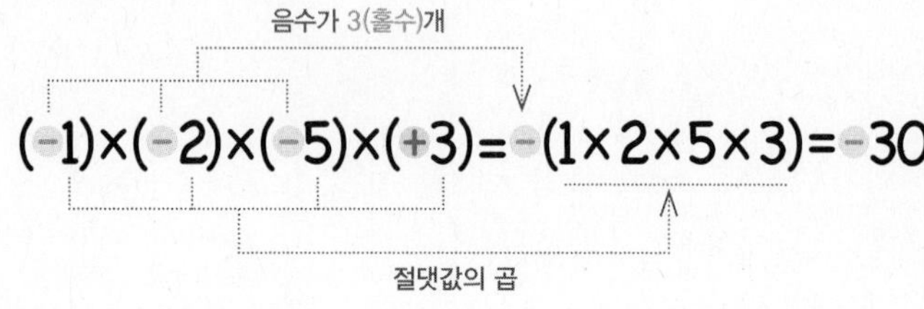

• 세 수 이상의 곱셈

(i) 부호의 결정: 음수의 개수가 짝수이면 $+$이고, 음수의 개수가 홀수이면 $-$이다.

(ii) 각 수들의 절댓값의 곱에 (i)에서 결정된 부호를 붙인다.

원리확인 다음 ○ 안에는 $+$ 또는 $-$ 부호를, □ 안에는 알맞은 수를 써넣으시오.

❶ $(-2)\times(+3)\times(-4)$

$=\bigcirc(2\times3\times4)$

$=\square$

❷ $(-5)\times(+6)\times(-2)\times(-3)$

$=\bigcirc(5\times6\times2\times3)$

$=\square$

1st — 세 개 이상의 수의 곱셈하기

• 다음을 계산하시오.

1 $(+5)\times(-4)\times(+3)$

2 $(-2)\times(+5)\times(-9)$

3 $(-3)\times(-2)\times(+5)$

4 $(+3)\times(-2)\times(+5)\times(-7)$

5 $(-2)\times(-6)\times(-5)\times(+4)$

6 $(-3)\times(-2)\times(-2)\times(-5)$

7 $\left(-\frac{1}{3}\right)\times\left(+\frac{9}{2}\right)\times\left(-\frac{1}{4}\right)$

8 $\left(+\frac{5}{4}\right)\times(-8)\times\left(+\frac{9}{10}\right)$

9 $(-0.5)\times\left(-\frac{28}{3}\right)\times\left(-\frac{15}{21}\right)$

소수를 분수로 고쳐서 계산해!

10 $(+1.2)\times\left(-\frac{1}{2}\right)\times(+3)\times(+10)$

11 $\left(+\frac{5}{12}\right)\times(-2.5)\times\left(+\frac{28}{15}\right)\times\left(-\frac{6}{5}\right)$

내가 발견한 개념

곱셈에서 음수의 개수가 중요한 이유는?

세 개 이상의 수를 곱한 결과에서 곱하는 수의

- 음수가 짝수 개 → ◯ (절댓값의 곱)
- 음수가 홀수 개 → ◯ (절댓값의 곱)

● **다음 네 수 중 세 수를 뽑아 곱한 결과가 가장 큰 수를 구하기 위한 물음에 답하시오.**

12 $+2,\ -3,\ -5,\ +\frac{1}{3}$

(1) 곱이 양수가 되는 세 수

세 수의 음수의 개수가 짝수이어야 해!

+2, −3, ☐ / −3, −5, ☐

(2) 곱한 결과가 가장 큰 수

(1)에서 절댓값이 큰 수를 선택해야 해!

→ (+2) × (−3) × (☐)

= ◯ (2 × 3 × ☐)

= ☐

13 $+2,\ -2,\ +4,\ -3$

(1) 곱이 양수가 되는 세 수

______ / ______

(2) 곱한 결과가 가장 큰 수

14 $-\frac{2}{9},\ -12,\ +\frac{15}{2},\ +\frac{3}{4}$

(1) 곱이 양수가 되는 세 수

______ / ______

(2) 곱한 결과가 가장 큰 수

개념모음문제

15 $\left(-\frac{1}{2}\right)\times\left(-\frac{2}{3}\right)\times\left(-\frac{3}{4}\right)\times\cdots\times\left(-\frac{7}{8}\right)$ 의 값은?

① $-\frac{7}{8}$ ② $-\frac{1}{8}$ ③ 0

④ $+\frac{1}{8}$ ⑤ $+\frac{7}{8}$

05 음수의 개수에 따라 곱의 부호가 결정돼!

거듭제곱의 계산

① 양수의 거듭제곱

(양수)$^{(짝수)}$ ➡ + $(+2)^2=(+2)\times(+2)=+4$

(양수)$^{(홀수)}$ ➡ + $(+2)^3=(+2)\times(+2)\times(+2)=+8$

② 음수의 거듭제곱

(음수)$^{(짝수)}$ ➡ + $(-2)^2=(-2)\times(-2)=+4$

(음수)$^{(홀수)}$ ➡ − $(-2)^3=(-2)\times(-2)\times(-2)=-8$

• 거듭제곱의 계산

① 양수의 거듭제곱: 지수에 관계없이 양의 부호 +를 붙인다.

② 음수의 거듭제곱: 지수가 짝수이면 양의 부호 +를, 지수가 홀수이면 음의 부호 −를 붙인다.

원리확인 다음 □ 안에 알맞은 수를 써넣으시오.

❶ $(+2)^4$ ⟵ 밑이 2

$=(+2)\times(+2)\times(+2)\times(+2)=\square$

❷ $(-2)^4$ ⟵ 밑이 −2

$=(-2)\times(-2)\times(-2)\times(-2)=\square$

❸ -2^4 ⟵ 밑이 2

$=(-1)\times(+2)^4$

$=(-1)\times(+2)\times(+2)\times(+2)\times(+2)$

$=\square$

❹ $-(-2)^4$ ⟵ 밑이 −2

$=(-1)\times(-2)^4$

$=(-1)\times(-2)\times(-2)\times(-2)\times(-2)$

$=\square$

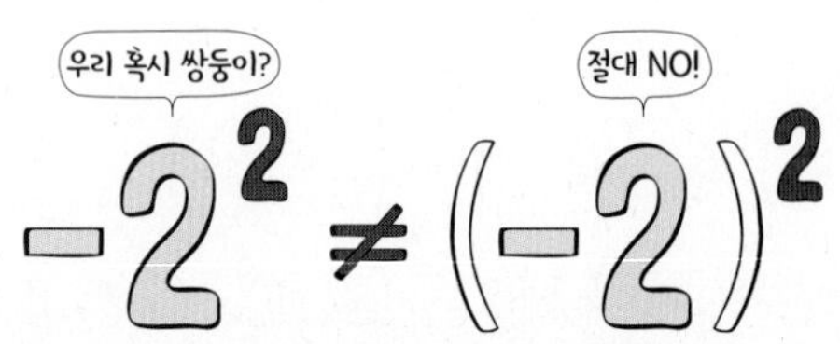

1st 유리수의 거듭제곱 계산하기

● 다음을 계산하시오.

1 $(+3)^3=(+3)\times(+3)\times(+3)$

2 $(+2)^5$

3 3^4

4 1^{50}

5 $-(+6)^2=(-1)\times(+6)^2$

$-(+6)^2$은 6을 두 번 곱한 후 −1을 곱한 것이야!

6 -2^5

7 $\left(\frac{1}{3}\right)^3$

8 $\left(\frac{2}{3}\right)^2$

9 $-\left(\frac{1}{2}\right)^6$

내가 발견한 개념 양수의 거듭제곱의 부호는?

• (양수)$^{(짝수)}$, (양수)$^{(홀수)}$ → +

• −(양수)$^{(짝수)}$, −(양수)$^{(홀수)}$ → ◯

10 $(-3)^2$

11 $(-2)^5$

12 $-(-2)^2$

$-(-2)^2$은 -2를 두 번 곱한 후 -1을 곱한 것이야!

13 $-(-2)^5$

14 $(-1)^{101}$

15 $\left(-\frac{1}{4}\right)^3$

16 $-\left(-\frac{2}{5}\right)^2$

17 $-\left(-\frac{1}{2}\right)^7$

내가 발견한 개념 음수의 거듭제곱의 부호는?

- (음수)$^{(\text{짝수})}$ ➜ +, (음수)$^{(\text{홀수})}$ ➜ ◯
- −(음수)$^{(\text{짝수})}$ ➜ −, −(음수)$^{(\text{홀수})}$ ➜ ◯

18 $(+3)^2\times(-2)^3$

19 $(-2)^2\times(-3^2)$

20 $-(-1)^5\times5^2$

21 $\left(-\frac{1}{2}\right)^5\times(-2^3)$

22 $\left(\frac{3}{2}\right)^3\times\left\{-\left(\frac{2}{9}\right)^2\right\}$

23 $-\left(-\frac{3}{5}\right)^3\times\left\{-\left(-\frac{5}{12}\right)^2\right\}$

24 $2^4\times\left\{-\left(\frac{3}{4}\right)^3\right\}\times\left\{-\left(-\frac{1}{12}\right)^2\right\}$

개념모음문제

25 다음 계산 결과가 나머지와 다른 하나는?

① $(-1)^{1001}$

② $-(-1)^{200}$

③ -1^{88}

④ $-(-2)^2\times\left\{-\left(\frac{1}{2}\right)^2\right\}$

⑤ $\left(-\frac{2}{3}\right)^2\times\left\{-\left(\frac{3}{2}\right)^2\right\}$

06 더해서 곱하나 곱해서 더하나 같아!

분배법칙

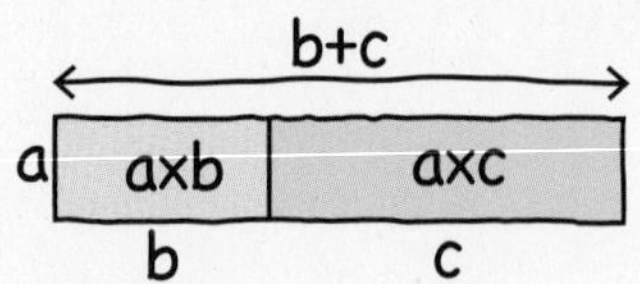

$$a\times(b+c)=a\times b+a\times c$$

• **분배법칙**: 세 수 a, b, c에 대하여

① $a\times(b+c)=a\times b+a\times c$

② $(a+b)\times c=a\times c+b\times c$

예 ① $3\times(3+7)=3\times3+3\times7=9+21=30$

② $(7-3)\times3=(7\times3)-(3\times3)=21-9=12$

원리확인 다음 □ 안에 알맞은 수를 써넣으시오.

❶ $2\times(5+3)=2\times5+2\times3$
$=\square+\square$
$=\square$

❷ $2\times(5-3)=2\times\square-2\times\square$
$=\square-\square$
$=\square$

❸ $(6+2)\times2=6\times2+2\times2$
$=\square+\square$
$=\square$

❹ $(6-2)\times2=\square\times2-\square\times2$
$=\square-\square$
$=\square$

1st — 분배법칙 이용하기

● 분배법칙을 이용하여 다음을 계산하시오.

1 $2\times(4+7)=(2\times4)+(2\times7)$
$=8+14=\square$

2 $4\times(5-3)$

3 $3\times(-9+7)$

4 $6\times(-5-4)$

5 $(-2)\times(3+5)$

6 $(-3)\times(4-8)$

7 $\left(-\frac{1}{2}\right)\times(-7+3)$

8 $\left(-\frac{1}{3}\right)\times(-9-6)$

9 $(7-3)\times 3=(7\times 3)-(3\times 3)$

$=21-9=\square$

10 $(-10+6)\times 2$

11 $\left(-\frac{1}{8}-\frac{3}{8}\right)\times 2$

12 $(0.2+0.4)\times(-2)$

13 $\left(10-\frac{2}{5}\right)\times(-5)$

14 $\left(-\frac{2}{7}+3\right)\times(-7)$

15 $\left(-\frac{8}{15}-\frac{5}{24}\right)\times(-3)$

개념모음문제

16 세 정수 a, b, c에 대하여 $a\times b=3$, $a\times c=-5$일 때, $a\times(b+c)$의 값은?

① -15 ② -8 ③ -2
④ 8 ⑤ 15

17 $2\times 13+2\times 17$

$=2\times(\square+17)$

$=2\times\square$

$=\square$

18 $5\times 25+5\times 75$

19 $2\times 35+2\times(-5)$

20 $1.2\times 5.3+1.2\times 4.7$

21 $(-2.3)\times 2+(-2.3)\times 8$

22 $\frac{1}{3}\times 26-\frac{1}{3}\times 4$

23 $5\times(-0.2)-5\times(+0.8)$

개념모음문제

24 다음 식을 만족시키는 두 수 a, b에 대하여 $a+b$의 값은?

$(-3)\times(-18)+(-3)\times 9=(-3)\times a=b$

① 15 ② 18 ③ 21
④ 24 ⑤ 27

07 나누는 두 수의 부호가 같으면 양수!

부호가 같은 두 수의 나눗셈

① (양수)÷(양수)=(양수)

$(+2)\times(+3)=+6$ → $(+6)\div(+3)=+2$

$(+2)\times(+3)=+6$ → $(+6)\div(+2)=+3$

② (음수)÷(음수)=(양수)

$(+2)\times(-3)=-6$ → $(-6)\div(-3)=+2$

$(-2)\times(+3)=-6$ → $(-6)\div(-2)=+3$

• **부호가 같은 두 수의 나눗셈:** 두 수의 절댓값의 나눗셈의 몫에 양의 부호 +를 붙여서 계산한다.

① (양수)÷(양수)=+(두 수의 절댓값의 나눗셈의 몫)

부호가 같으면 양의 부호

$(+6)\div(+2)=+(6\div2)=+3$

절댓값의 나눗셈의 몫

② (음수)÷(음수)=+(두 수의 절댓값의 나눗셈의 몫)

부호가 같으면 양의 부호

$(-6)\div(-2)=+(6\div2)=+3$

절댓값의 나눗셈의 몫

원리확인 다음 □ 안에 알맞은 수를 써넣으시오.

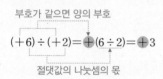

❶ $(+3)\times(+4)=+12$

$(+12)\div(+4)=$ □

❷ $(+3)\times(-4)=-12$

$(-12)\div(-4)=$ □

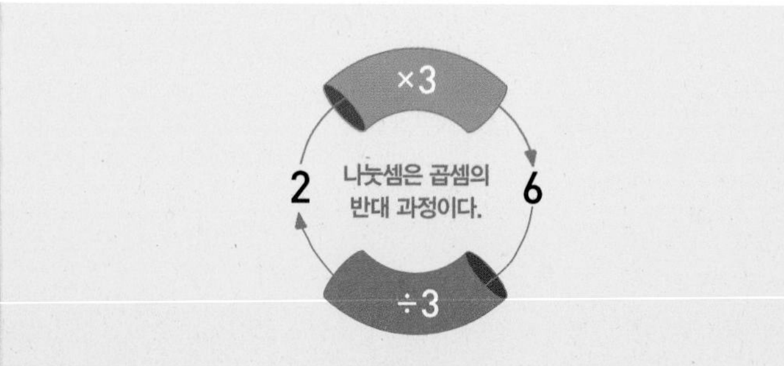

×3
2
나눗셈은 곱셈의 반대 과정이다.
6
÷3

1st 부호가 같은 두 수의 나눗셈하기

● 다음을 계산하시오.

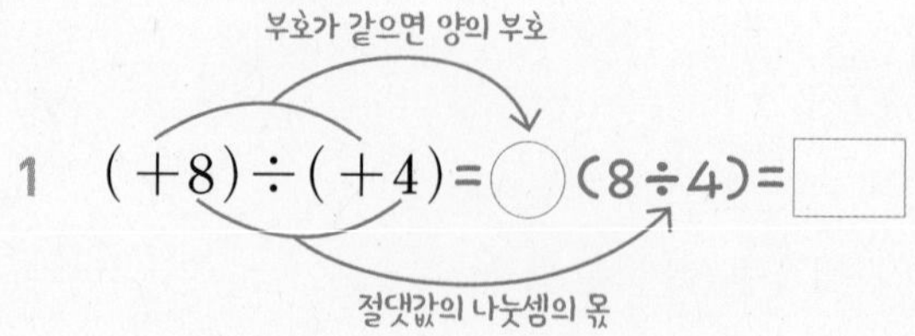

1 $(+8)\div(+4)=$ ○$(8\div4)=$ □

2 $(+10)\div(+5)$

3 $(+16)\div(+4)$

4 $(+18)\div(+9)$

5 $(+20)\div(+20)$

6 $(+25)\div(+5)$

7 $(+28)\div(+14)$

8 $(+3.2)\div(+4)$

9 $(+7.2)\div(+0.9)$

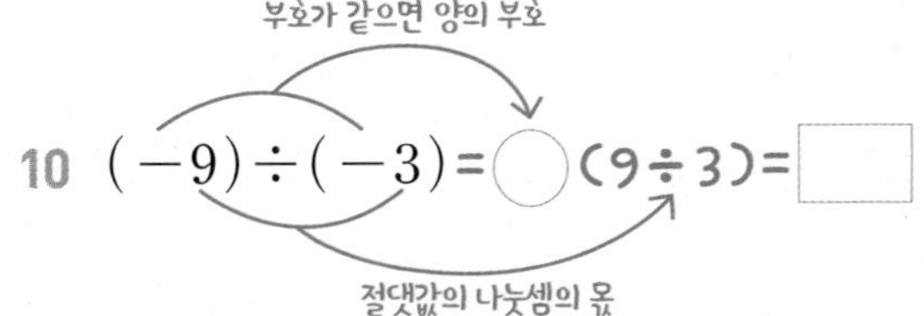

부호가 같으면 양의 부호
10 $(-9)\div(-3)=\bigcirc(9\div3)=\square$
절댓값의 나눗셈의 몫

11 $(-25)\div(-5)$

12 $(-33)\div(-11)$

13 $(-56)\div(-8)$

14 $(-125)\div(-25)$

15 $(-150)\div(-30)$

16 $(-7.2)\div(-8)$

17 $(-12.5)\div(-0.5)$

18 $(-5)\div(-0.2)$

내가 발견한 개념 부호가 같은 두 수의 나눗셈의 원리를 찾아봐!

- (양수) ÷ (양수) = ◯ (절댓값의 나눗셈의 몫)
- (음수) ÷ (음수) = ◯ (절댓값의 나눗셈의 몫)

2nd – 세 수의 나눗셈하기

● 다음을 계산하시오.

19 $(+30)\div(+5)\div(+2)$

세 개 이상의 정수의 나눗셈은 앞에서부터 순서대로 계산해!

20 $(+80)\div(+2)\div(+2)$

21 $(+198)\div(+3)\div(+2)$

22 $(+8.4)\div(+2)\div(+3)$

23 $(+16)\div(+0.2)\div(+4)$

24 $(-100)\div(-2)\div(+5)$

08 나누는 두 수의 부호가 다르면 음수!

부호가 다른 두 수의 나눗셈

① (양수)÷(음수)=(음수)

$(-2)\times(-3)=+6$ → $(+6)\div(-3)=-2$

$(-2)\times(-3)=+6$ → $(+6)\div(-2)=-3$

② (음수)÷(양수)=(음수)

$(-2)\times(+3)=-6$ → $(-6)\div(+3)=-2$

$(+2)\times(-3)=-6$ → $(-6)\div(+2)=-3$

• **부호가 다른 두 수의 나눗셈**: 두 수의 절댓값의 나눗셈의 몫에 음의 부호 $-$를 붙여서 계산한다.

① (양수)÷(음수)$=-$(두 수의 절댓값의 나눗셈의 몫)

부호가 다르면 음의 부호

$(+6)\div(-2)=-(6\div2)=-3$

절댓값의 나눗셈의 몫

② (음수)÷(양수)$=-$(두 수의 절댓값의 나눗셈의 몫)

부호가 다르면 음의 부호

$(-6)\div(+2)=-(6\div2)=-3$

절댓값의 나눗셈의 몫

참고 0을 0이 아닌 수로 나눈 몫은 항상 0이다. 예 $0\div4=0$
(나눗셈에서 0으로 나누는 것은 생각하지 않는다.)

원리확인 다음 □ 안에 알맞은 수를 써넣으시오.

❶ $(-3)\times(-4)=+12$

$(+12)\div(-4)=\square$

❷ $(-3)\times(+4)=-12$

$(-12)\div(+4)=\square$

1st — 부호가 다른 두 수의 나눗셈하기

• 다음을 계산하시오.

1 $(+12)\div(-6)=\bigcirc(12\div6)=\square$

부호가 다르면 음의 부호

절댓값의 나눗셈의 몫

2 $(+15)\div(-3)$

3 $(+50)\div(-5)$

4 $(+63)\div(-3)$

5 $(+126)\div(-42)$

6 $(+200)\div(-40)$

7 $(+15.3)\div(-9)$

8 $(+13.5)\div(-3)$

9 $(+10.4)\div(-0.4)$

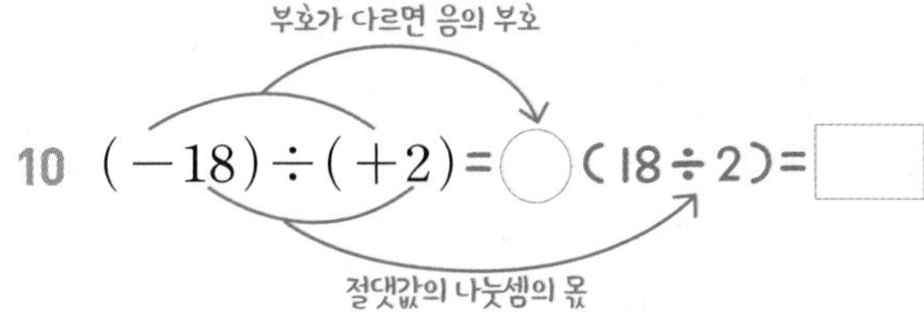

부호가 다르면 음의 부호
10 $(-18)\div(+2)=\bigcirc(18\div2)=\square$
절댓값의 나눗셈의 몫

11 $(-12)\div(+6)$

12 $(-60)\div(+15)$

13 $(-56)\div(+4)$

14 $(-99)\div(+3)$

15 $(-105)\div(+15)$

16 $(-15)\div(+1.5)$

17 $(-4.8)\div(+6)$

18 $(-2.7)\div(+0.3)$

☺ **내가 발견한 개념** 부호가 다른 두 수의 나눗셈의 원리를 찾아봐!

- (양수) ÷ (음수) = ◯ (절댓값의 나눗셈의 몫)
- (음수) ÷ (양수) = ◯ (절댓값의 나눗셈의 몫)

2nd — 세 수의 나눗셈하기

● 다음을 계산하시오.

19 $(+90)\div(-15)\div(+2)$

음수의 개수가 짝수면 몫의 부호는 +이고, 홀수면 몫의 부호는 −야!

20 $(+20)\div(-5)\div(-2)$

21 $(-180)\div(+6)\div(+5)$

22 $(-100)\div(+5)\div(+0.4)$

23 $(+12)\div(-0.1)\div(+4)$

24 $(+9.8)\div(-0.2)\div(-7)$

09 두 수의 곱이 1인 경우를 찾아!

역수

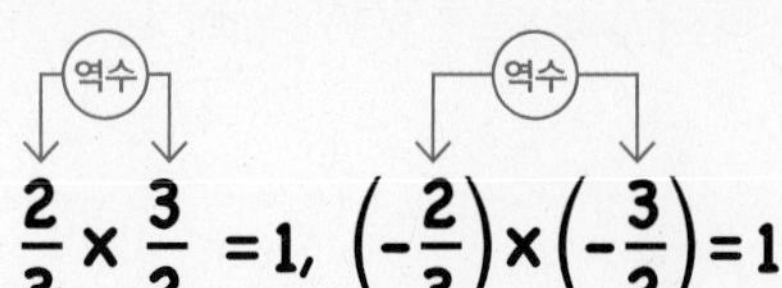

$$\frac{2}{3}\times\frac{3}{2}=1,\quad \left(-\frac{2}{3}\right)\times\left(-\frac{3}{2}\right)=1$$

• **역수**: 두 수의 곱이 1이 될 때, 한 수를 다른 수의 역수라 한다.

참고 • $0\times a=1$을 만족하는 a는 없으므로 0의 역수는 없다.
• 역수의 부호는 바뀌지 않는다.

원리확인 다음은 역수에 대한 것이다. □ 안에 알맞은 수를 써넣으시오.

❶ $\frac{1}{3}\times\frac{3}{1}=\square$

→ $\frac{1}{3}$의 역수: $\square$, 3의 역수: $\square$

❷ $\frac{5}{2}\times\frac{2}{5}=\square$

→ $\frac{5}{2}$의 역수: $\square$, $\frac{2}{5}$의 역수: $\square$

❸ $\left(-\frac{1}{3}\right)\times(-3)=\square$

→ $-\frac{1}{3}$의 역수: $\square$, -3의 역수: $\square$

❹ $\left(-\frac{5}{2}\right)\times\left(-\frac{2}{5}\right)=\square$

→ $-\frac{5}{2}$의 역수: $\square$, $-\frac{2}{5}$의 역수: $\square$

1st — 역수 구하기

● 다음 수의 역수를 구하시오.

1 $\frac{7}{2}$

2 $\frac{4}{9}$

3 $\frac{1}{11}$

4 $\frac{17}{15}$

5 $-\frac{11}{3}$

역수의 부호는 바뀌지 않아!

6 $-\frac{19}{24}$

7 $-\frac{1}{10}$

8 $-\frac{79}{36}$

9 5

10 19

11 -7

12 -52

13 $1\frac{1}{2}$

대분수는 가분수로 고친 후 역수를 구해!

14 $2\frac{4}{3}$

15 $-5\frac{1}{3}$

16 $-2\frac{2}{9}$

17 0.7

소수는 분수로 고친 후 역수를 구해!

18 1.2

19 -1.2

20 -4.8

21 1.25

내가 발견한 개념 두 수의 곱이 1인 관계는?

- $a \times b = 1$ ➡ a는 b의 역수, b는 a의 ☐

개념모음문제

22 5의 역수는 $\frac{1}{a}$, $-\frac{7}{5}$의 역수는 $-\frac{b}{7}$일 때, 자연수 a, b에 대하여 $a \times b$의 값은?

① -25 ② -10 ③ 1
④ 10 ⑤ 25

10

역수를 이용한 수의 나눗셈

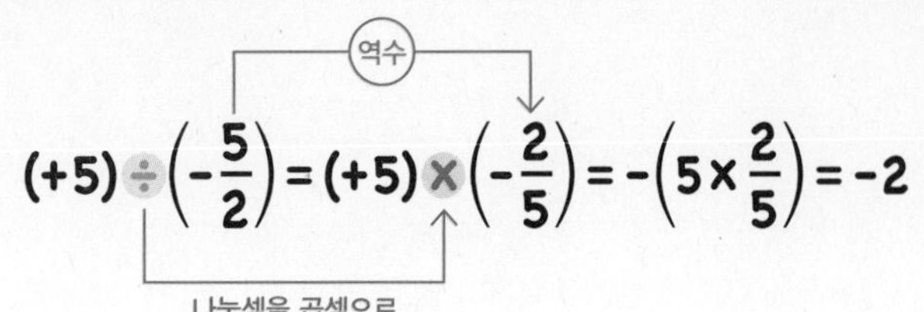

역수

$$\left(-\frac{4}{5}\right)\div(-4)=\left(-\frac{4}{5}\right)\times\left(-\frac{1}{4}\right)=+\left(\frac{4}{5}\times\frac{1}{4}\right)=+\frac{1}{5}$$

나눗셈을 곱셈으로

- **역수를 이용한 나눗셈:** 나누는 수를 그 역수로 바꾸어 곱셈으로 고쳐서 계산한다.

원리확인 다음 □ 안에 알맞은 수를 써넣으시오.

❶ $(+5)\div(-15)$

$=(+5)\times(\square)$

$=-(5\times\square)=\square$

❷ $\left(-\frac{12}{7}\right)\div(-6)$

$=\left(-\frac{12}{7}\right)\times(\square)$

$=+\left(\frac{12}{7}\times\square\right)=\square$

❸ $\left(+\frac{8}{3}\right)\div\left(-\frac{12}{11}\right)$

$=\left(+\frac{8}{3}\right)\times(\square)$

$=-(\square\times\square)$

$=\square$

1st — 역수를 이용한 나눗셈하기

● 다음을 계산하시오.

역수

1 $(+6)\div(+2)=+\left(6\times\frac{1}{2}\right)=\square$

나눗셈을 곱셈으로

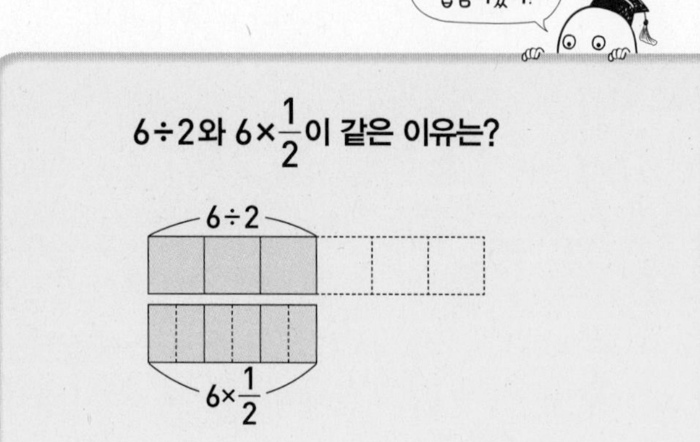

나눗셈도 결국 곱셈이었어?
6÷2와 6×1/2이 같은 이유는?
6÷2
6×1/2

2 $(+8)\div(+16)$

3 $(-5)\div(-20)$

4 $(-7)\div(-35)$

5 $(+18)\div(-36)=-\left(18\times\frac{1}{36}\right)=\square$

6 $(+11)\div(-11)$

7 $(-10) \div (+25)$

8 $(-1) \div (+7)$

9 $\left(+\frac{5}{8}\right) \div (+10)$

10 $(+36) \div \left(+\frac{18}{7}\right)$

11 $\left(-\frac{8}{15}\right) \div \left(-\frac{2}{45}\right)$

12 $\left(-\frac{10}{13}\right) \div \left(-\frac{5}{4}\right)$

13 $\left(+\frac{5}{7}\right) \div \left(-\frac{5}{7}\right)$

14 $\left(+\frac{1}{5}\right) \div \left(-\frac{1}{8}\right)$

15 $\left(-\frac{12}{21}\right) \div \left(+\frac{18}{49}\right)$

16 $\left(-\frac{1}{5}\right) \div (+5)$

17 $(-1) \div \left(+\frac{5}{13}\right)$

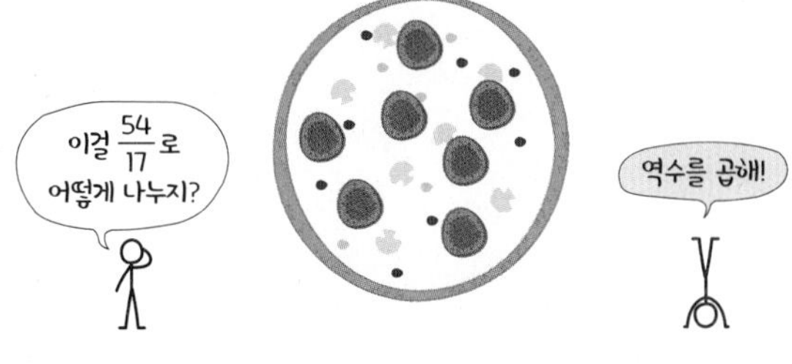

18 $(+0.3) \div (+5)$

소수는 분수로 바꿔 계산해!

19 $(+2) \div (+1.2)$

소수는 분수로 바꾼 후 역수를 구해!

20 $(-1.6)\div(-0.8)$

21 $(-0.5)\div(-2.5)$

22 $(+1.5)\div\left(-\frac{3}{2}\right)$

23 $\left(+\frac{3}{4}\right)\div(-0.9)$

24 $\left(-\frac{2}{9}\right)\div\left(+\frac{16}{81}\right)$

25 $(-1.75)\div(+5)$

26 $1\frac{5}{9}\div2\frac{1}{3}$

27 $1.2\div(-6)$

28 $-\frac{12}{5}\div2^2$

29 $(-3)^2\div(-1.2)$

개념모음문제

30 $-2\frac{1}{3}$의 역수는 a, 1.5의 역수는 b일 때, $a\div b$의 값은?

① $-\frac{9}{14}$ ② $-\frac{2}{7}$ ③ -1
④ $\frac{2}{7}$ ⑤ $\frac{9}{14}$

2nd — 계산 결과가 주어진 경우의 유리수의 나눗셈하기

• 다음 보기를 이용하여 □ 안에 알맞은 수를 구하시오.

보기
$(+6)\div(+3)=(+2)$
→ $(+6)=(+2)\times(+3)$

31 $(\square)\div(+4)=+5$
→ $\square=(+5)\times(+4)$

32 $(\square)\div\left(-\frac{7}{3}\right)=-6$

33 $(\square)\div\left(-\frac{5}{7}\right)=+\frac{3}{5}$

34 $(\square)\div\left(+\frac{11}{4}\right)=-\frac{5}{22}$

35 $(\square)\div(+0.3)=-4$

36 $(\square)\div(-1.2)=-2$

38 $(+27)\div(\square)=(-3)$

39 $(-4)\div(\square)=\left(-\frac{1}{3}\right)$

40 $\left(-\frac{2}{9}\right)\div(\square)=\left(+\frac{3}{5}\right)$

41 $\left(+\frac{8}{7}\right)\div(\square)=\left(-\frac{12}{5}\right)$

42 $(-3.6)\div(\square)=(-0.3)$

● 다음 보기를 이용하여 □ 안에 알맞은 수를 구하시오.

보기

$(+6)\div(+3)=(+2)$

→ $(+3)=(+6)\div(+2)$

37 $(+10)\div(\square)=(+5)$

→ $\square=(+10)\div(+5)$

개념모음문제

43 $a\div3=-2$, $(-15)\div b=3$일 때, $b\div a$의 값은?

① $-\frac{6}{5}$ ② $-\frac{5}{6}$ ③ $\frac{5}{6}$

④ $\frac{6}{5}$ ⑤ 11

11

거듭제곱 먼저, 나눗셈은 곱셈으로!

곱셈과 나눗셈의 혼합 계산

$\left(\frac{1}{2}\right)^2 \times \left(-\frac{1}{6}\right) \div \left(-\frac{1}{9}\right)$ — 거듭제곱

$= \frac{1}{4} \times \left(-\frac{1}{6}\right) \div \left(-\frac{1}{9}\right)$ — 나눗셈 → 곱셈

$= \frac{1}{4} \times \left(-\frac{1}{6}\right) \times (-9)$ — 부호 결정

$= +\left(\frac{1}{4} \times \frac{1}{6} \times 9\right)$ — 곱셈

$= +\frac{3}{8}$

• **곱셈과 나눗셈의 혼합 계산**

(ⅰ) 거듭제곱이 있으면 거듭제곱을 먼저 계산한다.

(ⅱ) 나눗셈은 역수를 이용하여 곱셈으로 고친다.

(ⅲ) 음수의 개수에 따라 전체의 부호를 정한 후 절댓값의 곱에 결정된 부호를 붙인다.

원리확인 다음 ○ 안에는 + 또는 − 부호를, □ 안에는 알맞은 수를 써넣으시오.

❶ $(+3) \div (-2) \times \left(+\frac{2}{3}\right)$

$= (+3) \times (\square) \times \left(+\frac{2}{3}\right)$

$= \bigcirc\left(3 \times \square \times \frac{2}{3}\right) = \bigcirc\square$

❷ $(+3) \times (+6) \div (-2)^3$

$= (+3) \times (+6) \div (\square)$

$= (+3) \times (+6) \times (\square)$

$= \bigcirc(3 \times 6 \times \square) = \bigcirc\square$

1st 곱셈과 나눗셈의 혼합 계산하기

• 다음을 계산하시오.

1 $(+7) \div (+2) \times (+5)$

2 $(-10) \div (+2) \times (+5)$

3 $(+6) \div (-12) \times (+4)$

4 $(-16) \times (+3) \div (+12)$

5 $(-3)^2 \times (-5) \div (-10)$

거듭제곱은 먼저 계산해!

6 $(-5) \times (-9) \div (-3)^3$

7 $(-4)^2 \div (+40) \times (-15)$

8 $(+2)^3 \div (+18) \div (-3)^2$

9 $-\frac{2}{3}\times(-3)^2\times\frac{3}{4}$

식의 시작 부분에 있는 음수는 괄호를 생략하여 나타낼 수 있어!

10 $-\left(\frac{1}{2}\right)^3\div\frac{1}{2}\times20$

11 $\left(\frac{3}{2}\right)^2\times\frac{1}{6}\div\left(-\frac{5}{2}\right)$

12 $-\frac{4}{25}\div\left(-\frac{3}{5}\right)^2\div\frac{18}{5}$

13 $-\frac{7}{11}\div(-1)^{25}\times\frac{11}{7}$

14 $\frac{3}{40}\times\left(-\frac{12}{5}\right)\div\left(\frac{1}{2}\right)^3$

15 $45\times\left(-\frac{1}{3}\right)^4\div\frac{2}{27}$

16 $\frac{56}{27}\times4^2\div\left(\frac{2}{3}\right)^3$

17 $16\div(-4)\div3\times(-2)^2$

18 $-3\times12\div(-1)^8\div(-6)^2$

19 $-\frac{9}{2}\times2\times\frac{2}{7}\div\frac{1}{21}$

20 $\frac{1}{2}\div\frac{1}{3}\div\frac{1}{4}\times\left(\frac{1}{5}\right)^2$

21 $-3\div2^2\times(-1)^3\times4^2$

22 $-\frac{12}{17}\times\left(\frac{3}{4}\right)^2\times\frac{15}{4}\div\left(\frac{3}{2}\right)^3$

23 $36\times3^3\div\left(-\frac{6}{5}\right)^2\div(-27)$

12 곱셈, 나눗셈 먼저! 그 다음에 덧셈, 뺄셈!

덧셈, 뺄셈, 곱셈, 나눗셈의 혼합 계산

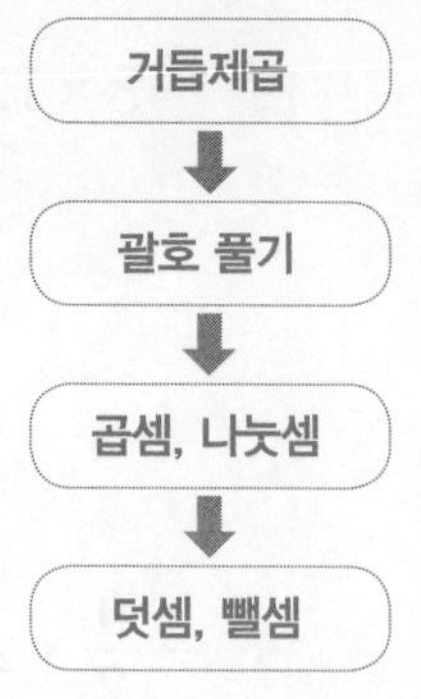

$5-(-3)\times\{(-2)^2+(-5)\}$ — 거듭제곱

$=5-(-3)\times\{4+(-5)\}$ — 괄호 풀기

$=5-(-3)\times(-1)$ — 곱셈, 나눗셈

$=5-(+3)$ — 덧셈, 뺄셈

$=2$

- 덧셈, 뺄셈, 곱셈, 나눗셈의 혼합 계산
  - (i) 거듭제곱이 있으면 거듭제곱을 먼저 계산한다.
  - (ii) 괄호가 있으면 괄호 안을 먼저 계산한다. 이때 괄호는 소괄호 ( ), 중괄호 { }, 대괄호 [ ]의 순서로 계산한다.
  - (iii) 곱셈과 나눗셈을 계산한다.
  - (iv) 덧셈과 뺄셈을 계산한다.

원리확인 다음 □ 안에 알맞은 수를 써넣으시오.

❶ $(-3)+2^2\times\frac{3}{2}$

$=(-3)+\square\times\frac{3}{2}$

$=(-3)+\square=\square$

❷ $8-[\{3+2\times(3-1)\}-2]$

$=8-\{(3+2\times\square)-2\}$

$=8-\{(3+\square)-2\}$

$=8-(\square-2)$

$=8-\square=\square$

1st 혼합 계산하기

● 다음을 계산하시오.

1 $-15\times3+50$

곱셈&나눗셈 → 덧셈&뺄셈

2 $-65\div5+7$

3 $2^3+28\div(-7)$

거듭제곱 → 곱셈&나눗셈 → 덧셈&뺄셈

4 $(-3)^2\div6\times\frac{2}{3}+4$

5 $(18-6)\div3+2$

괄호 → 곱셈&나눗셈 → 덧셈&뺄셈

6 $-12+20\div(8-13)$

7 $(-2)^3\div(6-11)\times3$

거듭제곱 → 괄호 → 곱셈&나눗셈 → 덧셈&뺄셈

8 $\left(2^4+3\div\frac{3}{2}\right)-3^2\times\frac{1}{9}$

● 다음 식의 계산 순서를 차례대로 나열하시오.

9 $(-7)-\{(-5)+(-1)^3\}\times 3$

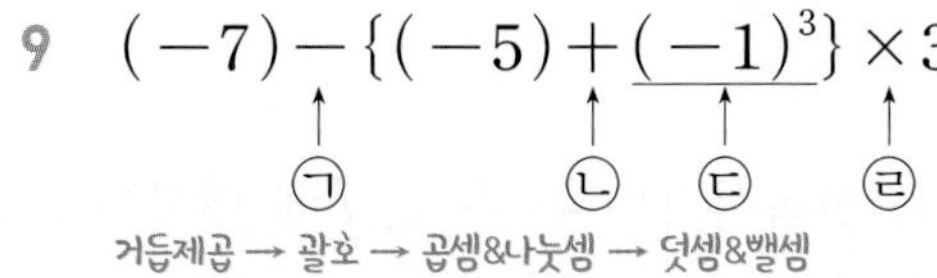

㉠ ㉡ ㉢ ㉣

거듭제곱 → 괄호 → 곱셈&나눗셈 → 덧셈&뺄셈

10 $3+\{(-5)^2+3\times 2\}$

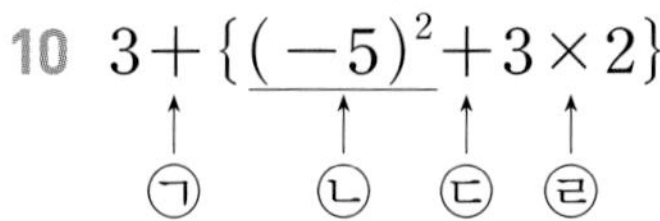

㉠ ㉡ ㉢ ㉣

11 $\left(-\frac{1}{3}\right)\times\{2-12\div(-3)^2\}-\frac{5}{9}$

㉠ ㉡ ㉢ ㉣ ㉤

12 $[\{(-2^2+3)\div(-2)\}-3]\times(-2)$

㉠ ㉡ ㉢ ㉣ ㉤

괄호는 (소괄호) → {중괄호} → [대괄호]

13 $\frac{5}{2}-\left[5-\left\{1+(2^2\div 3+1)\times\frac{2}{3}\right\}\right]$

㉠ ㉡ ㉢ ㉣㉤ ㉥ ㉦

● 다음을 계산하시오.

14 $\{14-(6-4)\times(-2)\}\div(-6)$

15 $\{90-(42+18)\div(-4)\}\times(-2)$

16 $-2^3-\{-3\times(-1)^{14}+3\div 15\}$

17 $(6-4^2)\times\left\{5\times\left(2-\frac{5}{2}\times 4\right)\right\}$

18 $[\{(-2^2+3)\div(-2)\}-3]\times(-2)$

19 $\left(-\frac{3}{5}\right)\times\left[3^2-(-2)^3\div\left\{\frac{3}{5}+(-3)\right\}\right]$

TEST 5. 정수와 유리수의 곱셈과 나눗셈

1 다음 중 계산 결과가 옳지 않은 것은?

① $(+5)\times(+15)=+75$
② $(-12)\times(+3)=-36$
③ $(+4)\times\left(-\frac{5}{2}\right)=-10$
④ $(-2)\times(-3)\times(+4)=-24$
⑤ $(+6)\times(+18)\times\left(-\frac{1}{2}\right)=-54$

2 다음 계산 과정에서 ㉠~㉣에 알맞은 것을 구하시오.

$\left(-\frac{1}{15}\right)\times\left(-\frac{1}{2}\right)\times(+45)$
$=\left(-\frac{1}{2}\right)\times\left(-\frac{1}{15}\right)\times(+45)$ ← ㉠ 법칙
$=\left(-\frac{1}{2}\right)\times\left\{\left(-\frac{1}{15}\right)\times(+45)\right\}$ ← ㉡ 법칙
$=\left(-\frac{1}{2}\right)\times$ ㉢
$=$ ㉣

3 다음 중 가장 큰 수는?

① $\left(-\frac{1}{3}\right)^2$　② $-\left(-\frac{1}{2}\right)^3$
③ $-\left(\frac{1}{2}\right)^3$　④ $-\left(-\frac{1}{3}\right)^2$
⑤ $-\left(-\frac{1}{2}\right)^4$

4 다음 식을 만족시키는 두 수 a, b에 대하여 $a\div b$의 값을 구하시오.

$\left(-\frac{3}{4}\right)\times 11.5+\left(-\frac{3}{4}\right)\times 4.5$
$=\left(-\frac{3}{4}\right)\times a$
$=b$

5 -1.4의 역수를 a, $\frac{5}{7}$의 역수를 b라 할 때, $a\times b$의 값을 구하시오.

6 $2-\left[\frac{5}{3}\times\left\{(-2)^2\div\frac{1}{3}-3^2\right\}+2\right]\times(-3)$을 계산하면?

① 21　② 22　③ 23
④ 24　⑤ 25

1 다음 수에 대한 설명으로 옳은 것은?

$-\frac{3}{5},\ \frac{2}{3},\ -\frac{6}{2},\ 0,\ 2.1,\ -1$

① 양수는 3개이다.
② 음수는 4개이다.
③ 음의 정수는 2개이다.
④ 0은 정수가 아니다.
⑤ 정수가 아닌 유리수는 4개이다.

2 다음 수를 수직선 위에 나타내었을 때, 왼쪽에서 두 번째에 있는 수는?

① -2 ② $+0.5$ ③ $+1$
④ $-\frac{5}{2}$ ⑤ $+\frac{7}{3}$

3 다음 수를 수직선 위에 나타내었을 때, 원점에 가장 가까운 수는?

① $-\frac{4}{3}$ ② $-\frac{1}{2}$ ③ 2
④ $\frac{10}{3}$ ⑤ 4.5

4 다음 중 ○ 안에 들어갈 부등호의 방향이 나머지 넷과 다른 하나는?

① 1 ◯ 0 ② $-\frac{1}{3}$ ◯ $-\frac{2}{3}$
③ -1.7 ◯ -2.1 ④ $\frac{1}{4}$ ◯ $-\frac{1}{3}$
⑤ 1.5 ◯ $\frac{5}{2}$

5 다음 중 계산 결과가 가장 큰 것은?

① $(+3)-(+2)$
② $(+5)-(+3)$
③ $(-4)-(-2)$
④ $(-1)-(-5)$
⑤ $(-3)-(+1)-(-4)$

6 다음 수 중에서 가장 큰 수와 가장 작은 수의 합을 구하시오.

$+\frac{4}{3},\ -\frac{2}{5},\ +1,\ -\frac{3}{2}$

7 다음 중 계산 결과가 옳은 것은?

① $3-2+5=7$
② $-\frac{2}{3}+\frac{1}{2}-\frac{1}{4}=-\frac{7}{12}$
③ $2-\frac{3}{4}+\frac{1}{2}=\frac{9}{4}$
④ $1.2-0.3+1=1.8$
⑤ $-\frac{1}{3}+0.5-1=-\frac{5}{6}$

8 다음 □ 안에 알맞은 수는?

$\left(+\frac{2}{3}\right)-\left(\square\right)=\frac{17}{21}$

① $-\frac{1}{21}$ ② $-\frac{2}{21}$ ③ $-\frac{1}{7}$
④ $-\frac{4}{21}$ ⑤ $-\frac{5}{21}$

9 다음 중 계산 결과가 나머지 넷과 다른 하나는?

① $(-4)\times(+3)$
② $(+2)\times(-6)$
③ $(-3)\times(-4)\times(-1)$
④ $(+2)\times(+2)\times(-3)$
⑤ $(+2)\times(-6)\times(-1)$

10 $-1^{100}+(-1)^{101}-(-1)^{102}$을 계산하면?

① -3 ② -2 ③ -1
④ 1 ⑤ 3

11 $-\frac{a}{4}$의 역수가 $\frac{4}{5}$일 때, a의 값을 구하시오.

12 $(-4)\times a=24$, $b\div(-3)^2=2$일 때, $b\div a$의 값은?

① -4 ② -3 ③ -2
④ 2 ⑤ 3

13 두 유리수 $-\frac{5}{2}$와 $\frac{7}{2}$사이에 있는 정수 중 가장 작은 수를 a, 가장 큰 수를 b라 할 때, $a\times b$의 값을 구하시오.

14 절댓값이 $\frac{2}{5}$인 양수를 A, 절댓값이 $\frac{3}{5}$인 음수를 B라 할 때, $A-B$의 값은?

① -1 ② $-\frac{1}{5}$ ③ $\frac{1}{5}$
④ 1 ⑤ $\frac{6}{5}$

15 다음을 계산하면?

$$\left(\frac{1}{2}\right)^2-\left\{\frac{1}{2}\times(-1)^2-\frac{1}{3}\right\}\div\frac{1}{6}+\frac{1}{4}$$

① -1 ② $-\frac{1}{2}$ ③ $\frac{1}{2}$
④ 1 ⑤ $\frac{3}{2}$

빠른 정답

1 소인수분해

01 소수와 합성수 10쪽

원리확인 1, 2, 합성수

1 (✎1) 2 (✎8)
3 1, 3, 9, 합성수 4 1, 11, 소수
5 1, 3, 5, 15, 합성수 6 1, 17, 소수
7 1, 2, 4, 5, 10, 20, 합성수
8 1, 23, 소수 ☺ 2 9 10, 19
☺ 1, 1 10 11, 8 11 1, 19 ☺ 짝수
12 ○ 13 ○ 14 ○ 15 ×
16 × 17 ③

02 거듭제곱 12쪽

원리확인 ❶ 1 ❷ 2 ❸ 3 ❹ 2^4 ❺ 2^5

1 3, 세 2 5, 다섯 3 6, 일곱 4 $\frac{1}{2}$
5 $\frac{1}{3}$, 네 6 (✎2) 7 13, 3 8 $\frac{1}{3}$, 5
9 0.7, 8
10 (1) (✎3) (2) 6^4 (3) 9^5 (4) 10^4 (5) 23^2
11 (1) (✎2, 3) (2) $3^3\times7^3$ (3) $2^2\times3^3\times5^4$ (4) 5^3+7^3
12 (1) (✎3, 3) (2) $\left(\frac{2}{3}\right)^4$ 또는 $\frac{2^4}{3^4}$
(3) $\left(\frac{2}{3}\right)^2\times\left(\frac{1}{7}\right)^3$ 또는 $\frac{2^2}{3^2}\times\frac{1}{7^3}$
13 ④ 14 (✎16) 15 (1) 108 (2) $\frac{1}{125}$
16 (1) $\frac{4}{25}$ (2) $\frac{4}{25}$
17 (1) 1 (2) 1 (3) 1 (4) 1 ☺ 1, 1
18 (1) 100 (2) 1000 (3) 10000 (4) 100000
☺ n 19 ⑤

03 인수와 소인수 14쪽

원리확인 ❶ 5, 10, 20 ❷ 2, 5

1 (✎4)
2 $16<^{1}_{\boxed{16}}$ $16<^{\boxed{2}}_{\boxed{8}}$ $16<^{\boxed{4}}_{4}$,
1, 2, 4, 8, 16
3 $18<^{1}_{18}$ $18<^{2}_{\boxed{9}}$ $18<^{\boxed{3}}_{6}$,
1, 2, 3, 6, 9, 18
4 $24<^{1}_{\boxed{24}}$ $24<^{2}_{\boxed{12}}$ $24<^{\boxed{3}}_{8}$ $24<^{\boxed{4}}_{6}$,
1, 2, 3, 4, 6, 8, 12, 24
5 $30<^{1}_{\boxed{30}}$ $30<^{\boxed{2}}_{15}$ $30<^{\boxed{3}}_{10}$ $30<^{\boxed{5}}_{\boxed{6}}$,
1, 2, 3, 5, 6, 10, 15, 30
6 $54<^{1}_{54}$ $54<^{2}_{27}$ $54<^{3}_{18}$ $54<^{6}_{9}$,
1, 2, 3, 6, 9, 18, 27, 54
7 $64<^{1}_{64}$ $64<^{2}_{32}$ $64<^{4}_{16}$ $64<^{8}_{8}$,
1, 2, 4, 8, 16, 32, 64
8 $80<^{1}_{80}$ $80<^{2}_{40}$ $80<^{4}_{20}$ $80<^{5}_{16}$
$80<^{8}_{10}$, 1, 2, 4, 5, 8, 10, 16, 20, 40, 80
9 $88<^{1}_{88}$ $88<^{2}_{44}$ $88<^{4}_{22}$ $88<^{8}_{11}$,
1, 2, 4, 8, 11, 22, 44, 88
10 $92<^{1}_{92}$ $92<^{2}_{46}$ $92<^{4}_{23}$,
1, 2, 4, 23, 46, 92
11 $100<^{1}_{100}$ $100<^{2}_{50}$ $100<^{4}_{25}$ $100<^{5}_{20}$
$100<^{10}_{10}$, 1, 2, 4, 5, 10, 20, 25, 50, 100
12 $112<^{1}_{112}$ $112<^{2}_{56}$ $112<^{4}_{28}$ $112<^{7}_{16}$
$112<^{8}_{14}$, 1, 2, 4, 7, 8, 14, 16, 28, 56, 112
13 $120<^{1}_{120}$ $120<^{2}_{60}$ $120<^{3}_{40}$ $120<^{4}_{30}$
$120<^{5}_{24}$ $120<^{6}_{20}$ $120<^{8}_{15}$ $120<^{10}_{12}$,
1, 2, 3, 4, 5, 6, 8, 10, 12, 15, 20, 24, 30, 40, 60, 120
14 $125<^{1}_{125}$ $125<^{5}_{25}$, 1, 5, 25, 125
15 $162<^{1}_{162}$ $162<^{2}_{81}$ $162<^{3}_{54}$ $162<^{6}_{27}$
$162<^{9}_{18}$, 1, 2, 3, 6, 9, 18, 27, 54, 81, 162
16 $175<^{1}_{175}$ $175<^{5}_{35}$ $175<^{7}_{25}$,
1, 5, 7, 25, 35, 175
17 (✎9, 3)
18 인수: 1, 13, 소인수: 13
19 인수: 1, 3, 5, 15, 소인수: 3, 5
20 인수: 1, 3, 7, 21, 소인수: 3, 7
21 인수: 1, 3, 9, 27, 소인수: 3
22 인수: 1, 2, 4, 7, 14, 28, 소인수: 2, 7
23 인수: 1, 2, 3, 4, 6, 9, 12, 18, 36, 소인수: 2, 3
24 인수: 1, 3, 5, 9, 15, 45, 소인수: 3, 5
25 인수: 1, 2, 5, 10, 25, 50, 소인수: 2, 5
26 인수: 1, 2, 4, 13, 26, 52, 소인수: 2, 13
27 인수: 1, 2, 3, 4, 6, 8, 9, 12, 18, 24, 36, 72,
소인수: 2, 3
28 인수: 1, 2, 3, 4, 6, 7, 12, 14, 21, 28, 42, 84
소인수: 2, 3, 7
29 인수: 1, 2, 43, 86, 소인수: 2, 43
30 인수: 1, 3, 29, 87, 소인수: 3, 29
31 인수: 1, 2, 3, 5, 6, 9, 10, 15, 18, 30, 45, 90
소인수: 2, 3, 5
32 인수: 1, 3, 31, 93, 소인수: 3, 31
33 인수: 1, 101, 소인수: 101
34 인수: 1, 11, 121, 소인수: 11
35 인수: 1, 2, 4, 5, 7, 10, 14, 20, 28, 35, 70, 140
소인수: 2, 5, 7
36 ④

04 소인수분해 18쪽

원리확인 ❶ 24, 12, 6, 3 ❷ 30, 15, 5

1 (✎5) 2 3, 7 3 2 4 2, 3, 5
5 2, 5 6 2, 11 7 3, 5, 7 ☺ 소인수
8 (✎2) 9 $2^2\times7$ 10 $2^2\times3^2$ 11 $2^3\times5$
12 3×5^2 13 $3^2\times11$ 14 $2\times3\times5^2$
15 5×7^2 16 $5^2\times13$ 17 $3^4\times5$

05 소인수분해하는 방법 20쪽

1 (✎$2^2\times3$) 2 10, 5, $2^2\times5$
3 15, 5, $3^2\times5$ 4 36, 18, 9, 3, $2^3\times3^2$
5 45, 15, 5, $3^3\times5$ 6 $2\times3\times5$
7 3×11 8 $2^4\times3$
9 $2^2\times13$ 10 5×13
11 4, 2, 2^3 12 18, 9, 3, $2^2\times3^2$
13 45, 3, 5, $2\times3^2\times5$
14 66, 2, 11, $2^2\times3\times11$
15 105, 3, 7, $2\times3\times5\times7$
16 3^3 17 3×17
18 $3^2\times7$ 19 $2^2\times5\times7$
20 $2\times7\times13$
21 2) 16
2) 8
$\boxed{2}$) $\boxed{4}$
$\boxed{2}$, 2^4
22 2) 102
3) $\boxed{51}$
$\boxed{17}$, $2\times3\times17$
23 2) 156
2) $\boxed{78}$
$\boxed{3}$) $\boxed{39}$
$\boxed{13}$, $2^2\times3\times13$
24 $\boxed{3}$) 225
$\boxed{3}$) $\boxed{75}$
$\boxed{5}$) $\boxed{25}$
$\boxed{5}$, $3^2\times5^2$
25 $\boxed{3}$) 525
$\boxed{5}$) $\boxed{175}$
$\boxed{5}$) $\boxed{35}$
$\boxed{7}$, $3\times5^2\times7$
26 $2\times3\times5^2$ 27 $2^3\times3\times7$
28 $2^2\times3^2\times5$ 29 $2^4\times3\times5$
30 $3^3\times5^2$ 31 ⑤
32 2×29, 소인수: 2, 29
33 $2\times3\times11$, 소인수: 2, 3, 11
34 7×13, 소인수: 7, 13

40 $-\frac{7}{2}$ 41 $-\frac{1}{4}$ 42 -0.12 43 -18
44 $-\frac{27}{20}$ 45 $-\frac{21}{10}$ 46 $-\frac{10}{9}$ 47 $-\frac{24}{5}$
48 $-\frac{5}{6}$ 49 $-\frac{8}{3}$ 50 $-\frac{81}{8}$ 51 -14.5
52 -2.25 53 $-\frac{4}{5}$ 54 ①

03 곱셈의 계산 법칙 128쪽

원리확인 ❶ $+2, -4, -4, -4, -24$, 교환, 결합
❷ $-2, +\frac{2}{3}, +\frac{2}{3}, +\frac{2}{3}, +8$, 교환, 결합

1 -42 2 $+64$ 3 $+30$ 4 -60
5 -60 6 -210 7 $-\frac{4}{9}$ 8 $+\frac{4}{5}$
9 $+\frac{1}{4}$ 10 $+\frac{11}{5}$ 11 $+\frac{27}{8}$ 12 $-\frac{12}{5}$
13 -24 14 -1.8 15 -3 16 $-\frac{9}{7}$
17 ④

04 세 수 이상의 곱셈 130쪽

원리확인 ❶ $+$, $+24$ ❷ $-$, -180

1 -60 2 $+90$ 3 $+30$ 4 $+210$
5 -240 6 $+60$ 7 $+\frac{3}{8}$ 8 -9
9 $-\frac{10}{3}$ 10 -18 11 $+\frac{7}{3}$ ☺ $+$, $-$
12 (1) (✎ -5, $+\frac{1}{3}$) (2) (✎ -5, $+$, 5, $+30$)
13 (1) $+2, -2, -3$ / $-2, +4, -3$ (2) $+24$
14 (1) $-\frac{2}{9}, -12, +\frac{15}{2}$ / $-\frac{2}{9}, -12, +\frac{3}{4}$
(2) $+20$
15 ②

05 거듭제곱의 계산 132쪽

원리확인 ❶ $+16$ ❷ $+16$ ❸ -16 ❹ -16

1 $+27$ 2 $+32$ 3 $+81$ 4 1
5 -36 6 -32 7 $+\frac{1}{27}$ 8 $+\frac{4}{9}$
9 $-\frac{1}{64}$ ☺ $-$ 10 $+9$ 11 -32
12 -4 13 $+32$ 14 -1 15 $-\frac{1}{64}$
16 $-\frac{4}{25}$ 17 $+\frac{1}{128}$ ☺ $-$, $+$ 18 -72
19 -36 20 $+25$ 21 $+\frac{1}{4}$ 22 $-\frac{1}{6}$
23 $-\frac{3}{80}$ 24 $+\frac{3}{64}$ 25 ④

06 분배법칙 134쪽

원리확인 ❶ 10, 6, 16 ❷ 5, 3, 10, 6, 4
❸ 12, 4, 16 ❹ 6, 2, 12, 4, 8

1 (✎22) 2 8 3 -6 4 -54
5 -16 6 12 7 2 8 5
9 (✎12) 10 -8 11 -1 12 -1.2
13 -48 14 -19 15 $\frac{89}{40}$ 16 ③
17 (✎13, 30, 60) 18 500 19 60
20 12 21 -23 22 $\frac{22}{3}$ 23 -5
24 ②

07 부호가 같은 두 수의 나눗셈 136쪽

원리확인 ❶ $+3$ ❷ $+3$

1 (✎$+$, $+2$) 2 $+2$ 3 $+4$
4 $+2$ 5 $+1$ 6 $+5$ 7 $+2$
8 $+0.8$ 9 $+8$ 10 (✎$+$, $+3$)
11 $+5$ 12 $+3$ 13 $+7$ 14 $+5$
15 $+5$ 16 $+0.9$ 17 $+25$ 18 $+25$
☺ $+$, $+$ 19 $+3$ 20 $+20$ 21 $+33$
22 $+1.4$ 23 $+20$ 24 $+10$

08 부호가 다른 두 수의 나눗셈 138쪽

원리확인 ❶ -3 ❷ -3

1 (✎$-$, -2) 2 -5 3 -10
4 -21 5 -3 6 -5 7 -1.7
8 -4.5 9 -26 10 (✎$-$, -9)
11 -2 12 -4 13 -14 14 -33
15 -7 16 -10 17 -0.8 18 -9
☺ $-$, $-$ 19 -3 20 $+2$ 21 -6
22 -50 23 -30 24 $+7$

09 역수 140쪽

원리확인 ❶ $1, 3, \frac{1}{3}$ ❷ $1, \frac{2}{5}, \frac{5}{2}$
❸ $1, -3, -\frac{1}{3}$ ❹ $1, -\frac{2}{5}, -\frac{5}{2}$

1 $\frac{2}{7}$ 2 $\frac{9}{4}$ 3 11 4 $\frac{15}{17}$
5 $-\frac{3}{11}$ 6 $-\frac{24}{19}$ 7 -10 8 $-\frac{36}{79}$
9 $\frac{1}{5}$ 10 $\frac{1}{19}$ 11 $-\frac{1}{7}$ 12 $-\frac{1}{52}$
13 $\frac{2}{3}$ 14 $\frac{3}{10}$ 15 $-\frac{3}{16}$ 16 $-\frac{9}{20}$
17 $\frac{10}{7}$ 18 $\frac{5}{6}$ 19 $-\frac{5}{6}$ 20 $-\frac{5}{24}$
21 $\frac{4}{5}$ ☺ 역수 22 ⑤

10 역수를 이용한 수의 나눗셈 142쪽

원리확인 ❶ $-\frac{1}{15}, \frac{1}{15}, -\frac{1}{3}$ ❷ $-\frac{1}{6}, \frac{1}{6}, +\frac{2}{7}$
❸ $-\frac{11}{12}, \frac{8}{3}, \frac{11}{12}, -\frac{22}{9}$

1 (✎$+3$) 2 $+\frac{1}{2}$ 3 $+\frac{1}{4}$ 4 $+\frac{1}{5}$
5 (✎ $-\frac{1}{2}$) 6 -1 7 $-\frac{2}{5}$ 8 $-\frac{1}{7}$
9 $+\frac{1}{16}$ 10 $+14$ 11 $+12$ 12 $+\frac{8}{13}$
13 -1 14 $-\frac{8}{5}$ 15 $-\frac{14}{9}$ 16 $-\frac{1}{25}$
17 $-\frac{13}{5}$ 18 $+\frac{3}{50}$ 19 $+\frac{5}{3}$ 20 $+2$
21 $+\frac{1}{5}$ 22 -1 23 $-\frac{5}{6}$ 24 $-\frac{9}{8}$
25 $-\frac{7}{20}$ 26 $\frac{2}{3}$ 27 $-\frac{1}{5}$ 28 $-\frac{3}{5}$
29 $-\frac{15}{2}$ 30 ① 31 $+20$ 32 $+14$
33 $-\frac{3}{7}$ 34 $-\frac{5}{8}$ 35 -1.2 36 $+2.4$
37 $+2$ 38 -9 39 $+12$ 40 $-\frac{10}{27}$
41 $-\frac{10}{21}$ 42 $+12$ 43 ③

11 곱셈과 나눗셈의 혼합 계산 146쪽

원리확인 ❶ $-\frac{1}{2}$, $-$, $\frac{1}{2}$, $-$, 1
❷ -8, $-\frac{1}{8}$, $-$, $\frac{1}{8}$, $-$, $\frac{9}{4}$

1 $+\frac{35}{2}$ 2 -25 3 -2 4 -4
5 $+\frac{9}{2}$ 6 $-\frac{5}{3}$ 7 -6 8 $+\frac{4}{81}$
9 $-\frac{9}{2}$ 10 -5 11 $-\frac{3}{20}$ 12 $-\frac{10}{81}$
13 $+1$ 14 $-\frac{36}{25}$ 15 $+\frac{15}{2}$ 16 $+112$
17 $-\frac{16}{3}$ 18 -1 19 -54 20 $+\frac{6}{25}$
21 $+12$ 22 $-\frac{15}{34}$ 23 -25

12 덧셈, 뺄셈, 곱셈, 나눗셈의 혼합 계산 148쪽

원리확인 ❶ 4, 6, 3 ❷ 2, 4, 7, 5, 3

1 5 2 -6 3 4 4 5
5 6 6 -16 7 $\frac{24}{5}$ 8 17
9 ㉢, ㉡, ㉣, ㉠
10 ㉡, ㉣, ㉢, ㉠
11 ㉣, ㉢, ㉡, ㉠, ㉤
12 ㉠, ㉡, ㉢, ㉣, ㉤
13 ㉣, ㉤, ㉥, ㉦, ㉢, ㉡, ㉠ 14 -3
15 -210 16 $-\frac{26}{5}$ 17 400 18 5
19 $-\frac{17}{5}$

TEST 5. 정수와 유리수의 곱셈과 나눗셈 150쪽

1 ④ 2 ㉠ 교환, ㉡ 결합, ㉢ -3, ㉣ $+\frac{3}{2}$
3 ② 4 $-\frac{4}{3}$ 5 -1 6 ③

대단원 TEST Ⅱ. 정수와 유리수 151쪽

1 ③ 2 ① 3 ② 4 ⑤
5 ④ 6 $-\frac{1}{6}$ 7 ⑤ 8 ③
9 ⑤ 10 ① 11 -5 12 ②
13 -6 14 ④ 15 ②

35 $2^5\times3$, 소인수: 2, 3

36 $3\times5\times7$, 소인수: 3, 5, 7

37 $2^3\times3\times5$, 소인수: 2, 3, 5

38 $2^2\times3\times11$, 소인수: 2, 3, 11

39 $2^4\times3^2$, 소인수: 2, 3

40 $3^2\times17$, 소인수: 3, 17

41 $2\times3\times29$, 소인수: 2, 3, 29

42 $2^2\times5\times11$, 소인수: 2, 5, 11

43 $2\times3^3\times5$, 소인수: 2, 3, 5

44 ②, ③

06 제곱인 수 26쪽

1 ○ 2 × 3 ○ 4 ×

5 ○ 6 × 7 × 8 ○

9 ○ 10 ○ 11 ○ 12 (✐2)

13 6 14 21 15 6 16 2

17 14 18 ③ 19 (✐2) 20 6

21 21 22 6 23 2 24 14

25 ③

07 소인수분해와 약수 28쪽

1 3, 3 2 4, 4 3 5, 5 4 6, 6

5 7, 7 6 4, 4 ☺ n, n

7

×	1	3
1	1	3
5	5	3×5

, 15

8

×	1	2
1	1	2
3	3	2×3
3^2	3^2	2×3^2

, 18

9

×	1	3	3^2
1	1	3	3^2
7	7	3×7	$3^2\times7$

, 63

10

×	1	2
1	1	2
7	7	2×7
7^2	7^2	2×7^2

, 98

11

×	1	2	2^2
1	1	2	2^2
5	5	2×5	$2^2\times5$
5^2	5^2	2×5^2	$2^2\times5^2$

, 100

12

×	1	2	2^2	2^3	2^4
1	1	2	2^2	2^3	2^4
3	3	2×3	$2^2\times3$	$2^3\times3$	$2^4\times3$
3^2	3^2	2×3^2	$2^2\times3^2$	$2^3\times3^2$	$2^4\times3^2$

, 144

13

×	1	5	5^2
1	1	5	5^2
13	13	5×13	$5^2\times13$

, 325

14

×	1	2	2^2	2^3	2^4
1	1	2	2^2	2^3	2^4
5	5	2×5	$2^2\times5$	$2^3\times5$	$2^4\times5$
5^2	5^2	2×5^2	$2^2\times5^2$	$2^3\times5^2$	$2^4\times5^2$

, 400

15 1, 2, 5, 2×5

16 1, 2, 3, 2×3, 3^2, 2×3^2

17 1, 2, 3, 2^2, 2×3, 2^3, $2^2\times3$, $2^3\times3$

18 1, 61 19 1, 2, 37, 2×37

20 1, 3, 3^2, 11, 3^3, 3×11, $3^2\times11$, $3^3\times11$

21 1, 3, 7, 3^2, 3×7, 7^2, $3^2\times7$, 3×7^2, $3^2\times7^2$

22 ㄱ, ㄴ, ㄷ, ㄹ, ㅁ, ㅂ 23 ㄱ, ㄴ, ㄷ, ㄹ, ㅁ

24 ㄱ, ㄹ, ㅁ 25 ㄱ, ㄴ, ㄷ, ㄹ, ㅁ

26 ④ 27 3 28 6 29 8

30 35 31 24 32 20 33 6

34 6 35 8 36 18 37 36

38 6 39 4 40 8 41 3

42 8 43 16 44 6 45 18

46 24 47 5 48 8 49 12

☺ 1 50 ③

TEST 1. 소인수분해 33쪽

1 ⑤ 2 ㄱ, ㄷ, ㄹ 3 ③

4 ② 5 3 6 ㄴ, ㄷ, ㄹ

2 최대공약수와 최소공배수

01 공약수와 최대공약수 36쪽

원리확인 ❶ 4 ❷ 1, 2, 4 ❸ 4

1 (1) 1, 2, 4, 8 (2) 1, 2, 3, 4, 6, 12

(3) 1, 2, 4 (4) 4 (5) 1, 2, 4

2 (1) 1, 2, 4, 8, 16 (2) 1, 2, 3, 4, 6, 8, 12, 24

(3) 1, 2, 4, 8 (4) 8 (5) 1, 2, 4, 8

3 (✐3) 4 1, 3 5 1 6 1

7 1, 2, 4 8 1, 7 9 1, 2, 3, 4, 6, 12

10 1, 2, 3, 6, 9, 18 11 1, 3, 5, 15

12 1, 2, 3, 6, 9, 18 13 1, 3, 5, 9, 15, 45

14 (✐1, 6) 15 8 16 9 17 4

18 6 19 ④ 20 ○ 21 ×

22 ○ 23 × 24 ○ 25 ×

26 ○ 27 × ☺ 1, 서로소

28

①	2	③	4	⑤	6	⑦	8	⑨	10
⑪	12	⑬	14	⑮	16	⑰	18	⑲	20

☺ 2

29

②	③	⑤	⑦	11	⑬	⑰	⑲	㉓	㉙
㉛	㊲	㊶	㊸	㊼	51	53	57	61	67

☺ 1

30

①	3	5	⑦	9	⑪	⑬	15	⑰	⑲
21	㉓	25	27	㉙	㉛	33	35	㊲	39

☺ 1, 7, 11, 13, 17, 19, 23, 29, 31, 37

31

①	2	3	4	⑤	6	⑦	8	9	10
⑪	12	⑬	14	15	16	⑰	18	⑲	20

32 ○ 33 × 34 × 35 ○

36 × 37 ④

02 소인수분해를 이용한 최대공약수 40쪽

원리확인 ❶ 2, 2, 5, 20 ❷ 2^2, 5, 20

1 (✐2^2) 2 2×5 3 2×3 4 $2\times3\times5$

5 2×3 6 $2\times3\times7$ 7 (✐2^2) 8 2^2

9 2^2 10 2×3 11 $2^2\times3$ 12 $2^2\times5$

13 $2^2\times5^2$ 14 3×7 15 $2^2\times3$ 16 $2^2\times3$

17 $2^2\times3^2\times5$ 18 2 19 9

20 3 21 2 22 4 23 4

24 3 25 13 26 3 27 32

28 6 29 14 30 9 31 24

32 18 33 6 34 18 35 18

36 15 37 25 38 12 39 ⑤

03 나눗셈을 이용한 최대공약수 44쪽

원리확인 ❶ 2, 2, 4 ❷ 2, 2, 3, 12

1 4 2 2 3 7 4 16

5 24 6 5 7 6 8 6

9 4 10 6 11 9 12 12

13 (1) 최대공약수: 16 (2) 공약수: 1, 2, 4, 8, 16

14 (1) 최대공약수: 2 (2) 공약수: 1, 2

15 (1) 최대공약수: 15 (2) 공약수: 1, 3, 5, 15

16 (1) 최대공약수: 6 (2) 공약수: 1, 2, 3, 6

17 ①, ④

04 공배수와 최소공배수 46쪽

원리확인 ❶ 12 ❷ 12, 24, 36 ❸ 12

1 (1) 6, 12, 18, 24, 30, ⋯

(2) 8, 16, 24, 32, 40, ⋯

(3) 24, 48, 72, ⋯

(4) 24 (5) 24, 48, 72, ⋯

2 (1) 5, 10, 15, 20, 25, ⋯

(2) 10, 20, 30, 40, 50, ⋯

(3) 10, 20, 30, ⋯

(4) 10 (5) 10, 20, 30, ⋯

3 (✐18) 4 10, 20, 30 5 11, 22, 33

6 15, 30, 45 7 32, 64, 96 8 ③

9 (✐21) 10 35 11 143

12 703 13 943 ☺ B

14 ②

05 소인수분해를 이용한 최소공배수 48쪽

원리확인 ❶ 2, 2, 3, 3, 36 ❷ 2^2, 3, 5, 60

1 (✐2) 2 $2^2\times3$ 3 $2\times3\times5$

4 $2\times3\times5^2$ 5 $2^2\times3^2$ 6 $2^2\times3\times7$

7 (✐2^3) 8 $2^2\times3^2$ 9 $2^2\times3^3$

10 $2^3\times3\times5$ 11 $2\times3\times5^2$ 12 $2\times3^2\times5$

13 $2^2\times3^2\times5^2$ 14 $2^2\times3\times5\times7$

15 $2^3\times3^2\times5\times7$ 16 $2^2\times3^2\times5\times7$

17 $2^3\times3^2\times5\times7^2$ 18 $2^4\times3^3\times5\times7$

19 20 20 16 21 30 22 21

23 72 24 60 25 70 26 84

27 210 28 126 29 36 30 105

31 48 32 80 33 72 34 120

35 315 36 176 37 168 38 20

39 714 40 504 41 ③

82 +3　83 −3　84 $+\frac{3}{10}$　85 $+\frac{1}{3}$

86 ③

03 덧셈에 대한 계산 법칙 102쪽

원리확인 ❶ 교환, 결합 ❷ 교환, 결합

1 +3, −7, −7, −7, +5

2 $+\frac{6}{5}$, −3, $+\frac{9}{5}$, $+\frac{6}{5}$, +3, 0

3 −2, $+\frac{1}{2}$, $+\frac{1}{2}$, $+\frac{1}{2}$, $-\frac{13}{2}$

4 −5, +4, −5, +4, −7, +7, 0

5 +6　6 −16　7 $+\frac{4}{9}$　8 $-\frac{1}{3}$

9 +5.7　10 −5　11 $+\frac{19}{6}$　12 −3

13 −1　14 −5　15 +2　16 $+\frac{5}{3}$

04 두 수의 뺄셈 104쪽

원리확인 ❶ +, −, +, 7 ❷ +, +, +, 17

❸ +, −, +, −, 17 ❹ +, +, −, −, 7

❺ +, −, −, −, +, $\frac{1}{6}$

❻ +, +, +, +, +, $\frac{5}{6}$

❼ +, −, −, +, −, +, −, $\frac{5}{6}$

❽ +, +, −, −, −, −, −, $\frac{1}{6}$

1 (✎+3)　2 −2　3 −1　4 +1

5 −1　6 +5　7 +5　8 −6

9 +20　☺ −　10 (✎+9)　11 +11

12 +9　13 +14　14 +20　15 +29

16 +30　17 +35　18 +53　☺ 양수, +

19 (✎−8)　20 −9　21 −11　22 −10

23 −15　24 −20　25 −29　26 −25

27 −59　☺ 음수, −　28 (✎+4)　29 −6

30 −8　31 0　32 +9　33 +11

34 +14　35 −14　36 +51　☺ 양수, −

37 $\left(✎-\frac{1}{2}\right)$　38 $+\frac{1}{2}$　39 $+\frac{1}{7}$

40 $+\frac{1}{4}$　41 $-\frac{5}{9}$　42 $+\frac{11}{36}$　43 +4.6

44 $-\frac{4}{5}$　45 +1　46 (✎+2)　47 +2

48 $+\frac{20}{7}$　49 $+\frac{41}{12}$　50 $+\frac{27}{4}$　51 +1.7

52 +8.1　53 $+\frac{79}{10}$　54 $+\frac{61}{15}$　55 (✎−4)

56 $-\frac{7}{10}$　57 $-\frac{4}{15}$　58 $-\frac{17}{16}$　59 $-\frac{11}{2}$

60 −3.7　61 −16.2　62 $-\frac{77}{20}$

63 $\left(✎-\frac{7}{3}\right)$　64 −1　65 $+\frac{27}{20}$

66 −6.8　67 $+\frac{36}{19}$　68 0　69 +3.4

☺ 0, $+a$　70 ②　71 (✎+, +3)

72 +7　73 −1.5　74 +8.7　75 $+\frac{20}{3}$

76 $+\frac{21}{5}$　77 $+\frac{9}{5}$　78 (✎−, −10)

79 +3　80 −50　81 −4.3　82 $-\frac{37}{28}$

83 $-\frac{5}{4}$　84 ②

05 덧셈과 뺄셈의 혼합 계산 110쪽

원리확인 ❶ +, +, +3, +5, −6, −1

❷ +, +, +, +, +, +6, −5, +1

1 +8　2 +13　3 −14　4 −23

5 +11　6 −1　7 +12　8 $-\frac{1}{5}$

9 $+\frac{2}{3}$　10 $+\frac{1}{6}$　11 $-\frac{13}{42}$　12 $+\frac{68}{45}$

13 −0.3　14 −8.6　15 $+\frac{29}{35}$　16 $+\frac{29}{15}$

17 +2　18 $+\frac{1}{9}$　19 −6.4　20 −8

21 $+\frac{29}{6}$

06 부호가 생략된 수의 계산 112쪽

원리확인 ❶ +4, +1 ❷ +8, −8, −3

❸ +4, −4, −4, −4, +6

1 +4　2 −19　3 −11　4 −12

5 +1　6 $-\frac{5}{6}$　7 +2.1　8 −1

9 −5　10 −8　11 −1　12 −11

13 0　14 −1　15 $-\frac{3}{7}$　16 −1

17 $-\frac{7}{12}$　18 +4　19 −5.5　20 +2.6

21 +2.6

07 덧셈과 뺄셈 사이의 관계 114쪽

원리확인 ❶ −, − ❷ −, − ❸ +, −

❹ +, −

1 +3　2 +5　3 $+\frac{2}{5}$　4 −3

5 −3　6 −1　7 +12　8 +24

9 $+\frac{6}{5}$　10 −7　11 −8　12 −5

13 +4　14 +6　15 +3　16 −2

17 −2　18 +7　19 +10　20 +14

21 +11　22 +0.7　23 $-\frac{5}{13}$　24 ④

08 절댓값이 주어진 두 수의 덧셈과 뺄셈 116쪽

1 (1)

+	+4	−4
+3	+7	−1
−3	+1	−7

(2) +7 (3) −7

2 (1)

+	+5	−5
+9	+14	+4
−9	−4	−14

(2) +14 (3) −14

3 (1)

−	+6	−6
+5	+1	−11
−5	+11	−1

(2) +11 (3) −11

4 (1)

−	+10	−10
+7	+3	−17
−7	+17	−3

(2) +17 (3) −17

☺ 양수, 음수

TEST 4. 정수와 유리수의 덧셈과 뺄셈 117쪽

1 ③　2 ㉠, ㉡　3 ④　4 +

5 ④　6 ①

5 정수와 유리수의 곱셈과 나눗셈

01 부호가 같은 두 수의 곱셈 120쪽

원리확인 ❶ +1 ❷ +2 ❸ +3 ❹ +1

❺ +2 ❻ +3 ☺ 오른, 오른

1 (✎+, +6)　2 +12　3 +12

4 +10　5 +20　6 +30　7 +42

8 +40　9 +81　10 +50　11 +66

12 +72　13 +45　14 +64　15 0

16 +306　17 +96　18 +120　☺ +

19 (✎+, +6)　20 +15　21 +24

22 +24　23 +63　24 +64　25 +54

26 +120　27 +88　28 +84　29 +65

30 +156　31 +28　32 0　33 +64

34 +54　35 +125　36 +320　☺ +

37 $\left(✎+, +\frac{7}{10}\right)$　38 +6　39 +25

40 $+\frac{33}{40}$　41 $+\frac{3}{40}$　42 +0.25　43 +4.5

44 $+\frac{9}{5}$　45 $+\frac{16}{15}$　46 $\left(✎+, +\frac{8}{21}\right)$

47 $+\frac{8}{21}$　48 +4　49 $+\frac{13}{4}$　50 $+\frac{5}{2}$

51 +3.09　52 $+\frac{8}{25}$　53 $+\frac{5}{2}$　54 ④

02 부호가 다른 두 수의 곱셈 124쪽

원리확인 ❶ −1 ❷ −2 ❸ −3 ❹ −1

❺ −2 ❻ −3 ☺ 왼, 왼

1 (✎−, −6)　2 −40　3 −36

4 −21　5 −56　6 −108　7 −60

8 −105　9 −120　10 −10　11 −132

12 −144　13 −75　14 −64　15 −150

16 −108　17 −189　18 −750　☺ −

19 (✎−, −6)　20 −15　21 −30

22 −48　23 −63　24 −64　25 −99

26 −150　27 −60　28 −96　29 −84

30 −195　31 −128　32 0　☺ 0

33 −225　34 −60　35 −560　36 −504

☺ −　37 $-\frac{21}{20}$　38 −3　39 $-\frac{23}{25}$

06 나눗셈을 이용한 최소공배수 52쪽

원리확인 ❶ 2, 2, 5, 8, 160

❷ 3, 2, 2, 2, 3, 2, 3, 2, 72

1 24　2 24　3 60　4 36
5 120　6 224　7 120　8 210
9 96　10 135　11 360　12 600
13 (1) 최소공배수: $2^2 \times 5 = 20$
(2) 공배수: 20, 40, 60
14 (1) 최소공배수: $3^2 \times 7 = 63$
(2) 공배수: 63, 126, 189
15 (1) 최소공배수: $3 \times 5 \times 8 = 120$
(2) 공배수: 120, 240, 360
16 (1) 최소공배수: $2^3 \times 3^2 = 72$
(2) 공배수: 72, 144, 216
17 ④

07 최대공약수와 최소공배수의 관계 54쪽

원리확인 ❶ (1) 2, 5 (2) 60
❷ (1) 3, 4 (2) 3, 3, 3, 108

1 (✎4, 6)　2 12, 15　3 20, 30　4 12, 20
5 6, 9　☺ G, G　6 (✎140)　7 384
8 1000　9 2160　10 600　☺ L
11 72　12 96　13 216　14 294
15 486　16 ②

08 최대공약수의 응용 56쪽

1 (1) 20 (2) 30 (3) 공약수 (4) 최대공약수, 10
2 6　3 4
4 (1) 1 (2) 1 (3) 1, 1 (4) 1, 1, 최대공약수, 10
5 8　6 35
7 (1) 12, 15 (2) 최대공약수, 3
8 6　9 6

09 최소공배수의 응용 58쪽

1 (1) 6 (2) 8 (3) 공배수 (4) 최소공배수, 24
2 60　3 72
4 (1) 1 (2) 1 (3) 1 (4) 1 (5) 1, 7
5 36　6 37
7 (1) 3, 5 (2) 최소공배수, 15
8 12　9 150
10 (1) 12, 공배수 (2) 12, 최소공배수, 36
11 45　12 120
13 (1) 16, 공배수 (2) 15, 공약수
(3) 16, 최소공배수, 48, 15, 최대공약수, 5, $\frac{48}{5}$
14 $\frac{105}{4}$　15 $\frac{63}{2}$

TEST 2. 최대공약수와 최소공배수 61쪽

1 ③　2 ④　3 ②, ⑤　4 ②
5 ④　6 ②　7 $\frac{140}{3}$

대단원 TEST I. 소인수분해 62쪽

1 ②, ④　2 ⑤　3 2　4 ③
5 ④　6 60　7 ①　8 ②
9 6　10 ④　11 ②　12 ③
13 ②　14 ⑤　15 ①

3 정수와 유리수

01 양의 부호와 음의 부호 68쪽

원리확인 ❶ +, −　❷ +, −　❸ +, −

1 (✎−)　2 +2, −5
3 +300, −200　4 +25, −40
5 +25, −5　6 +200, −300
7 (✎+)　8 −3, 음　9 +10, 양
10 −25, 음　11 $+\frac{1}{3}$, 양　12 $-\frac{3}{4}$, 음
13 +2.5, 양　14 −4.8, 음
15 (1) +2, +2.3, +0.3 (2) $-\frac{1}{5}$, −7 (3) 0
☺ 0, 0, 0

02 정수 70쪽

원리확인 ❶ +1, −1　❷ +4, −4
❸ +11, −11

1 2, +4, 7　2 20, 4
3 50, +19　4 −9, −7, −12
5 −4, −7　6 −3, −42
7 (1) +5, +7 (2) +5, +7 (3) −10, −3, −9
(4) −10, 0, −3, −9

8

수	3	$+\frac{4}{2}$	0	−1	$-\frac{12}{3}$
양의 정수 (자연수)	○	○	×	×	×
음의 정수	×	×	×	○	○
정수	○	○	○	○	○

☺ 0　9 $-\frac{10}{5}$, $+\frac{24}{12}$, $\frac{48}{8}$
10 0, $+\frac{81}{3}$, $-\frac{52}{13}$, $\frac{8}{8}$　11 $-\frac{5}{5}$, $-\frac{125}{5}$, $-\frac{33}{11}$
12 ③

03 유리수 72쪽

원리확인 ❶ $+\frac{5}{3}$, $-\frac{3}{5}$　❷ +4, $-\frac{1}{4}$

1 (1) +7, +1.2, $\frac{6}{3}$, 15, $+\frac{9}{5}$
(2) −2.7, $-\frac{5}{7}$, $-\frac{3}{3}$, −4 (3) +7, $\frac{6}{3}$, 15
(4) $-\frac{3}{3}$, −4 (5) +7, 0, $\frac{6}{3}$, 15, $-\frac{3}{3}$, −4
(6) −2.7, $-\frac{5}{7}$, +1.2, $+\frac{9}{5}$ (7) 0

2

수	0	$+\frac{4}{3}$	−3.2	2	$-\frac{12}{13}$
양수	×	○	×	○	×
음수	×	×	○	×	○
정수	○	×	×	○	×
정수가 아닌 유리수	×	○	○	×	○

☺ 정수
3 (1) ㄴ, ㅂ (2) ㄱ, ㅂ (3) ㄱ, ㄷ, ㅁ
(4) ㅅ (5) ㄴ, ㄹ
4 ×　5 ○
6 ○　7 ○
8 ×　9 ○
10 ×　11 ②, ③

04 수직선 74쪽

원리확인 ❶ 0　❷ −4, +2　❸ $-\frac{3}{2}$, $+\frac{1}{2}$
❹ $-\frac{2}{3}$, $+\frac{2}{3}$　☺ 0

1 A: −1, B: +2
2 A: −3, B: +3
3 A: −1, B: 0
4 A: −2, B: +3
5 A: −3, B: 0, C: +3
6 A: −2, B: +1, C: +4
7 ③
8 A: $-\frac{1}{2}$, B: $+\frac{1}{2}$
9 A: $-1\frac{1}{2}=-\frac{3}{2}$, B: $+1\frac{1}{2}=+\frac{3}{2}$
10 A: $+\frac{1}{3}$, B: $+\frac{2}{3}$
11 A: $-1\frac{1}{3}=-\frac{4}{3}$, B: $+1\frac{2}{3}=+\frac{5}{3}$
12 A: $+\frac{1}{4}$, B: $+\frac{3}{4}$
13 A: $-\frac{1}{2}$, B: $+\frac{1}{2}$
14 A: $-\frac{3}{4}$, B: $+1\frac{1}{2}=+\frac{3}{2}$
15 A: $-\frac{2}{3}$, B: $+2\frac{3}{4}=+\frac{11}{4}$
16 A B
−4 −3 −2 −1 0 +1 +2 +3 +4
17 A B
−4 −3 −2 −1 0 +1 +2 +3 +4
18 A B
−4 −3 −2 −1 0 +1 +2 +3 +4
19 ②

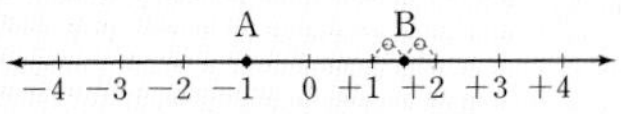

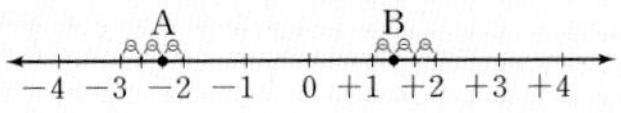

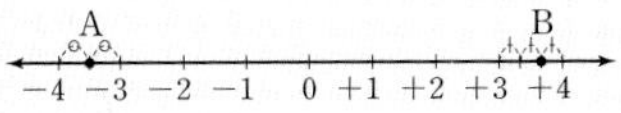

05 절댓값 76쪽

원리확인
❶ 원점
−4 −3 −2 −1 0 +1 +2 +3 +4, 1
❷ 원점
−4 −3 −2 −1 0 +1 +2 +3 +4, $\frac{5}{2}$
❸ 원점
−4 −3 −2 −1 0 +1 +2 +3 +4, 4

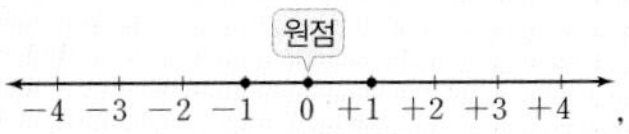

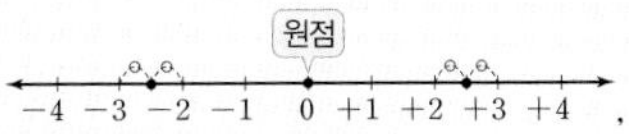

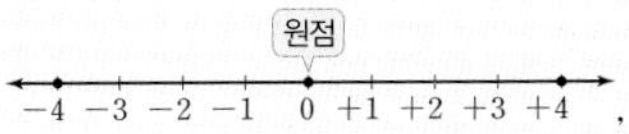

1 (✎2)　2 $|-5|=5$
3 $|+1|=1$　4 $|0|=0$
5 $|-2.8|=2.8$　6 $\left|+\frac{4}{9}\right|=\frac{4}{9}$
7 $|-49|=49$　8 $|+3.14|=3.14$
☺ 0, 0　9 ③　10 3　11 8
12 1.5　13 0　14 18　15 11.5

16 $\frac{5}{8}$　17 $\frac{4}{21}$　18 34.7　19 6
20 5　21 8　22 $\frac{7}{10}$　23 1
24 35　25 $\frac{3}{4}$　26 1
27 $-2,\ +1,\ -\frac{3}{4},\ +\frac{1}{3},\ 0$

06 절댓값의 성질　78쪽

원리확인 ❶ −3, +3, −3, +3, −3, +3, 6
❷ −15, +15, −15, +15, −15, +15, 30

1 (✐ −5, +5)　2 −9, +9
3 $-\frac{5}{17},\ +\frac{5}{17}$　4 0
5 −8.7, +8.7　6 +3
7 $-\frac{4}{7}$　☺ 0, $-a$
8 (✐ 0, −1)　9 −1, 0, 1
10 −2, −1, 0, 1, 2
11 −4, −3, −2, −1, 0, 1, 2, 3, 4
12 1, 2, 3, 4, 5　☺ 0, 0
13 ④　14 (✐ −1, +1)
15 −2, +2　16 −3, +3
17 −4, +4　18 −5, +5
19 −8, +8　20 ③

07 수의 대소 관계　80쪽

원리확인 ❶ 2, 1　❷ $\frac{3}{2},\ \frac{3}{2}$　❸ 5, 8

1 <　2 >　3 <　4 >
5 >　6 <　7 >　8 <
☺ <, <　9 <　10 <　11 >
12 >　13 >　14 >　15 >
16 >　☺ <　17 >　18 <
19 <　20 >　21 <　22 >
23 >　24 >　☺ 큰　25 >
26 <　27 <　28 >　29 >
30 <　31 >　32 >　33 <
34 >　35 <　36 <　37 >
38 <　39 >　40 >　☺ 큰
41 ⑤　42 $-2.1<0<+2$
43 $-30<29<31$　44 $-5<|+5|<6$
45 $-1<|-1.2|<2$　46 $-\frac{5}{14}<\frac{3}{28}<\frac{1}{7}$
47 $-2.5<-0.8<-\frac{2}{3}$
48 $0<|-0.1|<0.2$
49 $-\frac{5}{12}<\frac{5}{6}<0.9$
50 −7, −2, 1, 3, 6
51 $-14,\ -10,\ |-10|,\ 12,\ |-13|$
52 $-7.2,\ -3,\ 0,\ \frac{13}{4},\ 5$
53 $-3.7,\ -\frac{1}{3},\ \frac{3}{2},\ 2.5,\ 4$
54 $-9.2,\ -\left|\frac{8}{9}\right|,\ -\frac{7}{8},\ 0,\ |-6.3|$
55 ②

08 부등호의 사용　84쪽

1 >　2 >　3 <
4 <　5 ≥　6 ≥
7 ≥　8 ≤　9 ≤
10 ≤　11 <, <　12 ≤, ≤
☺ ≥, ≤　13 (✐ 4)
14 $x<10$　15 $x\geq-\frac{17}{20}$
16 $x\leq0.8$　17 $x>-17$
18 $x<\frac{5}{4}$　19 $x\geq-10$
20 $x\geq-\frac{2}{5}$　21 $x\leq0$
22 $|x|\leq3$　23 (✐ −3, 8)
24 $0<x<11$　25 $0<x\leq4$
26 $5\leq x<15$　27 $-2.5<x\leq2.5$
28 $-\frac{3}{4}\leq x\leq\frac{1}{3}$　29 $-\frac{7}{8}\leq x<2.5$
30 −3, −2, −1, 0　31 −3, −2, −1, 0, 1
32 0, 1, 2, 3　33 −2, −1, 0, 1, 2, 3
34 −1, 0, 1, 2
35 −3, −2, −1, 0, 1, 2, 3
36 1, 2, 3, 4, 5, 6, 7
37 −5, −4, −3, −2, −1, 0, 1
38 −4, −3, −2, −1, 0, 1
39 −3, −2, −1, 0
40 0
41 −4, −3, −2, −1, 0, 1, 2, 3, 4
42 −5, −4, −3, −2, −1, 0, 1, 2, 3, 4, 5
43 ②

TEST 3. 정수와 유리수　87쪽

1 ③　2 ④　3 ③　4 ⑤
5 11.5　6 8

4 정수와 유리수의 덧셈과 뺄셈

01 부호가 같은 두 수의 덧셈　90쪽

원리확인 ❶ +5　❷ +6　❸ +6　❹ −6
❺ −5　❻ −7　☺ 오른, 왼

1 (✐ +, +3)　2 +4　3 +7
4 +10　5 +11　6 +12　7 +12
8 +12　9 +12　10 +14　11 +16
12 +13　13 +24　14 +32　15 +40
16 +48　17 +50　18 +81
19 (✐ −, −4)　20 −5　21 −5
22 −9　23 −10　24 −8　25 −9
26 −17　27 −17　28 −25　29 −15
30 −20　31 −28　32 −36　33 −40
34 −50　35 −60　36 −106　☺ +, −
37 (✐ +, +1)　38 $+\frac{5}{7}$　39 $+\frac{5}{2}$
40 $+\frac{9}{5}$　41 $+\frac{10}{9}$　42 $\left(✐ +,\ +\frac{7}{6}\right)$
43 $+\frac{29}{28}$　44 $+\frac{71}{63}$　45 $+\frac{43}{60}$　46 $+\frac{19}{5}$
47 $+\frac{49}{11}$　48 $+\frac{75}{34}$　49 (✐ +, +, +3)
50 $+\frac{49}{60}$　51 $+\frac{53}{10}$　52 +4.8　53 +9.7
54 +17.6　55 $\left(✐ -,\ -\frac{2}{3}\right)$　56 $-\frac{3}{7}$
57 $-\frac{1}{2}$　58 $-\frac{1}{3}$　59 $-\frac{9}{4}$　60 $-\frac{7}{6}$
61 $-\frac{23}{12}$　62 $-\frac{25}{24}$　63 $-\frac{4}{3}$　64 $-\frac{6}{5}$
65 $-\frac{33}{13}$　66 $-\frac{53}{15}$　67 $-\frac{3}{2}$　68 $-\frac{64}{45}$
69 −5　70 −7.5　71 −5.5　72 ③
73 (✐ +, +9)　74 +9　75 +6
76 +10.3　77 $+\frac{5}{3}$　78 $+\frac{15}{4}$　79 $+\frac{14}{15}$
80 (✐ −, −7)　81 −12　82 −3
83 $-\frac{13}{6}$　84 $-\frac{17}{12}$　85 $-\frac{49}{20}$　86 $-\frac{15}{28}$

02 부호가 다른 두 수의 덧셈　96쪽

원리확인 ❶ +4　❷ 0　❸ −2　❹ −4
❺ 0　❻ +5　☺ 왼, 오른

1 (✐ +, +3)　2 +2　3 +1
4 0　5 +1　6 +5　7 +2
8 +9　9 +20　10 (✐ −, −5)
11 −4　12 −4　13 −6　14 −25
15 −9　16 −15　17 −12　18 −16
19 (✐ −, −3)　20 −2　21 −1
22 0　23 −1　24 −7　25 −13
26 −2　27 −29　28 (✐ +, +6)
29 +7　30 +8　31 +10　32 +11
33 +10　34 +7　35 +1　36 +8
☺ 큰　37 $\left(✐ +,\ +\frac{1}{2}\right)$　38 $+\frac{3}{7}$
39 $+\frac{1}{2}$　40 $+\frac{29}{60}$　41 $+\frac{1}{30}$　42 +2.1
43 +4.8　44 $+\frac{1}{5}$　45 $+\frac{37}{30}$
46 (✐ −, −1)　47 −1　48 $-\frac{3}{2}$
49 $-\frac{25}{12}$　50 $-\frac{9}{8}$　51 −2.7　52 −1.9
53 $-\frac{19}{15}$　54 $-\frac{61}{30}$　55 $\left(✐ -,\ -\frac{1}{2}\right)$
56 $-\frac{4}{9}$　57 $-\frac{11}{12}$　58 $-\frac{19}{16}$　59 $-\frac{35}{24}$
60 −2.4　61 −6.7　62 $-\frac{6}{5}$　63 $-\frac{17}{35}$
☺ 0, 0, 0　64 $\left(✐ +,\ +\frac{3}{2}\right)$　65 +2
66 +1　67 $+\frac{22}{15}$　68 +1　69 $+\frac{26}{9}$
70 0　71 −8.7　72 ④　73 (✐ +2)
74 −2　75 +3.9　76 −1.7　77 $-\frac{1}{4}$
78 $+\frac{1}{4}$　79 −0.3　80 (✐ +4)　81 −4

수학은 개념이다!

디딤돌의 중학 수학 시리즈는
여러분의 수학 자신감을 높여 줍니다.

개념 이해
디딤돌수학 개념연산

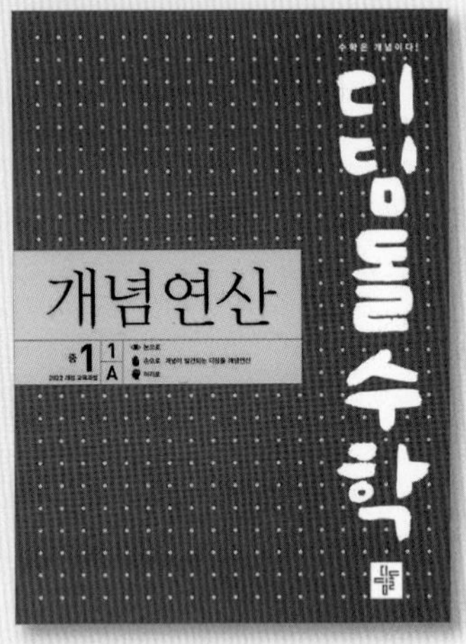

다양한 이미지와 단계별 접근을 통해
개념이 쉽게 이해되는 교재

개념 적용
디딤돌수학 개념기본

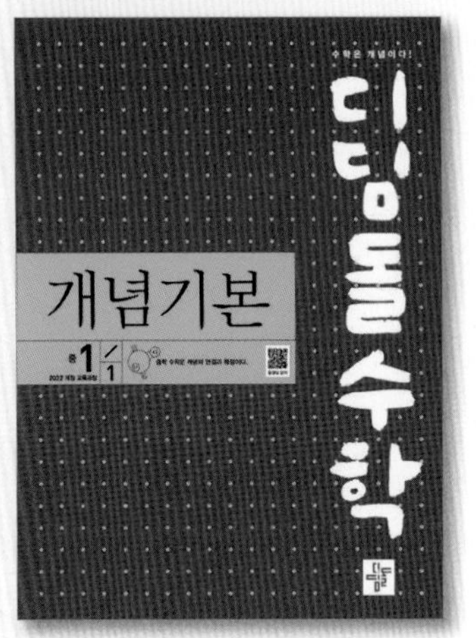

개념 이해, 개념 적용, 개념 완성으로
개념에 강해질 수 있는 교재

개념 응용
최상위수학 라이트

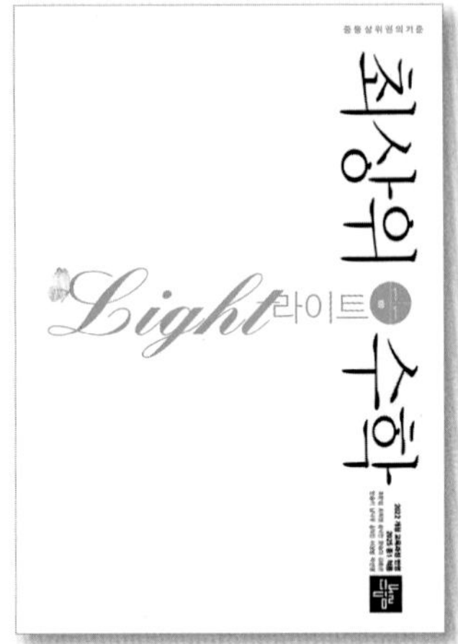

개념을 다양하게 응용하여
문제해결력을 키워주는 교재

개념 완성

디딤돌수학 개념연산과 개념기본은 동일한 학습 흐름으로 구성되어 있습니다.
연계 학습이 가능한 개념연산과 개념기본을 통해
중학 수학 개념을 완성할 수 있습니다.

수학은 개념이다!

디딤돌수학

개념연산

중 **1** | 1 A

2022 개정 교육과정

정답과 풀이

디딤돌

수학은 개념이다!

디딤돌수학

개념연산

중 1 | 1 A | 정답과 풀이

디딤돌

1 소인수분해

01 소수와 합성수

본문 10쪽

원리확인

1, 2, 합성수

1 (✎1) 2 (✎8)
3 1, 3, 9, 합성수 4 1, 11, 소수
5 1, 3, 5, 15, 합성수 6 1, 17, 소수
7 1, 2, 4, 5, 10, 20, 합성수
8 1, 23, 소수 ☺ 2 9 10, 19
☺ 1, 1 10 11, 8 11 1, 19 ☺ 짝수
12 ○ 13 ○ 14 ○ 15 ×
16 × 17 ③

9 소수에 ○표, 합성수에 △표를 하면 다음과 같다.

1	○2	○3	△4	○5	△6	○7	△8	△9	△10
○11	△12	○13	△14	△15	△16	○17	△18	○19	△20
△21	△22	○23	△24	△25	△26	△27	△28	○29	△30

따라서 소수는 모두 10개이고, 합성수는 19개이다.

10 소수에 ○표, 합성수에 △표를 하면 다음과 같다.

1	○3	○5	○7	△9	○11	○13	△15	○17	○19
△21	○23	△25	△27	○29	○31	△33	△35	○37	△39

따라서 소수는 모두 11개이고, 합성수는 8개이다.

11 소수에 ○표, 합성수에 △표를 하면 다음과 같다.

○2	△4	△6	△8	△10	△12	△14	△16	△18	△20
△22	△24	△26	△28	△30	△32	△34	△36	△38	△40

짝수 중에서 소수는 2뿐이므로 소수는 1개이고 합성수는 19개이다.

15 소수 2를 제외한 모든 소수가 홀수이다.

16 자연수는 1과 소수와 합성수로 이루어져 있다.

17 ① 9, 15, 25, …는 홀수이지만 약수의 개수가 3 이상인 합성수이다.
② 1은 소수도 합성수도 아니다.
③ 2는 소수이고 2의 배수 중 유일한 소수이다.
④ 81의 약수는 1, 3, 9, 27, 81이므로 합성수이다.
⑤ 합성수는 약수의 개수가 3 이상이다.

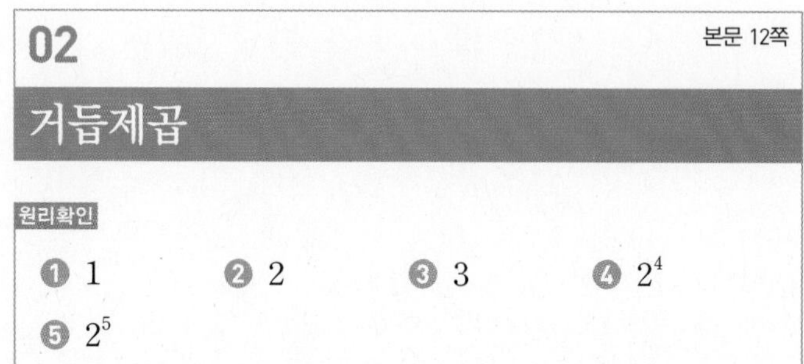

02 거듭제곱

본문 12쪽

원리확인

❶ 1 ❷ 2 ❸ 3 ❹ 2^4
❺ 2^5

1 3, 세 2 5, 다섯 3 6, 일곱 4 $\frac{1}{2}$
5 $\frac{1}{3}$, 네 6 (✎2) 7 13, 3 8 $\frac{1}{3}$, 5
9 0.7, 8
10 (1) (✎3) (2) 6^4 (3) 9^5 (4) 10^4 (5) 23^2
11 (1) (✎2, 3) (2) $3^3\times7^3$ (3) $2^2\times3^3\times5^4$ (4) 5^3+7^3
12 (1) (✎3, 3) (2) $\left(\frac{2}{3}\right)^4$ 또는 $\frac{2^4}{3^4}$
(3) $\left(\frac{2}{3}\right)^2\times\left(\frac{1}{7}\right)^3$ 또는 $\frac{2^2}{3^2}\times\frac{1}{7^3}$
13 ④ 14 (✎16) 15 (1) 108 (2) $\frac{1}{125}$
16 (1) $\frac{4}{25}$ (2) $\frac{4}{25}$
17 (1) 1 (2) 1 (3) 1 (4) 1 ☺ 1, 1
18 (1) 100 (2) 1000 (3) 10000 (4) 100000
☺ n 19 ⑤

13 $2\times5\times3\times3\times5\times3=2\times3\times3\times3\times5\times5$
$=2^1\times3^3\times5^2$
$=2^a\times3^b\times5^c$
이므로 $a=1$, $b=3$, $c=2$
따라서 $a+b+c=1+3+2=6$

19 ⑤ 3^5은 '3의 다섯제곱'이라 읽는다.

03 인수와 소인수

본문 14쪽

원리확인

❶ 5, 10, 20 ❷ 2, 5

1 (✎4)

2 $16\left\langle\begin{matrix}1\\\boxed{16}\end{matrix}\right.$ $16\left\langle\begin{matrix}\boxed{2}\\\boxed{8}\end{matrix}\right.$ $16\left\langle\begin{matrix}\boxed{4}\\4\end{matrix}\right.$,

1, 2, 4, 8, 16

3 $18\left\langle\begin{matrix}1\\18\end{matrix}\right.$ $18\left\langle\begin{matrix}2\\\boxed{9}\end{matrix}\right.$ $18\left\langle\begin{matrix}\boxed{3}\\6\end{matrix}\right.$,

1, 2, 3, 6, 9, 18

4 $24\left\langle\begin{matrix}1\\\boxed{24}\end{matrix}\right.$ $24\left\langle\begin{matrix}2\\\boxed{12}\end{matrix}\right.$ $24\left\langle\begin{matrix}\boxed{3}\\8\end{matrix}\right.$ $24\left\langle\begin{matrix}\boxed{4}\\6\end{matrix}\right.$,

1, 2, 3, 4, 6, 8, 12, 24

5 $30\left\langle\begin{matrix}1\\\boxed{30}\end{matrix}\right.$ $30\left\langle\begin{matrix}\boxed{2}\\15\end{matrix}\right.$ $30\left\langle\begin{matrix}\boxed{3}\\10\end{matrix}\right.$ $30\left\langle\begin{matrix}\boxed{5}\\\boxed{6}\end{matrix}\right.$,

1, 2, 3, 5, 6, 10, 15, 30

6 $54\left\langle\begin{matrix}1\\54\end{matrix}\right.$ $54\left\langle\begin{matrix}2\\27\end{matrix}\right.$ $54\left\langle\begin{matrix}3\\18\end{matrix}\right.$ $54\left\langle\begin{matrix}6\\9\end{matrix}\right.$,

1, 2, 3, 6, 9, 18, 27, 54

7 $64\left\langle\begin{matrix}1\\64\end{matrix}\right.$ $64\left\langle\begin{matrix}2\\32\end{matrix}\right.$ $64\left\langle\begin{matrix}4\\16\end{matrix}\right.$ $64\left\langle\begin{matrix}8\\8\end{matrix}\right.$,

1, 2, 4, 8, 16, 32, 64

8 $80\left\langle\begin{matrix}1\\80\end{matrix}\right.$ $80\left\langle\begin{matrix}2\\40\end{matrix}\right.$ $80\left\langle\begin{matrix}4\\20\end{matrix}\right.$ $80\left\langle\begin{matrix}5\\16\end{matrix}\right.$

$80\left\langle\begin{matrix}8\\10\end{matrix}\right.$, 1, 2, 4, 5, 8, 10, 16, 20, 40, 80

9 $88\left\langle\begin{matrix}1\\88\end{matrix}\right.$ $88\left\langle\begin{matrix}2\\44\end{matrix}\right.$ $88\left\langle\begin{matrix}4\\22\end{matrix}\right.$ $88\left\langle\begin{matrix}8\\11\end{matrix}\right.$,

1, 2, 4, 8, 11, 22, 44, 88

10 $92\left\langle\begin{matrix}1\\92\end{matrix}\right.$ $92\left\langle\begin{matrix}2\\46\end{matrix}\right.$ $92\left\langle\begin{matrix}4\\23\end{matrix}\right.$,

1, 2, 4, 23, 46, 92

11 $100\left\langle\begin{matrix}1\\100\end{matrix}\right.$ $100\left\langle\begin{matrix}2\\50\end{matrix}\right.$ $100\left\langle\begin{matrix}4\\25\end{matrix}\right.$ $100\left\langle\begin{matrix}5\\20\end{matrix}\right.$

$100\left\langle\begin{matrix}10\\10\end{matrix}\right.$, 1, 2, 4, 5, 10, 20, 25, 50, 100

12 $112\left\langle\begin{matrix}1\\112\end{matrix}\right.$ $112\left\langle\begin{matrix}2\\56\end{matrix}\right.$ $112\left\langle\begin{matrix}4\\28\end{matrix}\right.$ $112\left\langle\begin{matrix}7\\16\end{matrix}\right.$

$112\left\langle\begin{matrix}8\\14\end{matrix}\right.$, 1, 2, 4, 7, 8, 14, 16, 28, 56, 112

13 $120\left\langle\begin{matrix}1\\120\end{matrix}\right.$ $120\left\langle\begin{matrix}2\\60\end{matrix}\right.$ $120\left\langle\begin{matrix}3\\40\end{matrix}\right.$ $120\left\langle\begin{matrix}4\\30\end{matrix}\right.$

$120\left\langle\begin{matrix}5\\24\end{matrix}\right.$ $120\left\langle\begin{matrix}6\\20\end{matrix}\right.$ $120\left\langle\begin{matrix}8\\15\end{matrix}\right.$ $120\left\langle\begin{matrix}10\\12\end{matrix}\right.$,

1, 2, 3, 4, 5, 6, 8, 10, 12, 15, 20, 24, 30, 40, 60, 120

14 $125\left\langle\begin{matrix}1\\125\end{matrix}\right.$ $125\left\langle\begin{matrix}5\\25\end{matrix}\right.$, 1, 5, 25, 125

15 $162\left\langle\begin{matrix}1\\162\end{matrix}\right.$ $162\left\langle\begin{matrix}2\\81\end{matrix}\right.$ $162\left\langle\begin{matrix}3\\54\end{matrix}\right.$ $162\left\langle\begin{matrix}6\\27\end{matrix}\right.$

$162\left\langle\begin{matrix}9\\18\end{matrix}\right.$, 1, 2, 3, 6, 9, 18, 27, 54, 81, 162

16 $175\left\langle\begin{matrix}1\\175\end{matrix}\right.$ $175\left\langle\begin{matrix}5\\35\end{matrix}\right.$ $175\left\langle\begin{matrix}7\\25\end{matrix}\right.$,

1, 5, 7, 25, 35, 175

17 (✎9, 3)

18 인수: 1, 13, 소인수: 13

19 인수: 1, 3, 5, 15, 소인수: 3, 5

20 인수: 1, 3, 7, 21, 소인수: 3, 7

21 인수: 1, 3, 9, 27, 소인수: 3

22 인수: 1, 2, 4, 7, 14, 28, 소인수: 2, 7

23 인수: 1, 2, 3, 4, 6, 9, 12, 18, 36, 소인수: 2, 3

24 인수: 1, 3, 5, 9, 15, 45, 소인수: 3, 5

25 인수: 1, 2, 5, 10, 25, 50, 소인수: 2, 5

26 인수: 1, 2, 4, 13, 26, 52, 소인수: 2, 13

27 인수: 1, 2, 3, 4, 6, 8, 9, 12, 18, 24, 36, 72,
소인수: 2, 3

28 인수: 1, 2, 3, 4, 6, 7, 12, 14, 21, 28, 42, 84,
소인수: 2, 3, 7

29 인수: 1, 2, 43, 86, 소인수: 2, 43

30 인수: 1, 3, 29, 87, 소인수: 3, 29

31 인수: 1, 2, 3, 5, 6, 9, 10, 15, 18, 30, 45, 90

소인수: 2, 3, 5

32 인수: 1, 3, 31, 93, 소인수: 3, 31

33 인수: 1, 101, 소인수: 101

34 인수: 1, 11, 121, 소인수: 11

35 인수: 1, 2, 4, 5, 7, 10, 14, 20, 28, 35, 70, 140

소인수: 2, 5, 7

36 ④

36 ① 8 < 1, 8　　8 < 2, 4

이므로 8의 소인수는 2이다.

② 15 < 1, 15　　15 < 3, 5

이므로 15의 소인수는 3, 5이다.

③ 21 < 1, 21　　21 < 3, 7

이므로 21의 소인수는 3, 7이다.

④ 30 < 1, 30　　30 < 2, 15　　30 < 3, 10　　30 < 5, 6

이므로 30의 소인수는 2, 3, 5이다.

⑤ 63 < 1, 63　　63 < 3, 21　　63 < 7, 9

이므로 63의 소인수는 3, 7이다.

따라서 2와 3을 모두 소인수로 갖는 자연수는 30이다.

04

본문 18쪽

소인수분해

원리확인

❶ 24, 12, 6, 3　　❷ 30, 15, 5

1 (✎5)　2 3, 7　3 2　4 2, 3, 5

5 2, 5　6 2, 11　7 3, 5, 7　☺ 소인수

8 (✎2)　9 $2^2\times7$　10 $2^2\times3^2$　11 $2^3\times5$

12 3×5^2　13 $3^2\times11$　14 $2\times3\times5^2$

15 5×7^2　16 $5^2\times13$　17 $3^4\times5$

05

본문 20쪽

소인수분해하는 방법

1 (✎ $2^2\times3$)　2 10, 5, $2^2\times5$

3 15, 5, $3^2\times5$　4 36, 18, 9, 3, $2^3\times3^2$

5 45, 15, 5, $3^3\times5$　6 $2\times3\times5$

7 3×11　8 $2^4\times3$

9 $2^2\times13$　10 5×13

11 4, 2, 2^3　12 18, 9, 3, $2^2\times3^2$

13 45, 3, 5, $2\times3^2\times5$　14 66, 2, 11, $2^2\times3\times11$

15 105, 3, 7, $2\times3\times5\times7$

16 3^3　17 3×17

18 $3^2\times7$　19 $2^2\times5\times7$

20 $2\times7\times13$

21 2) 16, 2) 8, [2]) [4], [2], 2^4

22 2) 102, 3) [51], [17], $2\times3\times17$

23 2) 156, 2) [78], [3]) [39], [13], $2^2\times3\times13$

24 [3]) 225, [3]) [75], [5]) [25], [5], $3^2\times5^2$

25 [3]) 525, [5]) [175], [5]) [35], [7], $3\times5^2\times7$

26 $2\times3\times5^2$　27 $2^3\times3\times7$

28 $2^2\times3^2\times5$　29 $2^4\times3\times5$

30 $3^3\times5^2$　31 ⑤

32 2×29, 소인수: 2, 29

33 $2\times3\times11$, 소인수: 2, 3, 11

34 7×13, 소인수: 7, 13

35 $2^5\times3$, 소인수: 2, 3

36 $3\times5\times7$, 소인수: 3, 5, 7

37 $2^3\times3\times5$, 소인수: 2, 3, 5

38 $2^2\times3\times11$, 소인수: 2, 3, 11

39 $2^4\times3^2$, 소인수: 2, 3

40 $3^2\times17$, 소인수: 3, 17

41 $2\times3\times29$, 소인수: 2, 3, 29

42 $2^2\times5\times11$, 소인수: 2, 5, 11

43 $2\times3^3\times5$, 소인수: 2, 3, 5

44 ②, ③

6 $30=2\times15$
$=2\times3\times5$

7 $33=3\times11$

8 $48=2\times24$
$=2\times2\times12$
$=2\times2\times2\times6$
$=2\times2\times2\times2\times3$
$=2^4\times3$

9 $52=2\times26$
$=2\times2\times13$
$=2^2\times13$

10 $65=5\times13$

16 27 ⟨ 3, 9 ⟨ 3, 3

17 51 ⟨ 3, 17

18 63 ⟨ 3, 21 ⟨ 3, 7

19 140 ⟨ 2, 70 ⟨ 2, 35 ⟨ 5, 7

20 182 ⟨ 2, 91 ⟨ 7, 13

26
2) 150
3) 75
5) 25
5

27
2) 168
2) 84
2) 42
3) 21
7

28
2) 180
2) 90
3) 45
3) 15
5

29
2) 240
2) 120
2) 60
2) 30
3) 15
5

30
3) 675
3) 225
3) 75
5) 25
5

31 $375=3\times5^3$으로 소인수분해되므로
$a=3$, $b=3$
따라서 $a\times b=3\times3=9$

3) 375
5) 125
5) 25
5

32
2) 58
29

33
2) 66
3) 33
11

34
7) 91
13

35
2) 96
2) 48
2) 24
2) 12
2) 6
3

36
3) 105
5) 35
7

37
2) 120
2) 60
2) 30
3) 15
5

38
2) 132
2) 66
3) 33
11

39
2) 144
2) 72
2) 36
2) 18
3) 9
3

40
3) 153
3) 51
17

41
2) 174
3) 87
29

42
2) 220
2) 110
5) 55
11

43
2) 270
3) 135
3) 45
3) 15
5

44 $364=2^2\times7\times13$, 소인수: 2, 7, 13
따라서 364의 소인수가 아닌 것은 ②, ③이다.

$$\begin{array}{r|l} 2 & 364 \\ 2 & 182 \\ 7 & 91 \\ & 13 \end{array}$$

06 제곱인 수

본문 26쪽

1 ○	2 ×	3 ○	4 ×
5 ○	6 ×	7 ×	8 ○
9 ○	10 ○	11 ○	12 (✐ 2)
13 6	14 21	15 6	16 2
17 14	18 ③	19 (✐ 2)	20 6
21 21	22 6	23 2	24 14
25 ③			

9 $36=2^2\times3^2$이므로 36은 제곱인 수이다.

$$\begin{array}{r|l} 2 & 36 \\ 2 & 18 \\ 3 & 9 \\ & 3 \end{array}$$

10 $100=2^2\times5^2$이므로 100은 제곱인 수이다.

$$\begin{array}{r|l} 2 & 100 \\ 2 & 50 \\ 5 & 25 \\ & 5 \end{array}$$

11 $169=13^2$이므로 169는 제곱인 수이다.

$$\begin{array}{r|l} 13 & 169 \\ & 13 \end{array}$$

13 $2^3\times3^3$에서 이 수에 모든 소인수의 지수가 짝수가 되도록 곱할 수 있는 가장 작은 자연수는 $2\times3=6$

$2^3\times3^3 \xrightarrow{\times2\times3} 2^4\times3^4$

14 $2^2\times3\times7$에서 이 수에 모든 소인수의 지수가 짝수가 되도록 곱할 수 있는 가장 작은 자연수는 $3\times7=21$

$2^2\times3\times7 \xrightarrow{\times3\times7} 2^2\times3^2\times7^2$

15 $24=2^3\times3$이므로 이 수에 모든 소인수의 지수가 짝수가 되도록 곱할 수 있는 가장 작은 자연수는 $2\times3=6$

$$\begin{array}{r|l} 2 & 24 \\ 2 & 12 \\ 2 & 6 \\ & 3 \end{array}$$

$2^3\times3 \xrightarrow{\times2\times3} 2^4\times3^2$

16 $98=2\times7^2$이므로 이 수에 모든 소인수의 지수가 짝수가 되도록 곱할 수 있는 가장 작은 자연수는 2이다.

$$\begin{array}{r|l} 2 & 98 \\ 7 & 49 \\ & 7 \end{array}$$

$2\times7^2 \xrightarrow{\times2} 2^2\times7^2$

17 $126=2\times3^2\times7$이므로 이 수에 모든 소인수의 지수가 짝수가 되도록 곱할 수 있는 가장 작은 자연수는 $2\times7=14$

$$\begin{array}{r|l} 2 & 126 \\ 3 & 63 \\ 3 & 21 \\ & 7 \end{array}$$

$2\times3^2\times7 \xrightarrow{\times2\times7} 2^2\times3^2\times7^2$

18 $500=2^2\times5^3$이므로 이 수에 모든 소인수의 지수가 짝수가 되도록 곱할 수 있는 가장 작은 자연수는 5이다.

$$\begin{array}{r|l} 2 & 500 \\ 2 & 250 \\ 5 & 125 \\ 5 & 25 \\ & 5 \end{array}$$

$2^2\times5^3 \xrightarrow{\times5} 2^2\times5^4$

20 $2^3\times3^3$에서 이 수에 모든 소인수의 지수가 짝수가 되도록 나눌 수 있는 가장 작은 자연수는 $2\times3=6$

$2^3\times3^3 \xrightarrow{\div2\div3} 2^2\times3^2$

21 $2^2\times3\times7$에서 이 수에 모든 소인수의 지수가 짝수가 되도록 나눌 수 있는 가장 작은 자연수는 $3\times7=21$

$2^2\times3\times7 \xrightarrow{\div3\div7} 2^2$

22 $24=2^3\times3$이므로 이 수에 모든 소인수의 지수가 짝수가 되도록 나눌 수 있는 가장 작은 자연수는 $2\times3=6$

$$\begin{array}{r|l} 2 & 24 \\ 2 & 12 \\ 2 & 6 \\ & 3 \end{array}$$

$2^3\times3 \xrightarrow{\div2\div3} 2^2$

23 $98=2\times7^2$이므로 이 수에 모든 소인수의 지수가 짝수가 되도록 나눌 수 있는 가장 작은 자연수는 2이다.

$$\begin{array}{r|l} 2 & 98 \\ 7 & 49 \\ & 7 \end{array}$$

$2\times7^2 \xrightarrow{\div2} 7^2$

24 $126=2\times3^2\times7$이므로 이 수에 모든 소인수의 지수가 짝수가 되도록 나눌 수 있는 가장 작은 자연수는 $2\times7=14$

$2\,)\,126$
$3\,)\,\ \ 63$
$3\,)\,\ \ 21$
$\quad\ \ 7$

$2\times3^2\times7 \xrightarrow{\div2\div7} 3^2$

25 $500=2^2\times5^3$이므로 이 수에 모든 소인수의 지수가 짝수가 되도록 나눌 수 있는 가장 작은 자연수는 5이다.

$2\,)\,500$
$2\,)\,250$
$5\,)\,125$
$5\,)\,\ \ 25$
$\quad\ \ 5$

$2^2\times5^3 \xrightarrow{\div5} 2^2\times5^2$

07

본문 28쪽

소인수분해와 약수

1 3, 3　2 4, 4　3 5, 5　4 6, 6

5 7, 7　6 4, 4　☺ n, n

7

×	1	3
1	1	3
5	5	3×5

, 15

8

×	1	2
1	1	2
3	3	2×3
3^2	3^2	2×3^2

, 18

9

×	1	3	3^2
1	1	3	3^2
7	7	3×7	$3^2\times7$

, 63

10

×	1	2
1	1	2
7	7	2×7
7^2	7^2	2×7^2

, 98

11

×	1	2	2^2
1	1	2	2^2
5	5	2×5	$2^2\times5$
5^2	5^2	2×5^2	$2^2\times5^2$

, 100

12

×	1	2	2^2	2^3	2^4
1	1	2	2^2	2^3	2^4
3	3	2×3	$2^2\times3$	$2^3\times3$	$2^4\times3$
3^2	3^2	2×3^2	$2^2\times3^2$	$2^3\times3^2$	$2^4\times3^2$

, 144

13

×	1	5	5^2
1	1	5	5^2
13	13	5×13	$5^2\times13$

, 325

14

×	1	2	2^2	2^3	2^4
1	1	2	2^2	2^3	2^4
5	5	2×5	$2^2\times5$	$2^3\times5$	$2^4\times5$
5^2	5^2	2×5^2	$2^2\times5^2$	$2^3\times5^2$	$2^4\times5^2$

, 400

15 1, 2, 5, 2×5

16 1, 2, 3, 2×3, 3^2, 2×3^2

17 1, 2, 3, 2^2, 2×3, 2^3, $2^2\times3$, $2^3\times3$

18 1, 61　19 1, 2, 37, 2×37

20 1, 3, 3^2, 11, 3^3, 3×11, $3^2\times11$, $3^3\times11$

21 1, 3, 7, 3^2, 3×7, 7^2, $3^2\times7$, 3×7^2, $3^2\times7^2$

22 ㄱ, ㄴ, ㄷ, ㄹ, ㅁ, ㅂ　23 ㄱ, ㄴ, ㄷ, ㄹ, ㅁ

24 ㄱ, ㄹ, ㅁ　25 ㄱ, ㄴ, ㄷ, ㄹ, ㅁ

26 ④　27 3　28 6

29 8　30 35　31 24

32 20　33 6　34 6

35 8　36 18　37 36

38 6　39 4　40 8

41 3　42 8　43 16

44 6　45 18　46 24

47 5　48 8　49 12

☺ 1　50 ③

15 오른쪽 표에서 2×5의 약수는 1, 2, 5, 2×5이다.

×	1	2
1	1	2
5	5	2×5

16 오른쪽 표에서 2×3^2의 약수는 1, 2, 3, 2×3, 3^2, 2×3^2이다.

×	1	2
1	1	2
3	3	2×3
3^2	3^2	2×3^2

17 $24=2^3\times3$이므로 다음 표에서 24의 약수는 1, 2, 3, 2^2, 2×3, 2^3, $2^2\times3$, $2^3\times3$이다.

$2\,)\,24$
$2\,)\,12$
$2\,)\,\ \ 6$
$\quad\ \ 3$

×	1	2	2^2	2^3
1	1	2	2^2	2^3
3	3	2×3	$2^2\times3$	$2^3\times3$

18 61=1×61이므로 61은 소수이다. 따라서 61의 약수는 1, 61이다.

19 $74=2\times37$이므로 다음 표에서 74의 약수는 1, 2, 37, 2×37이다.

$$\begin{array}{r|l} 2 & 74 \\ \hline & 37 \end{array}$$

×	1	2
1	1	2
37	37	2×37

20 $297=3^3\times11$이므로 다음 표에서 297의 약수는 1, 3, 3^2, 11, 3^3, 3×11, $3^2\times11$, $3^3\times11$이다.

$$\begin{array}{r|l} 3 & 297 \\ \hline 3 & 99 \\ \hline 3 & 33 \\ \hline & 11 \end{array}$$

×	1	3	3^2	3^3
1	1	3	3^2	3^3
11	11	3×11	$3^2\times11$	$3^3\times11$

21 $441=3^2\times7^2$이므로 다음 표에서 441의 약수는 1, 3, 7, 3^2, 3×7, 7^2, $3^2\times7$, 3×7^2, $3^2\times7^2$이다.

$$\begin{array}{r|l} 3 & 441 \\ \hline 3 & 147 \\ \hline 7 & 49 \\ \hline & 7 \end{array}$$

×	1	3	3^2
1	1	3	3^2
7	7	3×7	$3^2\times7$
7^2	7^2	3×7^2	$3^2\times7^2$

22 2^5의 약수는 1, 2, 2^2, 2^3, 2^4, 2^5이므로 ㄱ, ㄴ, ㄷ, ㄹ, ㅁ, ㅂ이다.

23 $2^2\times3$의 약수는 (2^2의 약수)×(3의 약수)이므로 1, 2, 2^2과 1, 3의 곱으로 나타내어진다.
따라서 $2^2\times3$의 약수는 ㄱ, ㄴ, ㄷ, ㄹ, ㅁ이다.

24 $2\times3^2\times5$의 약수는
(2의 약수)×(3^2의 약수)×(5의 약수)이므로
1, 2와 1, 3, 3^2과 1, 5의 곱으로 나타내어진다.
따라서 $2\times3^2\times5$의 약수는 ㄱ, ㄹ, ㅁ이다.

25 $92=2^2\times23$이므로 92의 약수는 (2^2의 약수)×(23의 약수)이다. 즉 1, 2, 2^2과 1, 23의 곱으로 나타내어진다.
ㄷ. $4=2^2$이므로 92의 약수는 ㄱ, ㄴ, ㄷ, ㄹ, ㅁ이다.

$$\begin{array}{r|l} 2 & 92 \\ \hline 2 & 46 \\ \hline & 23 \end{array}$$

26 $756=2^2\times3^3\times7$이므로 756의 약수는 (2^2의 약수)×(3^3의 약수)×(7의 약수)이다. 즉 1, 2, 2^2과 1, 3, 3^2, 3^3과 1, 7의 곱으로 나타내어진다. 따라서 보기 중 756의 약수가 아닌 것은 ④이다.

$$\begin{array}{r|l} 2 & 756 \\ \hline 2 & 378 \\ \hline 3 & 189 \\ \hline 3 & 63 \\ \hline 3 & 21 \\ \hline & 7 \end{array}$$

31 $2^7\times11^2$의 약수의 개수는
$(7+1)\times(2+1)=8\times3=24$

32 $23^4\times37^3$의 약수의 개수는
$(4+1)\times(3+1)=5\times4=20$

33 $4\times7=2^2\times7$이므로 약수의 개수는
$(2+1)\times(1+1)=3\times2=6$

34 $2\times26=2^2\times13$이므로 약수의 개수는
$(2+1)\times(1+1)=3\times2=6$

35 $2\times3\times11$의 약수의 개수는
$(1+1)\times(1+1)\times(1+1)=2\times2\times2=8$

36 $2^2\times3^2\times5$의 약수의 개수는
$(2+1)\times(2+1)\times(1+1)=3\times3\times2=18$

37 $7^2\times11^3\times13^2$의 약수의 개수는
$(2+1)\times(3+1)\times(2+1)=3\times4\times3=36$

38 $18=2\times3^2$이므로 약수의 개수는
$(1+1)\times(2+1)=2\times3=6$

$$\begin{array}{r|l} 2 & 18 \\ \hline 3 & 9 \\ \hline & 3 \end{array}$$

39 $22=2\times11$이므로 약수의 개수는
$(1+1)\times(1+1)=2\times2=4$

40 $30=2\times3\times5$이므로 약수의 개수는
$(1+1)\times(1+1)\times(1+1)=2\times2\times2=8$

$$\begin{array}{r|l} 2 & 30 \\ \hline 3 & 15 \\ \hline & 5 \end{array}$$

41 $49=7^2$이므로 약수의 개수는 3이다.

42 $78=2\times3\times13$이므로 약수의 개수는
$(1+1)\times(1+1)\times(1+1)$
$=2\times2\times2=8$

$$\begin{array}{r|l} 2 & 78 \\ \hline 3 & 39 \\ \hline & 13 \end{array}$$

43 $120=2^3\times3\times5$이므로 약수의 개수는
$(3+1)\times(1+1)\times(1+1)$
$=4\times2\times2=16$

$$\begin{array}{r|l} 2 & 120 \\ \hline 2 & 60 \\ \hline 2 & 30 \\ \hline 3 & 15 \\ \hline & 5 \end{array}$$

44 $171=3^2\times19$이므로 약수의 개수는
$(2+1)\times(1+1)=3\times2=6$

$$\begin{array}{r|r} 3 & 171 \\ \hline 3 & 57 \\ \hline & 19 \end{array}$$

45 $180=2^2\times3^2\times5$이므로 약수의 개수는
$(2+1)\times(2+1)\times(1+1)$
$=3\times3\times2=18$

$$\begin{array}{r|r} 2 & 180 \\ \hline 2 & 90 \\ \hline 3 & 45 \\ \hline 3 & 15 \\ \hline & 5 \end{array}$$

46 $504=2^3\times3^2\times7$이므로 약수의 개수는
$(3+1)\times(2+1)\times(1+1)$
$=4\times3\times2=24$

$$\begin{array}{r|r} 2 & 504 \\ \hline 2 & 252 \\ \hline 2 & 126 \\ \hline 3 & 63 \\ \hline 3 & 21 \\ \hline & 7 \end{array}$$

47 $625=5^4$이므로 약수의 개수는 5이다.

$$\begin{array}{r|r} 5 & 625 \\ \hline 5 & 125 \\ \hline 5 & 25 \\ \hline & 5 \end{array}$$

48 $875=5^3\times7$이므로 약수의 개수는
$(3+1)\times(1+1)=4\times2=8$

$$\begin{array}{r|r} 5 & 875 \\ \hline 5 & 175 \\ \hline 5 & 35 \\ \hline & 7 \end{array}$$

49 $1274=2\times7^2\times13$이므로 약수의 개수는
$(1+1)\times(2+1)\times(1+1)$
$=2\times3\times2=12$

$$\begin{array}{r|r} 2 & 1274 \\ \hline 7 & 637 \\ \hline 7 & 91 \\ \hline & 13 \end{array}$$

50 3^5의 약수의 개수는 6이고, $2^3\times3^2$의 약수의 개수는
$(3+1)\times(2+1)=4\times3=12$이므로
$a=6$, $b=12$
따라서 $a+b=6+12=18$

TEST 1. 소인수분해

본문 33쪽

1 ⑤	**2** ㄱ, ㄷ, ㄹ	**3** ③
4 ②	**5** 3	**6** ㄴ, ㄷ, ㄹ

1 10 이상 25 이하의 자연수 중에서 소수의 개수는 11, 13, 17, 19, 23의 5이다.

2 ㄴ. 짝수 중 2는 소수이다.

3 ① $3+3+3+3=3\times4=12$
② $3^2=9$
④ $2\times2\times2\times2\times2=2^5$
⑤ $3\times3+5\times5=3^2+5^2$

4 ① $15=3\times5$이므로 15의 소인수의 개수는 3, 5의 2이다.
② $16=2^4$이므로 16의 소인수의 개수는 2의 1이다.
③ $18=2\times3^2$이므로 18의 소인수의 개수는 2, 3의 2이다.
④ $20=2^2\times5$이므로 20의 소인수의 개수는 2, 5의 2이다.
⑤ $28=2^2\times7$이므로 28의 소인수의 개수는 2, 7의 2이다.

5 $108=2^2\times3^3$이므로 이 수에 모든 소인수의 지수가 짝수가 되도록 곱할 수 있는 가장 작은 자연수는 3이다.

$$\begin{array}{r|r} 2 & 108 \\ \hline 2 & 54 \\ \hline 3 & 27 \\ \hline 3 & 9 \\ \hline & 3 \end{array}$$

6

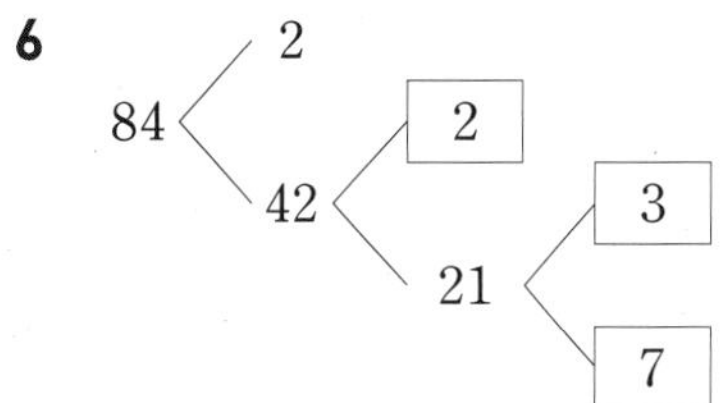

ㄱ. 84를 소인수분해하면 $2^2\times3\times7$이다.
ㄴ. $84=2^2\times3\times7$이므로 약수의 개수는
$(2+1)\times(1+1)\times(1+1)=3\times2\times2=12$

2 최대공약수와 최소공배수

01 공약수와 최대공약수

본문 36쪽

원리확인

❶ 4　❷ 1, 2, 4　❸ 4

1 (1) 1, 2, 4, 8　(2) 1, 2, 3, 4, 6, 12
(3) 1, 2, 4　(4) 4　(5) 1, 2, 4

2 (1) 1, 2, 4, 8, 16　(2) 1, 2, 3, 4, 6, 8, 12, 24
(3) 1, 2, 4, 8　(4) 8　(5) 1, 2, 4, 8

3 (✐3)　4 1, 3　5 1　6 1

7 1, 2, 4　8 1, 7　9 1, 2, 3, 4, 6, 12

10 1, 2, 3, 6, 9, 18　11 1, 3, 5, 15

12 1, 2, 3, 6, 9, 18　13 1, 3, 5, 9, 15, 45

14 (✐1, 6)　15 8　16 9　17 4

18 6　19 ④　20 ○　21 ×

22 ○　23 ×　24 ○　25 ×

26 ○　27 ×　☺ 1, 서로소

28

①	2	③	4	⑤	6	⑦	8	⑨	10
⑪	12	⑬	14	⑮	16	⑰	18	⑲	20

☺ 2

29

②	③	⑤	⑦	11	⑬	⑰	⑲	㉓	㉙
㉛	㊲	㊶	㊸	㊼	(51)	(53)	(57)	(61)	(67)

☺ 1

30

①	3	5	⑦	9	⑪	⑬	15	⑰	⑲
21	㉓	25	27	㉙	㉛	33	35	㊲	39

☺ 1, 7, 11, 13, 17, 19, 23, 29, 31, 37

31

①	2	3	4	⑤	6	⑦	8	9	10
⑪	12	⑬	14	15	16	⑰	18	⑲	20

32 ○　33 ×　34 ×　35 ○

36 ×　37 ④

15 $88=2^3\times11$이므로 공약수의 개수는
$(3+1)\times(1+1)=8$

16 $100=2^2\times5^2$이므로 공약수의 개수는
$(2+1)\times(2+1)=9$

17 $142=2\times71$이므로 공약수의 개수는
$(1+1)\times(1+1)=4$

18 $172=2^2\times43$이므로 공약수의 개수는
$(2+1)\times(1+1)=6$

19 두 자연수 A, B의 공약수는 최대공약수 48의 약수이다.
따라서 $48=2^4\times3$이므로 두 자연수 A, B의 공약수의 개수는 $(4+1)\times(1+1)=10$

20 3과 5의 최대공약수는 1이므로 두 수는 서로소이다.

21 9와 21의 최대공약수는 3이므로 두 수는 서로소가 아니다.

22 17과 21의 최대공약수는 1이므로 두 수는 서로소이다.

23 11과 22의 최대공약수는 11이므로 두 수는 서로소가 아니다.

24 18과 35의 최대공약수는 1이므로 두 수는 서로소이다.

25 12와 51의 최대공약수는 3이므로 두 수는 서로소가 아니다.

26 20과 63의 최대공약수는 1이므로 두 수는 서로소이다.

27 22와 55의 최대공약수는 11이므로 두 수는 서로소가 아니다.

36 4와 9는 서로소이지만 두 수는 모두 합성수이다.

37 ④ 3과 9의 최대공약수는 3이므로 서로소가 아니다.

02 본문 40쪽

소인수분해를 이용한 최대공약수

원리확인

❶ 2, 2, 5, 20 ❷ 2^2, 5, 20

1 (✎ 2^2)	2 2×5	3 2×3	4 $2\times3\times5$
5 2×3	6 $2\times3\times7$	7 (✎ 2^2)	8 2^2
9 2^2	10 2×3	11 $2^2\times3$	12 $2^2\times5$
13 $2^2\times5^2$	14 3×7	15 $2^2\times3$	16 $2^2\times3$
17 $2^2\times3^2\times5$		18 2	19 9
20 3	21 2	22 4	23 4
24 3	25 13	26 3	27 32
28 6	29 14	30 9	31 24
32 18	33 6	34 18	35 18
36 15	37 25	38 12	39 ⑤

18
$6=2\times3$
$10=2\times5$
최대공약수: 2

19
$9=3^2$
$27=3^3$
최대공약수: $3^2=9$

20
$12=2^2\times3$
$15=3\times5$
최대공약수: 3

21
$16=2^4$
$18=2\times3^2$
최대공약수: 2

22
$20=2^2\times5$
$28=2^2\times7$
최대공약수: $2^2=4$

23
$24=2^3\times3$
$28=2^2\times7$
최대공약수: $2^2=4$

24
$24=2^3\times3$
$39=3\times13$
최대공약수: 3

25
$26=2\times13$
$13=13$
최대공약수: 13

26
$33=3\times11$
$12=2^2\times3$
최대공약수: 3

27
$32=2^5$
$64=2^6$
최대공약수: $2^5=32$

28
$36=2^2\times3^2$
$78=2\times3\times13$
최대공약수: $2\times3=6$

29
$42=2\times3\times7$
$70=2\times5\times7$
최대공약수: $2\times7=14$

30
$45=3^2\times5$
$54=2\times3^3$
최대공약수: $3^2=9$

31
$48=2^4\times3$
$72=2^3\times3^2$
최대공약수: $2^3\times3=24$

32
$54=2\times3^3$
$72=2^3\times3^2$
최대공약수: $2\times3^2=18$

33
$54=2\times3^3$
$96=2^5\times3$
최대공약수: $2\times3=6$

34
$72=2^3\times3^2$
$90=2\times3^2\times5$
최대공약수: $2\times3^2=18$

35
$$126=2\times3^2\times7$$
$$180=2^2\times3^2\times5$$
최대공약수: $2\times3^2=18$

36
$$30=2\times3\times5$$
$$45=3^2\times5$$
$$75=3\times5^2$$
최대공약수: $3\times5=15$

37
$$75=3\times5^2$$
$$125=5^3$$
$$200=2^3\times5^2$$
최대공약수: $5^2=25$

38
$$180=2^2\times3^2\times5$$
$$84=2^2\times3\times7$$
$$120=2^3\times3\times5$$
최대공약수: $2^2\times3=12$

39
$$2^a\times3^5\times5$$
$$2^3\times3^b\times7$$
최대공약수: $2^2\times3^4$
이므로 $a=2$, $b=4$
따라서 $a+b=2+4=6$

03 나눗셈을 이용한 최대공약수

본문 44쪽

원리확인

❶ 2, 2, 4 ❷ 2, 2, 3, 12

1 4	2 2	3 7	4 16
5 24	6 5	7 6	8 6
9 4	10 6	11 9	12 12

13 (1) 최대공약수: 16 (2) 공약수: 1, 2, 4, 8, 16
14 (1) 최대공약수: 2 (2) 공약수: 1, 2
15 (1) 최대공약수: 15 (2) 공약수: 1, 3, 5, 15
16 (1) 최대공약수: 6 (2) 공약수: 1, 2, 3, 6
17 ①, ④

1
2) 16 20
2) 8 10
4 5
→ 최대공약수: $2\times2=4$

2
2) 18 32
9 16
→ 최대공약수: 2

3
7) 28 35
4 5
→ 최대공약수: 7

4
2) 48 80
2) 24 40
2) 12 20
2) 6 10
3 5
→ 최대공약수: $2^4=16$

5
2) 96 120
2) 48 60
2) 24 30
3) 12 15
4 5
→ 최대공약수: $2^3\times3=24$

6
5) 100 115
20 23
→ 최대공약수: 5

7
2) 36 42 84
3) 18 21 42
6 7 14
→ 최대공약수: $2\times3=6$

8
2) 36 60 90
3) 18 30 45
6 10 15
→ 최대공약수: $2\times3=6$

9
2) 40 60 104
2) 20 30 52
10 15 26
→ 최대공약수: $2\times2=4$

10
2) 42 54 84
3) 21 27 42
7 9 14
→ 최대공약수: $2\times3=6$

11
3) 45 108 198
3) 15 36 66
5 12 22
→ 최대공약수: $3\times3=9$

12
```
2 ) 60  84  204  → 최대공약수: 2×2×3=12
2 ) 30  42  102
3 ) 15  21   51
     5   7   17
```

13
```
2 ) 16  32
2 )  8  16
2 )  4   8
2 )  2   4
     1   2
```
(1) 최대공약수: $2^4=16$

(2) 공약수: 1, 2, 4, 8, 16

14
```
2 ) 24  26
    12  13
```
(1) 최대공약수: 2

(2) 공약수: 1, 2

15
```
3 ) 75  180
5 ) 25   60
     5   12
```
(1) 최대공약수: $3\times5=15$

(2) 공약수: 1, 3, 5, 15

16
```
2 ) 24  30  72
3 ) 12  15  36
     4   5  12
```
(1) 최대공약수: $2\times3=6$

(2) 공약수: 1, 2, 3, 6

17
```
2 ) 70  110  130
5 ) 35   55   65
     7   11   13
```
70, 110, 130의 최대공약수는 $2\times5=10$이므로 세 수의 공약수는 10의 약수인 1, 2, 5, 10이다.

04 공배수와 최소공배수

본문 46쪽

원리확인

❶ 12 ❷ 12, 24, 36 ❸ 12

1 (1) 6, 12, 18, 24, 30, ⋯

(2) 8, 16, 24, 32, 40, ⋯

(3) 24, 48, 72, ⋯

(4) 24 (5) 24, 48, 72, ⋯

2 (1) 5, 10, 15, 20, 25, ⋯

(2) 10, 20, 30, 40, 50, ⋯

(3) 10, 20, 30, ⋯

(4) 10 (5) 10, 20, 30, ⋯

3 (✐18) 4 10, 20, 30 5 11, 22, 33

6 15, 30, 45 7 32, 64, 96 8 ③

9 (✐21) 10 35 11 143

12 703 13 943 ☺ B

14 ②

8 최소공배수가 25인 두 자연수 A, B의 공배수는 25의 배수이고, 이 공배수 중 200 이하의 자연수의 개수는 25, 50, 75, 100, 125, 150, 175, 200의 8이다.

14 두 자연수 a와 11은 서로소이고, 두 수의 최소공배수가 561이므로 $a\times11=561$

따라서 $a=51$

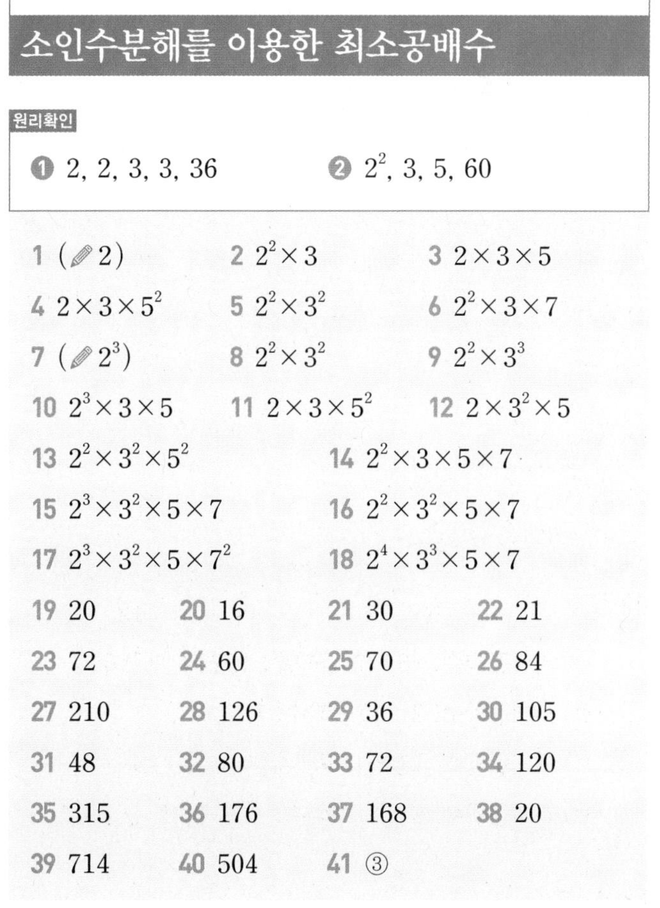

05 소인수분해를 이용한 최소공배수

본문 48쪽

원리확인

❶ 2, 2, 3, 3, 36 ❷ 2^2, 3, 5, 60

1 (✐2) 2 $2^2\times3$ 3 $2\times3\times5$

4 $2\times3\times5^2$ 5 $2^2\times3^2$ 6 $2^2\times3\times7$

7 (✐2^3) 8 $2^2\times3^2$ 9 $2^2\times3^3$

10 $2^3\times3\times5$ 11 $2\times3\times5^2$ 12 $2\times3^2\times5$

13 $2^2\times3^2\times5^2$ 14 $2^2\times3\times5\times7$

15 $2^3\times3^2\times5\times7$ 16 $2^2\times3^2\times5\times7$

17 $2^3\times3^2\times5\times7^2$ 18 $2^4\times3^3\times5\times7$

19 20 20 16 21 30 22 21

23 72 24 60 25 70 26 84

27 210 28 126 29 36 30 105

31 48 32 80 33 72 34 120

35 315 36 176 37 168 38 20

39 714 40 504 41 ③

19 $4=2^2$
$10=2\times5$
최소공배수: $2^2\times5=20$

20 $4=2^2$
$16=2^4$
최소공배수: $2^4=16$

21 $10=2\quad\times5$
$15=\quad3\times5$
최소공배수: $2\times3\times5=30$

22 $7=\quad7$
$21=3\times7$
최소공배수: $3\times7=21$

23 $8=2^3$
$18=2\times3^2$
최소공배수: $2^3\times3^2=72$

24 $10=2\quad\times5$
$12=2^2\times3$
최소공배수: $2^2\times3\times5=60$

25 $10=2\times5$
$14=2\quad\times7$
최소공배수: $2\times5\times7=70$

26 $12=2^2\times3$
$14=2\quad\times7$
최소공배수: $2^2\times3\times7=84$

27 $14=2\qquad\times7$
$15=\quad3\times5$
최소공배수: $2\times3\times5\times7=210$

28 $14=2\quad\times7$
$18=2\times3^2$
최소공배수: $2\times3^2\times7=126$

29 $12=2^2\times3$
$18=2\times3^2$
최소공배수: $2^2\times3^2=36$

30 $15=3\times5$
$35=\quad5\times7$
최소공배수: $3\times5\times7=105$

31 $16=2^4$
$24=2^3\times3$
최소공배수: $2^4\times3=48$

32 $16=2^4$
$20=2^2\times5$
최소공배수: $2^4\times5=80$

33 $24=2^3\times3$
$36=2^2\times3^2$
최소공배수: $2^3\times3^2=72$

34 $30=2\times3\times5$
$40=2^3\quad\times5$
최소공배수: $2^3\times3\times5=120$

35 $35=\quad5\times7$
$45=3^2\times5$
최소공배수: $3^2\times5\times7=315$

36 $44=2^2\times11$
$16=2^4$
최소공배수: $2^4\times11=176$

37 $42=2\times3\times7$
$56=2^3\quad\times7$
최소공배수: $2^3\times3\times7=168$

38 $4=2^2$
$10=2\times5$
$20=2^2\times5$
최소공배수: $2^2\times5=20$

39 $6=2\times3$
$14=2\quad\times7$
$34=2\qquad\times17$
최소공배수: $2\times3\times7\times17=714$

40 $24=2^3\times3$

$36=2^2\times3^2$

$42=2\times3\times7$

최소공배수: $2^3\times3^2\times7=504$

41 $2\times3^2\times5^a$

$2^3\times3^b$

최소공배수: $2^3\times3^3\times5$

이므로 $a=1$, $b=3$

따라서 $a+b=4$

06 나눗셈을 이용한 최소공배수

본문 52쪽

원리확인

❶ 2, 2, 5, 8, 160

❷ 3, 2, 2, 2, 3, 2, 3, 2, 72

1 24	2 24	3 60	4 36
5 120	6 224	7 120	8 210
9 96	10 135	11 360	12 600

13 (1) 최소공배수: $2^2\times5=20$

(2) 공배수: 20, 40, 60

14 (1) 최소공배수: $3^2\times7=63$

(2) 공배수: 63, 126, 189

15 (1) 최소공배수: $3\times5\times8=120$

(2) 공배수: 120, 240, 360

16 (1) 최소공배수: $2^3\times3^2=72$

(2) 공배수: 72, 144, 216

17 ④

1 $\begin{array}{r|rr} 2 & 8 & 12 \\ \hline 2 & 4 & 6 \\ \hline & 2 & 3 \end{array}$ → 최소공배수: $2^3\times3=24$

2 $\begin{array}{r|rr} 2 & 6 & 24 \\ \hline 3 & 3 & 12 \\ \hline & 1 & 4 \end{array}$ → 최소공배수: $2\times3\times4=24$

3 $\begin{array}{r|rr} 3 & 12 & 15 \\ \hline & 4 & 5 \end{array}$ → 최소공배수: $3\times4\times5=60$

4 $\begin{array}{r|rr} 2 & 18 & 36 \\ \hline 3 & 9 & 18 \\ \hline 3 & 3 & 6 \\ \hline & 1 & 2 \end{array}$ → 최소공배수: $2^2\times3^2=36$

5 $\begin{array}{r|rr} 2 & 20 & 24 \\ \hline 2 & 10 & 12 \\ \hline & 5 & 6 \end{array}$ → 최소공배수: $2^2\times5\times6=120$

6 $\begin{array}{r|rr} 2 & 28 & 32 \\ \hline 2 & 14 & 16 \\ \hline & 7 & 8 \end{array}$ → 최소공배수: $2^2\times7\times8=224$

7 $\begin{array}{r|rrr} 2 & 8 & 10 & 15 \\ \hline 5 & 4 & 5 & 15 \\ \hline & 4 & 1 & 3 \end{array}$ → 최소공배수: $2\times5\times4\times3=120$

8 $\begin{array}{r|rrr} 5 & 10 & 21 & 35 \\ \hline 7 & 2 & 21 & 7 \\ \hline & 2 & 3 & 1 \end{array}$ → 최소공배수: $5\times7\times2\times3=210$

9 $\begin{array}{r|rrr} 2 & 12 & 24 & 32 \\ \hline 2 & 6 & 12 & 16 \\ \hline 2 & 3 & 6 & 8 \\ \hline 3 & 3 & 3 & 4 \\ \hline & 1 & 1 & 4 \end{array}$ → 최소공배수: $2^3\times3\times4=96$

10 $\begin{array}{r|rrr} 3 & 15 & 27 & 45 \\ \hline 3 & 5 & 9 & 15 \\ \hline 5 & 5 & 3 & 5 \\ \hline & 1 & 3 & 1 \end{array}$ → 최소공배수: $3^3\times5=135$

11 $\begin{array}{r|rrr} 2 & 24 & 30 & 36 \\ \hline 2 & 12 & 15 & 18 \\ \hline 3 & 6 & 15 & 9 \\ \hline & 2 & 5 & 3 \end{array}$ → 최소공배수: $2^3\times3^2\times5=360$

12 $\begin{array}{r|rrr} 2 & 40 & 50 & 60 \\ \hline 2 & 20 & 25 & 30 \\ \hline 5 & 10 & 25 & 15 \\ \hline & 2 & 5 & 3 \end{array}$ → 최소공배수: $2^3\times3\times5^2=600$

13 $\begin{array}{r|rr} 2 & 4 & 10 \\ \hline & 2 & 5 \end{array}$

(1) 최소공배수: $2^2\times5=20$

(2) 공배수: 20, 40, 60

14 $3 \,)\, \underline{9 \quad 21}$
$\quad 3 \quad 7$

(1) 최소공배수: $3^2 \times 7 = 63$

(2) 공배수: 63, 126, 189

15 $5 \,)\, \underline{15 \quad 40}$
$\quad 3 \quad 8$

(1) 최소공배수: $3 \times 5 \times 8 = 120$

(2) 공배수: 120, 240, 360

16 $3 \,)\, \underline{9 \quad 24 \quad 36}$
$3 \,)\, \underline{3 \quad 8 \quad 12}$
$2 \,)\, \underline{1 \quad 8 \quad 4}$
$2 \,)\, \underline{1 \quad 4 \quad 2}$
$\quad 1 \quad 2 \quad 1$

(1) 최소공배수: $2^3 \times 3^2 = 72$

(2) 공배수: 72, 144, 216

17 $2 \,)\, \underline{5 \quad 6 \quad 10}$
$5 \,)\, \underline{5 \quad 3 \quad 5}$
$\quad 1 \quad 3 \quad 1$

→ 최소공배수: $2 \times 3 \times 5 = 30$

따라서 5, 6, 10의 공배수는 30의 배수이므로 보기 중 5, 6, 10의 공배수는 ④이다.

07 최대공약수와 최소공배수의 관계

본문 54쪽

원리확인

❶ (1) 2, 5 (2) 60 ❷ (1) 3, 4 (2) 3, 3, 3, 108

1 (✐ 4, 6)	2 12, 15	3 20, 30	4 12, 20
5 6, 9	☺ G, G	6 (✐ 140)	7 384
8 1000	9 2160	10 600	☺ L
11 72	12 96	13 216	14 294
15 486	16 ②		

2 $A = 3 \times 4 = 12$, $B = 3 \times 5 = 15$

3 $A = 2 \times 5 \times 2 = 20$, $B = 2 \times 5 \times 3 = 30$

4 $A = 2 \times 2 \times 3 = 12$, $B = 2 \times 2 \times 5 = 20$

5 $A = 3 \times 2 = 6$, $B = 3 \times 3 = 9$

7 $A \times B = (8 \times 2) \times (8 \times 3) = 384$

8 $A \times B = (10 \times 2) \times (10 \times 5) = 1000$

9 $A \times B = (12 \times 3) \times (12 \times 5) = 2160$

10 $A \times B = (2 \times 5 \times 2) \times (2 \times 5 \times 3) = 600$

11 $6 \times 12 = 72$

12 $4 \times 24 = 96$

13 $6 \times 36 = 216$

14 $7 \times 42 = 294$

15 $9 \times 54 = 486$

16 $A \times B = (A, B$의 최대공약수$) \times (A, B$의 최소공배수$)$
$= (A, B$의 최대공약수$) \times 120$
$= 360$

따라서 $(A, B$의 최대공약수$) = 360 \div 120 = 3$

08 최대공약수의 응용

본문 56쪽

1 (1) 20 (2) 30 (3) 공약수 (4) 최대공약수, 10	
2 6	3 4
4 (1) 1 (2) 1 (3) 1, 1 (4) 1, 1, 최대공약수, 10	
5 8	6 35
7 (1) 12, 15 (2) 최대공약수, 3	
8 6	9 6

1 (4) $\begin{array}{r|rr} 2 & 20 & 30 \\ 5 & 10 & 15 \\ \hline & 2 & 3 \end{array}$

→ 최대공약수: 10

2 x로 18과 42를 나누면 나누어떨어지게 하는 가장 큰 수 x는 18과 42의 최대공약수인 $2\times3=6$

$\begin{array}{r|rr} 2 & 18 & 42 \\ 3 & 9 & 21 \\ \hline & 3 & 7 \end{array}$

3 x로 12, 16, 32를 나누면 나누어떨어지게 하는 가장 큰 수 x는 12, 16, 32의 최대공약수인 $2\times2=4$

$\begin{array}{r|rrr} 2 & 12 & 16 & 32 \\ 2 & 6 & 8 & 16 \\ \hline & 3 & 4 & 8 \end{array}$

4 (4) $\begin{array}{r|rr} 2 & 20 & 30 \\ 5 & 10 & 15 \\ \hline & 2 & 3 \end{array}$

→ 최대공약수: $2\times5=10$

5 x로 26과 34를 나누면 나머지가 모두 2이므로 x는 $(26-2)$와 $(34-2)$, 즉 24와 32의 공약수이고 이러한 x 중에서 가장 큰 수는 24와 32의 최대공약수인 $2\times2\times2=8$

$\begin{array}{r|rr} 2 & 24 & 32 \\ 2 & 12 & 16 \\ 2 & 6 & 8 \\ \hline & 3 & 4 \end{array}$

6 x로 72를 나누면 2가 남고, 38을 나누면 3이 남으므로 $(72-2)$와 $(38-3)$, 즉 70과 35의 공약수이고 이러한 x 중에서 가장 큰 수는 70과 35의 최대공약수인 $5\times7=35$

$\begin{array}{r|rr} 5 & 70 & 35 \\ 7 & 14 & 7 \\ \hline & 2 & 1 \end{array}$

7 (2) $12:\ 2^2\times3$
$15:\ \ \ \ \ 3\times5$
$\overline{\ \ \ \ \ \ \ \ \ \ 3\ \ \ \ \ \ }$

→ 최대공약수: 3

8 두 분수 $\frac{42}{n}$, $\frac{54}{n}$를 모두 자연수로 만드는 자연수 n은 42와 54를 나누어떨어지게 하므로 자연수 n은 42와 54의 공약수이다. 이때 자연수 n의 값 중 가장 큰 수는 42와 54의 최대공약수인 $2\times3=6$

$42:\ 2\times3\times7$
$54:\ 2\times3^3$
$\overline{\ \ \ \ \ \ 2\times3\ \ \ \ \ \ }$

9 세 분수 $\frac{12}{n}$, $\frac{18}{n}$, $\frac{30}{n}$을 모두 자연수로 만드는 자연수 n은 12, 18, 30을 나누어떨어지게 하므로 자연수 n은 12와 18과 30의 공약수이다. 이때 자연수 n의 값 중 가장 큰 수는 12와 18과 30의 최대공약수인 $2\times3=6$

$12:\ 2^2\times3$
$18:\ 2\ \times3^2$
$30:\ 2\ \times3\ \times5$
$\overline{\ \ \ \ \ \ 2\times3\ \ \ \ \ \ }$

09 최소공배수의 응용

본문 58쪽

1 (1) 6 (2) 8 (3) 공배수 (4) 최소공배수, 24
2 60
3 72
4 (1) 1 (2) 1 (3) 1 (4) 1 (5) 1, 7
5 36
6 37
7 (1) 3, 5 (2) 최소공배수, 15
8 12
9 150
10 (1) 12, 공배수 (2) 12, 최소공배수, 36
11 45
12 120
13 (1) 16, 공배수 (2) 15, 공약수
(3) 16, 최소공배수, 48, 15, 최대공약수, 5, $\frac{48}{5}$
14 $\frac{105}{4}$
15 $\frac{63}{2}$

1 (4) $6:\ 2\ \times3$
$8:\ 2^3$
$\overline{\ \ \ 2^3\times3\ \ \ }$

→ 최소공배수: $2^3\times3=24$

2 어떤 자연수 x는 12와 20의 어느 것으로 나누어도 나누어떨어지므로 x는 12와 20의 공배수이다. 이때 자연수 x 중에서 가장 작은 수는 12와 20의 최소공배수이므로 $2^2\times3\times5=60$

$12:\ 2^2\times3$
$20:\ 2^2\times\ \ \ \ 5$
$\overline{\ \ \ 2^2\times3\times5\ \ \ }$

3 어떤 자연수 x는 24와 36의 어느 것으로 나누어도 나누어떨어지므로 x는 24와 36의 공배수이다. 이때 자연수 x 중에서 가장 작은 수는 24와 36의 최소공배수이므로 $2^3\times3^2=72$

$$\begin{array}{r} 24:\ 2^3\times3 \\ 36:\ 2^2\times3^2 \\ \hline 2^3\times3^2 \end{array}$$

5 어떤 자연수 x를 5와 7로 나누면 나머지가 모두 1이므로 $(x-1)$은 5와 7의 공배수이다. 이때 $(x-1)$ 중에서 가장 작은 수는 5와 7의 최소공배수 $5\times7=35$이므로
$x-1=35$에서 $x=36$

6 어떤 자연수 x를 5와 7로 나누면 나머지가 모두 2이므로 $(x-2)$는 5와 7의 공배수이다. 이때 $(x-2)$ 중에서 가장 작은 수는 5와 7의 최소공배수 $5\times7=35$이므로
$x-2=35$에서 $x=37$

8 두 분수 $\frac{n}{3}$, $\frac{n}{12}$을 모두 자연수로 만드는 자연수 n은 3과 12로 나누어떨어지므로 자연수 n은 3과 12의 공배수이다. 이때 자연수 n의 값 중 가장 작은 수는 3과 12의 최소공배수이므로
$2^2\times3=12$

$$\begin{array}{r} 3:\ 3 \\ 12:\ 2^2\times3 \\ \hline 2^2\times3 \end{array}$$

9 세 분수 $\frac{n}{10}$, $\frac{n}{15}$, $\frac{n}{25}$을 모두 자연수로 만드는 자연수 n은 10, 15, 25로 나누어떨어지므로 자연수 n은 10, 15, 25의 공배수이다. 이때 자연수 n의 값 중 가장 작은 수는 10, 15, 25의 최소공배수이므로
$2\times3\times5^2=150$

$$\begin{array}{r} 10:\ 2\times5 \\ 15:\ 3\times5 \\ 25:\ 5^2 \\ \hline 2\times3\times5^2 \end{array}$$

11 두 분수 $\frac{1}{9}$, $\frac{1}{15}$의 어느 것에 곱하여도 그 값이 자연수가 되는 x는 9와 15로 나누어떨어져야 하므로 x는 9와 15의 공배수이다. 이때 자연수 x의 값 중 가장 작은 수는 9와 15의 최소공배수이므로
$3^2\times5=45$

12 두 분수 $\frac{1}{20}$, $\frac{1}{24}$의 어느 것에 곱하여도 그 값이 자연수가 되는 x는 20과 24로 나누어떨어져야 하므로 x는 20과 24의 공배수이다. 이때 자연수 x의 값 중 가장 작은 수는 20과 24의 최소공배수이므로
$2^3\times3\times5=120$

14 주어진 조건을 만족하는 분수를 $\frac{a}{b}$ (a, b는 자연수)라 하면 a는 15와 7로 나누어떨어져야 하므로 a는 15와 7의 공배수이고, b는 8과 12를 나누면 나누어떨어져야 하므로 b는 8과 12의 공약수이다.

즉 $\frac{a}{b}=\frac{(15\text{와 } 7\text{의 공배수})}{(8\text{과 } 12\text{의 공약수})}$

이때 분수는 분모가 클수록, 분자가 작을수록 작으므로 구하는 가장 작은 기약분수는

$\frac{a}{b}=\frac{(15\text{와 } 7\text{의 최소공배수})}{(8\text{과 } 12\text{의 최대공약수})}=\frac{105}{4}$

15 주어진 조건을 만족하는 분수를 $\frac{a}{b}$ (a, b는 자연수)라 하면 a는 9와 21로 나누어떨어져야 하므로 a는 9와 21의 공배수이고, b는 14와 10을 나누면 나누어떨어져야 하므로 b는 14와 10의 공약수이다.

즉 $\frac{a}{b}=\frac{(9\text{와 } 21\text{의 공배수})}{(14\text{와 } 10\text{의 공약수})}$

이때 분수는 분모가 클수록, 분자가 작을수록 작으므로 구하는 가장 작은 기약분수는

$\frac{a}{b}=\frac{(9\text{와 } 21\text{의 최소공배수})}{(14\text{와 } 10\text{의 최대공약수})}=\frac{63}{2}$

TEST 2. 최대공약수와 최소공배수

본문 61쪽

1 ③　2 ④　3 ②, ⑤　4 ②

5 ④　6 ②　7 $\frac{140}{3}$

1 두 자연수 A, B의 최대공약수가 102이므로 두 자연수의 공약수는 102의 약수인 1, 2, 3, 6, 17, 34, 51, 102이다. 따라서 보기 중 102의 약수가 아닌 것은 ③이다.

2

$$\begin{array}{rl} 234= & 2\times3^2\quad\times13 \\ 312= & 2^3\times3\quad\times13 \\ 390= & 2\times3\times5\times13 \\ \hline \text{최대공약수: } & 2\times3\quad\times13 \end{array}$$

따라서 공약수의 개수는

$(1+1)\times(1+1)\times(1+1)=8$

3 ① $3\,\underline{)\,3\quad 21}$
　　$1\quad 7$

→ 최대공약수가 3이므로 3과 21은 서로소가 아니다.

② 27과 40은 최대공약수가 1이므로 서로소이다.

③ $13\,\underline{)\,13\quad 39}$
　　$1\quad 3$

→ 최대공약수가 13이므로 13과 39는 서로소가 아니다.

④ $7\,\underline{)\,42\quad 49}$
　　$6\quad 7$

→ 최대공약수가 7이므로 42와 49는 서로소가 아니다.

⑤ 32와 81은 최대공약수가 1이므로 서로소이다.

4 두 자연수 A, B의 최소공배수가 30이므로 A, B의 공배수는 30의 배수이다. 이 중 200 이하의 수의 개수는 30, 60, 90, 120, 150, 180의 6이다.

5

$$\begin{array}{rl} & 2^3\times3\times5^2 \\ & 2^2\times3^3 \\ \hline \text{최대공약수: } & 2^2\times3 \end{array}$$

$$\begin{array}{rl} & 2^3\times3\times5^2 \\ & 2^2\times3^3 \\ \hline \text{최소공배수: } & 2^3\times3^3\times5^2 \end{array}$$

따라서 두 수 $2^3\times3\times5^2$, $2^2\times3^3$의 최대공약수와 최소공배수를 차례로 나열한 것은 ④이다.

6 두 수 A, B의 곱이 $2^3\times3^2\times5$이므로

(A, B의 최대공약수)$\times$(A, B의 최소공배수)

$=2^3\times3^2\times5$

이때 (A, B의 최소공배수)$=2^2\times3\times5$이므로

(A, B의 최대공약수)$=2\times3$

7 주어진 조건을 만족하는 분수를 $\frac{a}{b}$ (a, b는 자연수)라 하면 a는 28과 20으로 나누어떨어져야 하므로 a는 28과 20의 공배수이고, b는 15와 9를 나누면 나누어떨어져야 하므로 b는 15와 9의 공약수이다.

즉 $\frac{a}{b}=\frac{(\text{28과 20의 공배수})}{(\text{15와 9의 공약수})}$

이때 분수는 분모가 클수록, 분자가 작을수록 작으므로 구하는 가장 작은 기약분수는

$\frac{a}{b}=\frac{(\text{28과 20의 최소공배수})}{(\text{15와 9의 최대공약수})}=\frac{140}{3}$

대단원
TEST I. 소인수분해

본문 62쪽

1 ②, ④	**2** ⑤	**3** 2
4 ③	**5** ④	**6** 60
7 ①	**8** ②	**9** 6
10 ④	**11** ②	**12** ③
13 ②	**14** ⑤	**15** ①

1 ① 1은 소수가 아니다.
③ 8의 약수는 1, 2, 4, 8이므로 합성수이다.
⑤ 21의 약수는 1, 3, 7, 21이므로 합성수이다.
따라서 소수는 ②, ④이다.

2 약수의 개수가 2인 수는 소수이므로 20 이하의 자연수 중에서 소수의 개수는 2, 3, 5, 7, 11, 13, 17, 19의 8이다.

3 $a\times a\times b\times b\times b\times c\times a\times c=a^3\times b^3\times c^2$이므로
$x=3$, $y=3$, $z=2$
따라서 $x-y+z=3-3+2=2$

4 $225=3^2\times5^2$이므로 $a=3$, $b=2$
따라서 $a+b=3+2=5$

5 $196=2^2\times7^2$이므로 196의 소인수는 2, 7이다.
따라서 모든 소인수의 합은 $2+7=9$

6 $250=2\times5^3$이므로 이 수에 모든 소인수의 지수가 짝수가 되도록 곱할 수 있는 가장 작은 자연수는 $2\times5=10$

$$\begin{array}{r|l} 2 & 250 \\ \hline 5 & 125 \\ \hline 5 & 25 \\ \hline & 5 \end{array}$$

$2\times5^3 \xrightarrow{\times2\times5} 2^2\times5^4$
즉 $a=10$, $b=2\times5^2=50$
따라서 $a+b=10+50=60$

7 $52=2^2\times13$이므로 다음 표에서 52의 약수는 1, 2, 4, 13, 26, 52이다.

$$\begin{array}{r|l} 2 & 52 \\ \hline 2 & 26 \\ \hline & 13 \end{array}$$

$\times$	1	2	2^2
1	1	2	2^2
13	13	2×13	$2^2\times13$

따라서 구하는 합은
$1+2+4+13+26+52=98$

8 두 수의 최대공약수를 $2^x\times5$(x는 3보다 작거나 같은 자연수)라 하면 두 수의 공약수의 개수는 $2^x\times5$의 약수의 개수와 같으므로
$(x+1)\times(1+1)=6$, 즉 $x=2$
따라서 최대공약수가 $2^2\times5$이므로 $a=2$

9
$$\begin{aligned} 12&=2^2\times3 \\ 18&=2\times3^2 \\ 30&=2\times3\times5 \end{aligned}$$
최대공약수: $2\times3=6$

10 ④ 24와 125의 최대공약수가 1이므로 두 수는 서로소이다.

11 두 자연수 A, B의 최소공배수가 24이므로 A, B의 공배수는 24의 배수이다.
이 중에서 두 자리의 자연수의 개수는 24, 48, 72, 96의 4이다.

12 (두 자연수의 곱)=(최대공약수)×(최소공배수)
$=6\times42$
$=252$

13 $2^2\times3^a$의 약수의 개수는 $(2+1)\times(a+1)=9$
$3\times(a+1)=9$, $a+1=3$
따라서 $a=2$

14 (최소공배수)$=a\times2\times2\times3$
$=60$
따라서 $a=5$

$$\begin{array}{r|ll} a & 4\times a & 6\times a \\ \hline 2 & 4 & 6 \\ \hline & 2 & 3 \end{array}$$

15 $A=9\times a$, $B=9\times b$(a, b는 서로소, $a<b$)라 하면
(최소공배수)$=9\times a\times b=72$이므로 $a\times b=8$
(i) $a=1$, $b=8$일 때, $A=9$, $B=72$
(ii) $a=2$, $b=4$일 때, $A=18$, $B=36$
이때 $a=2$, $b=4$는 서로소가 아니므로 $A=9$, $B=72$
따라서 $A+B=9+72=81$

3 정수와 유리수

01 양의 부호와 음의 부호

본문 68쪽

원리확인

❶ +, − ❷ +, − ❸ +, −

1 (✎ −) 2 +2, −5
3 +300, −200 4 +25, −40
5 +25, −5 6 +200, −300
7 (✎ +) 8 −3, 음 9 +10, 양
10 −25, 음 11 $+\frac{1}{3}$, 양 12 $-\frac{3}{4}$, 음
13 +2.5, 양 14 −4.8, 음
15 (1) +2, +2.3, +0.3 (2) $-\frac{1}{5}$, −7 (3) 0

☺ 0, 0, 0

02 정수

본문 70쪽

원리확인

❶ +1, −1 ❷ +4, −4 ❸ +11, −11

1 2, +4, 7 2 20, 4
3 50, +19 4 −9, −7, −12
5 −4, −7 6 −3, −42
7 (1) +5, +7 (2) +5, +7 (3) −10, −3, −9
(4) −10, 0, −3, −9

8

수	3	$+\frac{4}{2}$	0	−1	$-\frac{12}{3}$
양의 정수 (자연수)	○	○	×	×	×
음의 정수	×	×	×	○	○
정수	○	○	○	○	○

☺ 0

9 $-\frac{10}{5}$, $+\frac{24}{12}$, $\frac{48}{8}$

10 0, $+\frac{81}{3}$, $-\frac{52}{13}$, $\frac{8}{8}$ 11 $-\frac{5}{5}$, $-\frac{125}{5}$, $-\frac{33}{11}$

12 ③

9 $-\frac{10}{5}=-2$, $+\frac{24}{12}=+2$, $\frac{48}{8}=6$

10 $+\frac{81}{3}=+27$, $-\frac{52}{13}=-4$, $\frac{8}{8}=1$

11 $-\frac{5}{5}=-1$, $-\frac{125}{5}=-25$, $-\frac{33}{11}=-3$

12 양의 정수는 $+4$, $\frac{20}{5}=4$, $+23$이므로 $a=3$

음의 정수는 $-\frac{36}{4}=-9$이므로 $b=1$

따라서 $a+b=3+1=4$

03 유리수

본문 72쪽

원리확인

❶ $+\frac{5}{3}$, $-\frac{3}{5}$ ❷ +4, $-\frac{1}{4}$

1 (1) +7, +1.2, $\frac{6}{3}$, 15, $+\frac{9}{5}$

(2) −2.7, $-\frac{5}{7}$, $-\frac{3}{3}$, −4 (3) +7, $\frac{6}{3}$, 15

(4) $-\frac{3}{3}$, −4 (5) +7, 0, $\frac{6}{3}$, 15, $-\frac{3}{3}$, −4

(6) −2.7, $-\frac{5}{7}$, +1.2, $+\frac{9}{5}$ (7) 0

2

수	0	$+\frac{4}{3}$	−3.2	2	$-\frac{12}{13}$
양수	×	○	×	○	×
음수	×	×	○	×	○
정수	○	×	×	○	×
정수가 아닌 유리수	×	○	○	×	○

☺ 정수

3 (1) ㄴ, ㅂ (2) ㄱ, ㅂ (3) ㄱ, ㄷ, ㅁ (4) ㅅ (5) ㄴ, ㄹ
4 × 5 ○ 6 ○ 7 ○
8 × 9 ○ 10 × 11 ②, ③

4 양의 정수, 0, 음의 정수를 통틀어 정수라 한다.

8 0은 정수이므로 유리수이다.

9 $1.8=\frac{18}{10}=\frac{9}{5}$이므로 유리수이다.

11 ① 양수는 양의 부호를 생략하여 나타낼 수 있다.
④ 0과 1 사이에는 무수히 많은 유리수가 있다.
⑤ 0은 양의 유리수도 음의 유리수도 아니다.

04 수직선

본문 74쪽

원리확인

❶ 0 ❷ -4, $+2$ ❸ $-\frac{3}{2}$, $+\frac{1}{2}$

❹ $-\frac{2}{3}$, $+\frac{2}{3}$ ☺ 0

1 A: -1, B: $+2$ 2 A: -3, B: $+3$

3 A: -1, B: 0 4 A: -2, B: $+3$

5 A: -3, B: 0, C: $+3$ 6 A: -2, B: $+1$, C: $+4$

7 ③ 8 A: $-\frac{1}{2}$, B: $+\frac{1}{2}$

9 A: $-1\frac{1}{2}=-\frac{3}{2}$, B: $+1\frac{1}{2}=+\frac{3}{2}$

10 A: $+\frac{1}{3}$, B: $+\frac{2}{3}$

11 A: $-1\frac{1}{3}=-\frac{4}{3}$, B: $+1\frac{2}{3}=+\frac{5}{3}$

12 A: $+\frac{1}{4}$, B: $+\frac{3}{4}$

13 A: $-\frac{1}{2}$, B: $+\frac{1}{2}$

14 A: $-\frac{3}{4}$, B: $+1\frac{1}{2}=+\frac{3}{2}$

15 A: $-\frac{2}{3}$, B: $+2\frac{3}{4}=+\frac{11}{4}$

16 (수직선: A는 -1, B는 $+1$과 $+2$ 사이)
A B
-4 -3 -2 -1 0 $+1$ $+2$ $+3$ $+4$

17 (수직선)
A B
-4 -3 -2 -1 0 $+1$ $+2$ $+3$ $+4$

18 (수직선)
A B
-4 -3 -2 -1 0 $+1$ $+2$ $+3$ $+4$

19 ②

7 (수직선)
-4 -3 -2 -1 0 $+1$ $+2$ $+3$ $+4$

-4와 $+2$를 나타내는 두 점으로부터 같은 거리에 있는 점이 나타내는 수는 -1이다.

19 A: -3, B: $-1\frac{1}{2}=-\frac{3}{2}$, C: 0,
D: $+2\frac{1}{2}=+\frac{5}{2}$, E: $+4$
이므로
① 정수의 개수는 A: -3, C: 0, E: $+4$의 3이다.
② 자연수의 개수는 E: $+4$의 1이다.
③ 정수가 아닌 유리수의 개수는 B: $-\frac{3}{2}$, D: $+\frac{5}{2}$의 2이다.
④ 점 B가 나타내는 수는 $-\frac{3}{2}$이다.
⑤ 점 D는 0보다 $+\frac{5}{2}$만큼 큰 수이다.

05 절댓값

본문 76쪽

원리확인

❶
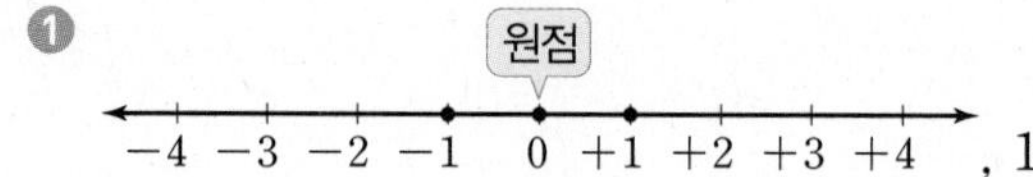

, 1

❷
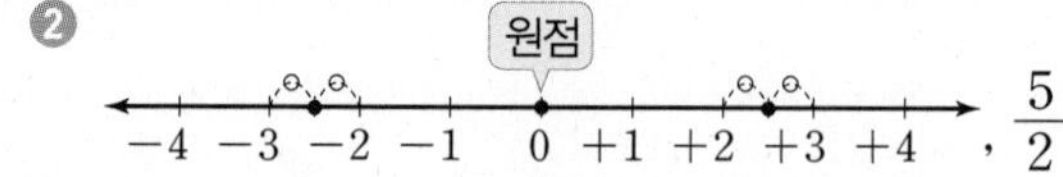

, $\frac{5}{2}$

❸
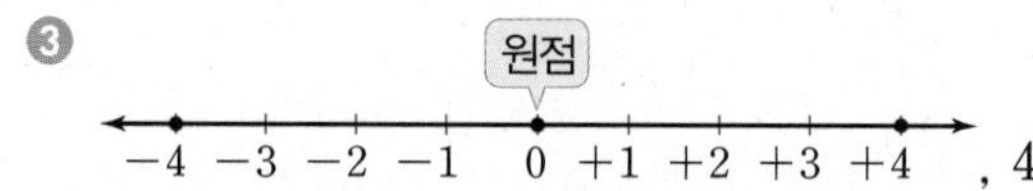

, 4

1 (✎2) 2 $|-5|=5$ 3 $|+1|=1$

4 $|0|=0$ 5 $|-2.8|=2.8$ 6 $\left|+\frac{4}{9}\right|=\frac{4}{9}$

7 $|-49|=49$ 8 $|+3.14|=3.14$

☺ 0, 0 9 ③ 10 3 11 8

12 1.5 13 0 14 18 15 11.5

16 $\frac{5}{8}$ 17 $\frac{4}{21}$ 18 34.7 19 6

20 5 21 8 22 $\frac{7}{10}$ 23 1

24 35 25 $\frac{3}{4}$ 26 1

27 -2, $+1$, $-\frac{3}{4}$, $+\frac{1}{3}$, 0

9 $a=|+4|=4$, $b=|-7|=7$이므로
$a+b=4+7=11$

19 $|+3|+|-3|=3+3=6$

20 $|-2|+|+3|=2+3=5$

21 $|-5|+|-3|=5+3=8$

22 $\left|\frac{2}{5}\right|+\left|-\frac{3}{10}\right|=\frac{2}{5}+\frac{3}{10}=\frac{4}{10}+\frac{3}{10}=\frac{7}{10}$

23 $\left|-\frac{1}{2}\right|+|0.5|=\frac{1}{2}+0.5=\frac{1}{2}+\frac{1}{2}=1$

24 $|13|+|-22|=13+22=35$

25 $\left|\frac{3}{8}\right|+\left|-\frac{3}{8}\right|=\frac{3}{8}+\frac{3}{8}=\frac{6}{8}=\frac{3}{4}$

26 $|1.8|-|-1|+|0.2|=1.8-1+0.2=1$

27 $|-2|=2$, $\left|-\frac{3}{4}\right|=\frac{3}{4}$, $|0|=0$, $\left|+\frac{1}{3}\right|=\frac{1}{3}$, $|+1|=1$이므로 절댓값이 큰 수부터 차례로 나열하면 -2, $+1$, $-\frac{3}{4}$, $+\frac{1}{3}$, 0이다.

06 절댓값의 성질

본문 78쪽

원리확인

❶ -3, $+3$, -3, $+3$, -3, $+3$, 6

❷ -15, $+15$, -15, $+15$, -15, $+15$, 30

1 (✎ -5, $+5$) 2 -9, $+9$ 3 $-\frac{5}{17}$, $+\frac{5}{17}$

4 0 5 -8.7, $+8.7$ 6 $+3$

7 $-\frac{4}{7}$ ☺ 0, $-a$ 8 (✎ 0, -1)

9 -1, 0, 1 10 -2, -1, 0, 1, 2

11 -4, -3, -2, -1, 0, 1, 2, 3, 4

12 1, 2, 3, 4, 5 ☺ 0, 0 13 ④

14 (✎ -1, $+1$) 15 -2, $+2$ 16 -3, $+3$

17 -4, $+4$ 18 -5, $+5$ 19 -8, $+8$

20 ③

9 절댓값이 2보다 작은 정수는 절댓값이 0, 1인 정수이다.
절댓값이 0인 수: 0
절댓값이 1인 수: -1, 1
따라서 절댓값이 2보다 작은 정수는 -1, 0, 1이다.

10 절댓값이 3보다 작은 정수는 절댓값이 0, 1, 2인 정수이다.
절댓값이 0인 수: 0
절댓값이 1인 수: -1, 1
절댓값이 2인 수: -2, 2
따라서 절댓값이 3보다 작은 정수는 -2, -1, 0, 1, 2이다.

11 절댓값이 4 이하인 정수는 절댓값이 0, 1, 2, 3, 4인 정수이다.
절댓값이 0인 수: 0
절댓값이 1인 수: -1, 1
절댓값이 2인 수: -2, 2
절댓값이 3인 수: -3, 3
절댓값이 4인 수: -4, 4
따라서 절댓값이 4 이하인 정수는
-4, -3, -2, -1, 0, 1, 2, 3, 4이다.

12 절댓값이 $\frac{11}{2}$인 수는 $+\frac{11}{2}=+5.5$, $-\frac{11}{2}=-5.5$이므로 절댓값이 $\frac{11}{2}$ 이하인 자연수는 1, 2, 3, 4, 5이다.

13 절댓값이 5보다 작은 정수는 절댓값이 0, 1, 2, 3, 4인 정수이다.
절댓값이 0인 수: 0
절댓값이 1인 수: -1, 1
절댓값이 2인 수: -2, 2
절댓값이 3인 수: -3, 3
절댓값이 4인 수: -4, 4
이므로 절댓값이 5보다 작은 정수는 -4, -3, -2, -1, 0, 1, 2, 3, 4이고, 이때 수직선 위에서 0에 대응하는 점의 오른쪽에 있는 수는 1, 2, 3, 4이다.
따라서 ㈎, ㈏를 모두 만족하는 수는 ④이다.

15 두 수의 절댓값이 같고, 두 수 사이의 거리가 4이므로 두 수의 절댓값은 $\frac{1}{2}\times4=2$
따라서 구하는 두 수는 -2, $+2$이다.

16 두 수의 절댓값이 같고, 두 수 사이의 거리가 6이므로 두 수의 절댓값은 $\frac{1}{2}\times6=3$

따라서 구하는 두 수는 -3, $+3$이다.

17 두 수의 절댓값이 같고, 두 수 사이의 거리가 8이므로 두 수의 절댓값은 $\frac{1}{2}\times8=4$

따라서 구하는 두 수는 -4, $+4$이다.

18 두 수의 절댓값이 같고, 두 수 사이의 거리가 10이므로 두 수의 절댓값은 $\frac{1}{2}\times10=5$

따라서 구하는 두 수는 -5, $+5$이다.

19 두 수의 절댓값이 같고, 두 수 사이의 거리가 16이므로 두 수의 절댓값은 $\frac{1}{2}\times16=8$

따라서 구하는 두 수는 -8, $+8$이다.

20 두 수의 절댓값이 같고, 두 수 사이의 거리가 18이므로 두 수의 절댓값은 $\frac{1}{2}\times18=9$

따라서 두 수는 -9, $+9$이고 이 중 큰 수는 $+9$이다.

07 수의 대소 관계

본문 80쪽

원리확인

❶ 2, 1 ❷ $\frac{3}{2}$, $\frac{3}{2}$ ❸ 5, 8

1 $<$	2 $>$	3 $<$	4 $>$
5 $>$	6 $<$	7 $>$	8 $<$
☺ $<$, $<$	9 $<$	10 $<$	11 $>$
12 $>$	13 $>$	14 $>$	15 $>$
16 $>$	☺ $<$	17 $>$	18 $<$
19 $<$	20 $>$	21 $<$	22 $>$
23 $>$	24 $>$	☺ 큰	25 $>$
26 $<$	27 $<$	28 $>$	29 $>$
30 $<$	31 $>$	32 $>$	33 $<$
34 $>$	35 $<$	36 $<$	37 $>$
38 $<$	39 $>$	40 $>$	☺ 큰

41 ⑤ 42 $-2.1<0<+2$

43 $-30<29<31$ 44 $-5<|+5|<6$

45 $-1<|-1.2|<2$ 46 $-\frac{5}{14}<\frac{3}{28}<\frac{1}{7}$

47 $-2.5<-0.8<-\frac{2}{3}$ 48 $0<|-0.1|<0.2$

49 $-\frac{5}{12}<\frac{5}{6}<0.9$ 50 -7, -2, 1, 3, 6

51 -14, -10, $|-10|$, 12, $|-13|$

52 -7.2, -3, 0, $\frac{13}{4}$, 5 53 -3.7, $-\frac{1}{3}$, $\frac{3}{2}$, 2.5, 4

54 -9.2, $-\left|\frac{8}{9}\right|$, $-\frac{7}{8}$, 0, $|-6.3|$

55 ②

22 $\frac{2}{3}=\frac{10}{15}$, $\frac{3}{5}=\frac{9}{15}$이고, $\frac{10}{15}>\frac{9}{15}$이므로

$\frac{2}{3}>\frac{3}{5}$

23 $\frac{4}{5}=\frac{8}{10}$, $0.6=\frac{6}{10}$이고, $\frac{8}{10}>\frac{6}{10}$이므로

$\frac{4}{5}>0.6$

24 $0.8=\frac{8}{10}=\frac{24}{30}$, $\left|-\frac{1}{6}\right|=\frac{1}{6}=\frac{5}{30}$이고,

$\frac{24}{30}>\frac{5}{30}$이므로

$0.8>\left|-\frac{1}{6}\right|$

36 $\left|-\frac{6}{5}\right|=\frac{6}{5}=\frac{48}{40}$, $\left|-\frac{9}{8}\right|=\frac{9}{8}=\frac{45}{40}$이고,

$\frac{48}{40}>\frac{45}{40}$이므로 $-\frac{6}{5}<-\frac{9}{8}$

37 $\left|-\frac{6}{25}\right|=\frac{6}{25}=\frac{24}{100}$, $|-0.25|=0.25=\frac{25}{100}$이고,

$\frac{24}{100}<\frac{25}{100}$이므로 $-\frac{6}{25}>-0.25$

38 $|-2.8|=2.8=\frac{28}{10}=\frac{14}{5}=\frac{42}{15}$,

$\left|-2\frac{1}{3}\right|=2\frac{1}{3}=\frac{7}{3}=\frac{35}{15}$이고, $\frac{42}{15}>\frac{35}{15}$이므로

$-2.8<-2\frac{1}{3}$

41 ④ $\left|-\frac{5}{9}\right|=\frac{5}{9}$, $\left|+\frac{2}{3}\right|=\frac{2}{3}=\frac{6}{9}$이고,

$\frac{5}{9}<\frac{6}{9}$이므로 $\left|-\frac{5}{9}\right|<\left|+\frac{2}{3}\right|$

⑤ $\left|-\frac{4}{5}\right|=\frac{4}{5}=\frac{12}{15}$, $\left|-\frac{2}{3}\right|=\frac{2}{3}=\frac{10}{15}$이고,

$\frac{12}{15}>\frac{10}{15}$이므로 $\left|-\frac{4}{5}\right|>\left|-\frac{2}{3}\right|$

46 $\frac{1}{7}=\frac{4}{28}$이므로 $\frac{3}{28}<\frac{1}{7}$

따라서 $-\frac{5}{14}<\frac{3}{28}<\frac{1}{7}$

47 $|-2.5|=2.5=\frac{25}{10}=\frac{75}{30}$,

$\left|-\frac{2}{3}\right|=\frac{2}{3}=\frac{20}{30}$, $|-0.8|=0.8=\frac{8}{10}=\frac{24}{30}$이고,

$\frac{75}{30}>\frac{24}{30}>\frac{20}{30}$이므로 $-2.5<-0.8<-\frac{2}{3}$

49 $0.9=\frac{9}{10}=\frac{27}{30}$, $\frac{5}{6}=\frac{25}{30}$이고, $\frac{25}{30}<\frac{27}{30}$이므로

$\frac{5}{6}<0.9$

따라서 $-\frac{5}{12}<\frac{5}{6}<0.9$

52 $\frac{13}{4}=3\frac{1}{4}$이므로 $\frac{13}{4}<5$

따라서 -7.2, -3, 0, $\frac{13}{4}$, 5이다.

54 $-\left|\frac{8}{9}\right|=-\frac{8}{9}=-\frac{64}{72}$, $-\frac{7}{8}=-\frac{63}{72}$이고

$-\frac{64}{72}<-\frac{63}{72}$이므로 $-\left|\frac{8}{9}\right|<-\frac{7}{8}$

따라서 -9.2, $-\left|\frac{8}{9}\right|$, $-\frac{7}{8}$, 0, $|-6.3|$이다.

55 주어진 수의 대소 관계를 나타내면 다음과 같다.

$-\frac{3}{4}=-\frac{15}{20}$, $-\frac{7}{2}=-\frac{70}{20}$,

$-2.3=-\frac{23}{10}=-\frac{46}{20}$에서

$-\frac{70}{20}<-\frac{46}{20}<-\frac{15}{20}$이므로

$-\frac{7}{2}<-2.3<-\frac{3}{4}$

$2=\frac{12}{6}$, $\frac{1}{2}=\frac{3}{6}$, $\frac{13}{3}=\frac{26}{6}$에서

$\frac{3}{6}<\frac{12}{6}<\frac{26}{6}$이므로

$\frac{1}{2}<2<\frac{13}{3}$

따라서 $-\frac{7}{2}<-2.3<-\frac{3}{4}<\frac{1}{2}<2<\frac{13}{3}$

② 가장 작은 수는 $-\frac{7}{2}$이다.

③ $\left|-\frac{7}{2}\right|=\frac{7}{2}=\frac{21}{6}$, $\frac{13}{3}=\frac{26}{6}$이므로 절댓값이 가장 큰 수는 $\frac{13}{3}$이다.

08 부등호의 사용

본문 84쪽

1 >	2 >	3 <	4 <
5 ≥	6 ≥	7 ≥	8 ≤
9 ≤	10 ≤	11 <, <	12 ≤, ≤
☺ ≥, ≤	13 (✎ 4)	14 $x<10$	
15 $x\geq-\frac{17}{20}$	16 $x\leq0.8$	17 $x>-17$	
18 $x<\frac{5}{4}$	19 $x\geq-10$	20 $x\geq-\frac{2}{5}$	
21 $x\leq0$	22 $|x|\leq3$	23 (✎ -3, 8)	
24 $0<x<11$	25 $0<x\leq4$	26 $5\leq x<15$	

27 $-2.5<x\leq2.5$　28 $-\frac{3}{4}\leq x\leq\frac{1}{3}$

29 $-\frac{7}{8}\leq x<2.5$　30 -3, -2, -1, 0

31 -3, -2, -1, 0, 1　32 0, 1, 2, 3

33 -2, -1, 0, 1, 2, 3　34 -1, 0, 1, 2

35 -3, -2, -1, 0, 1, 2, 3

36 1, 2, 3, 4, 5, 6, 7

37 -5, -4, -3, -2, -1, 0, 1

38 -4, -3, -2, -1, 0, 1

39 -3, -2, -1, 0

40 0

41 -4, -3, -2, -1, 0, 1, 2, 3, 4

42 -5, -4, -3, -2, -1, 0, 1, 2, 3, 4, 5

43 ②

30

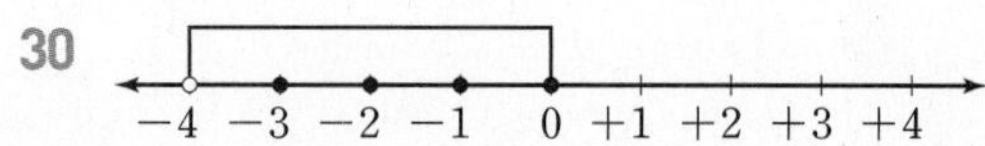

31

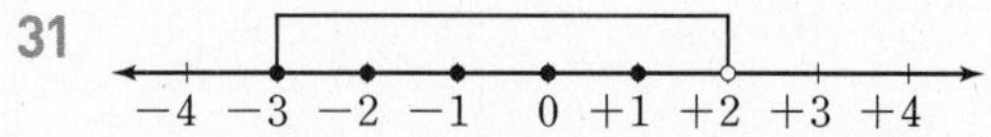

32

−4 −3 −2 −1 0 +1 +2 +3 +4

33 $-\frac{8}{3}=-2\frac{2}{3}$이므로

−4 −3 −2 −1 0 +1 +2 +3 +4

$-\frac{8}{3}$

34 $+\frac{12}{5}=+2\frac{2}{5}$이므로

−4 −3 −2 −1 0 +1 +2 +3 +4

$+\frac{12}{5}$

35

−4 −3 −2 −1 0 +1 +2 +3 +4

38 $-\frac{9}{2}=-4\frac{1}{2}$이므로

−4 −3 −2 −1 0 +1 +2 +3 +4

$-\frac{2}{9}$

39 $-\frac{13}{4}=-3\frac{1}{4}$이므로

−4 −3 −2 −1 0 +1 +2 +3 +4

$-\frac{13}{4}$

40

−4 −3 −2 −1 0 +1 +2 +3 +4

41

−4 −3 −2 −1 0 +1 +2 +3 +4

42

−6 −5 −4 −3 −2 −1 0 +1 +2 +3 +4 +5 +6

43 ㈎ $-2,\ -1,\ 0$, ㈏ $-1,\ 0,\ 1$이므로 조건을 모두 만족시키는 정수 A의 개수는 $-1,\ 0$의 2이다.

TEST 3. 정수와 유리수

본문 87쪽

1 ③	**2** ④	**3** ③	**4** ⑤
5 11.5	**6** 8		

1 ① 자연수의 개수는 $1,\ \frac{6}{3}=2$의 2이다.

② 음의 정수의 개수는 -6의 1이다.

③ 정수의 개수는 $-6,\ 0,\ 1,\ \frac{6}{3}=2$의 4이다.

④ 음의 유리수의 개수는 $-6,\ -\frac{12}{5}$의 2이다.

⑤ 유리수의 개수는 $-6,\ 3.5,\ 0,\ -\frac{12}{5},\ 1,\ \frac{6}{3}$의 6이다.

따라서 옳지 않은 것은 ③이다.

2 ① 0은 양수도 음수도 아니다.

② 양수는 음수보다 크다.

③ 정수는 양의 정수, 0, 음의 정수로 나눌 수 있다.

⑤ 모든 정수는 유리수이다.

따라서 옳은 것은 ④이다.

3 ① A: -3 ② B: $-\frac{3}{2}$ ③ C: $\frac{3}{4}$

④ D: $1\frac{2}{3}=\frac{5}{3}$ ⑤ E: $+4$

4 ① 절댓값은 항상 0보다 크거나 같다.

② 0을 제외하고 절댓값이 같은 수는 항상 2개이다.

③ 0의 절댓값은 0이다.

④ 절댓값이 클수록 수직선의 원점에서 멀다.

⑤ 절댓값이 같고 부호가 반대인 두 수의 거리가 20이면 두 수 중 작은 수는 -10이다.

따라서 옳은 것은 ⑤이다.

5 $-\frac{15}{3}=-5,\ \left|-\frac{9}{2}\right|=\frac{9}{2}=4\frac{1}{2}$이므로

주어진 수의 대소 관계를 나타내면 다음과 같다.

$-\frac{15}{3}<-4<2<\left|-\frac{9}{2}\right|<5<6.5$

따라서 가장 큰 수와 가장 작은 수의 절댓값의 합은

$|6.5|+\left|-\frac{15}{3}\right|=6.5+5=11.5$

6 $-\frac{19}{3}\le a\le\frac{4}{3}$이므로 a를 만족하는 정수의 개수는 $-6,\ -5,\ -4,\ -3,\ -2,\ -1,\ 0,\ 1$의 8이다.

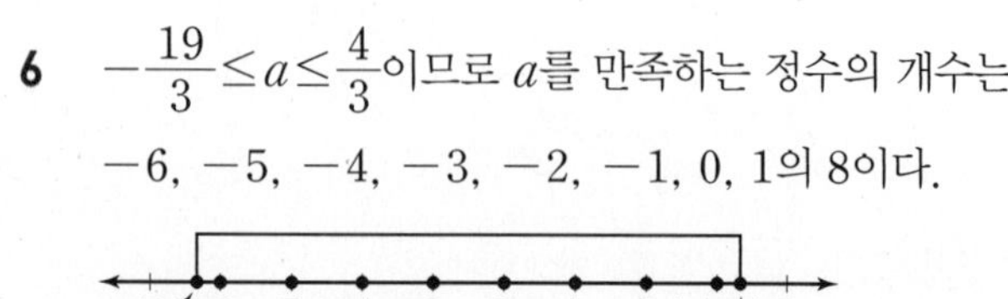

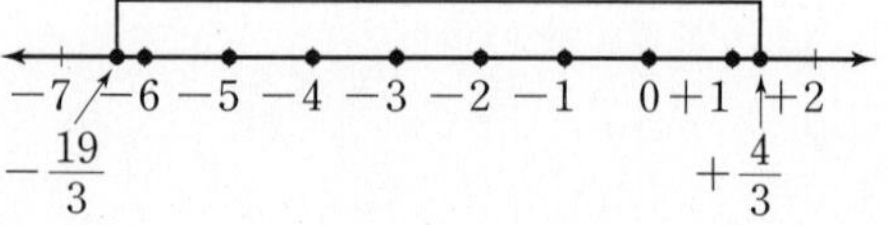

4 정수와 유리수의 덧셈과 뺄셈

01 부호가 같은 두 수의 덧셈

본문 90쪽

원리확인

❶ $+5$ ❷ $+6$ ❸ $+6$ ❹ -6
❺ -5 ❻ -7 ☺ 오른, 왼

1 (✎ +, +3) 2 $+4$ 3 $+7$
4 $+10$ 5 $+11$ 6 $+12$ 7 $+12$
8 $+12$ 9 $+12$ 10 $+14$ 11 $+16$
12 $+13$ 13 $+24$ 14 $+32$ 15 $+40$
16 $+48$ 17 $+50$ 18 $+81$
19 (✎ −, −4) 20 -5 21 -5
22 -9 23 -10 24 -8 25 -9
26 -17 27 -17 28 -25 29 -15
30 -20 31 -28 32 -36 33 -40
34 -50 35 -60 36 -106 ☺ +, −
37 (✎ +, +1) 38 $+\frac{5}{7}$ 39 $+\frac{5}{2}$
40 $+\frac{9}{5}$ 41 $+\frac{10}{9}$ 42 $\left(✎ +, +\frac{7}{6}\right)$
43 $+\frac{29}{28}$ 44 $+\frac{71}{63}$ 45 $+\frac{43}{60}$ 46 $+\frac{19}{5}$
47 $+\frac{49}{11}$ 48 $+\frac{75}{34}$ 49 (✎ +, +, +3)
50 $+\frac{49}{60}$ 51 $+\frac{53}{10}$ 52 $+4.8$ 53 $+9.7$
54 $+17.6$ 55 $\left(✎ -, -\frac{2}{3}\right)$ 56 $-\frac{3}{7}$
57 $-\frac{1}{2}$ 58 $-\frac{1}{3}$ 59 $-\frac{9}{4}$ 60 $-\frac{7}{6}$
61 $-\frac{23}{12}$ 62 $-\frac{25}{24}$ 63 $-\frac{4}{3}$ 64 $-\frac{6}{5}$
65 $-\frac{33}{13}$ 66 $-\frac{53}{15}$ 67 $-\frac{3}{2}$ 68 $-\frac{64}{45}$
69 -5 70 -7.5 71 -5.5 72 ③
73 (✎ +, +9) 74 $+9$ 75 $+6$
76 $+10.3$ 77 $+\frac{5}{3}$ 78 $+\frac{15}{4}$ 79 $+\frac{14}{15}$
80 (✎ −, −7) 81 -12 82 -3
83 $-\frac{13}{6}$ 84 $-\frac{17}{12}$ 85 $-\frac{49}{20}$ 86 $-\frac{15}{28}$

2 $(+1)+(+3)=+(1+3)=+4$

3 $(+2)+(+5)=+(2+5)=+7$

4 $(+2)+(+8)=+(2+8)=+10$

5 $(+3)+(+8)=+(3+8)=+11$

6 $(+4)+(+8)=+(4+8)=+12$

7 $(+5)+(+7)=+(5+7)=+12$

8 $(+7)+(+5)=+(7+5)=+12$

9 $(+8)+(+4)=+(8+4)=+12$

10 $(+9)+(+5)=+(9+5)=+14$

11 $(+10)+(+6)=+(10+6)=+16$

12 $(+12)+(+1)=+(12+1)=+13$

13 $(+15)+(+9)=+(15+9)=+24$

14 $(+22)+(+10)=+(22+10)=+32$

15 $(+24)+(+16)=+(24+16)=+40$

16 $(+31)+(+17)=+(31+17)=+48$

17 $(+42)+(+8)=+(42+8)=+50$

18 $(+56)+(+25)=+(56+25)=+81$

20 $(-2)+(-3)=-(2+3)=-5$

21 $(-3)+(-2)=-(3+2)=-5$

22 $(-4)+(-5)=-(4+5)=-9$

23 $(-4)+(-6)=-(4+6)=-10$

24 $(-5)+(-3)=-(5+3)=-8$

25 $(-6)+(-3)=-(6+3)=-9$

26 $(-7)+(-10)=-(7+10)=-17$

27 $(-8)+(-9)=-(8+9)=-17$

28 $(-9)+(-16)=-(9+16)=-25$

29 $(-10)+(-5)=-(10+5)=-15$

30 $(-13)+(-7)=-(13+7)=-20$

31 $(-16)+(-12)=-(16+12)=-28$

32 $(-18)+(-18)=-(18+18)=-36$

33 $(-24)+(-16)=-(24+16)=-40$

34 $(-35)+(-15)=-(35+15)=-50$

35 $(-42)+(-18)=-(42+18)=-60$

36 $(-62)+(-44)=-(62+44)=-106$

38 $\left(+\frac{2}{7}\right)+\left(+\frac{3}{7}\right)=+\left(\frac{2}{7}+\frac{3}{7}\right)=+\frac{5}{7}$

39 $\left(+\frac{3}{4}\right)+\left(+\frac{7}{4}\right)=+\left(\frac{3}{4}+\frac{7}{4}\right)=+\frac{10}{4}=+\frac{5}{2}$

40 $\left(+\frac{7}{5}\right)+\left(+\frac{2}{5}\right)=+\left(\frac{7}{5}+\frac{2}{5}\right)=+\frac{9}{5}$

41 $\left(+\frac{8}{9}\right)+\left(+\frac{2}{9}\right)=+\left(\frac{8}{9}+\frac{2}{9}\right)=+\frac{10}{9}$

43 $\left(+\frac{3}{4}\right)+\left(+\frac{2}{7}\right)=+\left(\frac{21}{28}+\frac{8}{28}\right)=+\frac{29}{28}$

44 $\left(+\frac{4}{7}\right)+\left(+\frac{5}{9}\right)=+\left(\frac{36}{63}+\frac{35}{63}\right)=+\frac{71}{63}$

45 $\left(+\frac{7}{12}\right)+\left(+\frac{2}{15}\right)=+\left(\frac{35}{60}+\frac{8}{60}\right)=+\frac{43}{60}$

46 $(+3)+\left(+\frac{4}{5}\right)=+\left(\frac{15}{5}+\frac{4}{5}\right)=+\frac{19}{5}$

47 $\left(+\frac{5}{11}\right)+(+4)=+\left(\frac{5}{11}+\frac{44}{11}\right)=+\frac{49}{11}$

48 $(+2)+\left(+\frac{7}{34}\right)=+\left(\frac{68}{34}+\frac{7}{34}\right)=+\frac{75}{34}$

50 $\left(+\frac{5}{12}\right)+(+0.4)=+\left(\frac{25}{60}+\frac{24}{60}\right)=+\frac{49}{60}$

51 $(+2.9)+\left(+\frac{12}{5}\right)=+\left(\frac{29}{10}+\frac{24}{10}\right)=+\frac{53}{10}$

52 $(+3.2)+(+1.6)=+(3.2+1.6)=+4.8$

53 $(+4)+(+5.7)=+(4+5.7)=+9.7$

54 $(+14.2)+(+3.4)=+(14.2+3.4)=+17.6$

56 $\left(-\frac{2}{7}\right)+\left(-\frac{1}{7}\right)=-\left(\frac{2}{7}+\frac{1}{7}\right)=-\frac{3}{7}$

57 $\left(-\frac{3}{10}\right)+\left(-\frac{2}{10}\right)=-\left(\frac{3}{10}+\frac{2}{10}\right)=-\frac{5}{10}=-\frac{1}{2}$

58 $\left(-\frac{2}{15}\right)+\left(-\frac{3}{15}\right)=-\left(\frac{2}{15}+\frac{3}{15}\right)=-\frac{5}{15}=-\frac{1}{3}$

59 $\left(-\frac{3}{8}\right)+\left(-\frac{15}{8}\right)=-\left(\frac{3}{8}+\frac{15}{8}\right)=-\frac{18}{8}=-\frac{9}{4}$

60 $\left(-\frac{2}{3}\right)+\left(-\frac{1}{2}\right)=-\left(\frac{4}{6}+\frac{3}{6}\right)=-\frac{7}{6}$

61 $\left(-\frac{3}{4}\right)+\left(-\frac{7}{6}\right)=-\left(\frac{9}{12}+\frac{14}{12}\right)=-\frac{23}{12}$

62 $\left(-\frac{11}{24}\right)+\left(-\frac{7}{12}\right)=-\left(\frac{11}{24}+\frac{14}{24}\right)=-\frac{25}{24}$

63 $\left(-\frac{8}{15}\right)+\left(-\frac{4}{5}\right)=-\left(\frac{8}{15}+\frac{12}{15}\right)=-\frac{20}{15}=-\frac{4}{3}$

64 $(-1)+\left(-\frac{1}{5}\right)=-\left(\frac{5}{5}+\frac{1}{5}\right)=-\frac{6}{5}$

65 $\left(-\frac{7}{13}\right)+(-2)=-\left(\frac{7}{13}+\frac{26}{13}\right)=-\frac{33}{13}$

66 $(-3)+\left(-\frac{8}{15}\right)=-\left(\frac{45}{15}+\frac{8}{15}\right)=-\frac{53}{15}$

67 $(-0.3)+\left(-\frac{6}{5}\right)=-\left(\frac{3}{10}+\frac{12}{10}\right)=-\frac{15}{10}=-\frac{3}{2}$

68 $\left(-\frac{2}{9}\right)+(-1.2)=-\left(\frac{2}{9}+\frac{12}{10}\right)=-\left(\frac{2}{9}+\frac{6}{5}\right)$

$=-\left(\frac{10}{45}+\frac{54}{45}\right)=-\frac{64}{45}$

69 $(-3.9)+\left(-\frac{11}{10}\right)=-\left(\frac{39}{10}+\frac{11}{10}\right)=-\frac{50}{10}=-5$

70 $(-3.2)+(-4.3)=-(3.2+4.3)=-7.5$

71 $(-3)+(-2.5)=-(3+2.5)=-5.5$

72 ③ $\left(-\frac{1}{2}\right)+\left(-\frac{1}{3}\right)=-\left(\frac{3}{6}+\frac{2}{6}\right)=-\frac{5}{6}$

④ $(-0.2)+\left(-\frac{1}{4}\right)=-\left(\frac{2}{10}+\frac{1}{4}\right)$

$=-\left(\frac{4}{20}+\frac{5}{20}\right)=-\frac{9}{20}$

⑤ $\left(+\frac{7}{24}\right)+\left(+\frac{1}{8}\right)=+\left(\frac{7}{24}+\frac{3}{24}\right)=+\frac{10}{24}$

$=+\frac{5}{12}$

74 $(+3)+(+6)=+9$

75 $(+2.1)+(+3.9)=+6$

76 $(+4)+(+6.3)=+10.3$

77 $\left(+\frac{1}{3}\right)+\left(+\frac{4}{3}\right)=+\frac{5}{3}$

78 $(+3)+\left(+\frac{3}{4}\right)=+\left(\frac{12}{4}+\frac{3}{4}\right)=+\frac{15}{4}$

79 $(+0.1)+\left(+\frac{5}{6}\right)=+\left(\frac{1}{10}+\frac{5}{6}\right)=+\left(\frac{3}{30}+\frac{25}{30}\right)$

$=+\frac{28}{30}=+\frac{14}{15}$

81 $(-5)+(-7)=-12$

82 $(-2.5)+(-0.5)=-3$

83 $(-1.5)+\left(-\frac{2}{3}\right)=-\left(\frac{15}{10}+\frac{2}{3}\right)=-\left(\frac{3}{2}+\frac{2}{3}\right)$

$=-\left(\frac{9}{6}+\frac{4}{6}\right)=-\frac{13}{6}$

84 $\left(-\frac{5}{4}\right)+\left(-\frac{1}{6}\right)=-\left(\frac{15}{12}+\frac{2}{12}\right)=-\frac{17}{12}$

85 $(-1.2)+\left(-\frac{5}{4}\right)=-\left(\frac{12}{10}+\frac{5}{4}\right)$

$=-\left(\frac{24}{20}+\frac{25}{20}\right)=-\frac{49}{20}$

86 $\left(-\frac{3}{14}\right)+\left(-\frac{9}{28}\right)=-\left(\frac{6}{28}+\frac{9}{28}\right)=-\frac{15}{28}$

02 부호가 다른 두 수의 덧셈

본문 96쪽

원리확인

❶ $+4$　❷ 0　❸ -2　❹ -4　❺ 0　❻ $+5$　☺ 왼, 오른

1 (✎ $+$, $+3$)　2 $+2$　3 $+1$

4 0　5 $+1$　6 $+5$　7 $+2$

8 $+9$　9 $+20$　10 (✎ $-$, -5)

11 -4　12 -4　13 -6　14 -25

15 -9　16 -15　17 -12　18 -16

19 (✎ $-$, -3)　20 -2　21 -1

22 0　23 -1　24 -7　25 -13

26 -2　27 -29　28 (✎ $+$, $+6$)

29 $+7$　30 $+8$　31 $+10$　32 $+11$

33 $+10$　34 $+7$　35 $+1$　36 $+8$

☺ 큰　37 $\left(✎ +, +\frac{1}{2}\right)$　38 $+\frac{3}{7}$

39 $+\frac{1}{2}$　40 $+\frac{29}{60}$　41 $+\frac{1}{30}$　42 $+2.1$

43 $+4.8$　44 $+\frac{1}{5}$　45 $+\frac{37}{30}$

46 (✎ $-$, -1)　47 -1　48 $-\frac{3}{2}$

49 $-\frac{25}{12}$ 50 $-\frac{9}{8}$ 51 -2.7 52 -1.9

53 $-\frac{19}{15}$ 54 $-\frac{61}{30}$ 55 $\left(✎ -, -\frac{1}{2}\right)$

56 $-\frac{4}{9}$ 57 $-\frac{11}{12}$ 58 $-\frac{19}{16}$ 59 $-\frac{35}{24}$

60 -2.4 61 -6.7 62 $-\frac{6}{5}$ 63 $-\frac{17}{35}$

☺ 0, 0, 0 64 $\left(✎ +, +\frac{3}{2}\right)$ 65 $+2$

66 $+1$ 67 $+\frac{22}{15}$ 68 $+1$ 69 $+\frac{26}{9}$

70 0 71 -8.7 72 ④ 73 (✎ $+2$)

74 -2 75 $+3.9$ 76 -1.7 77 $-\frac{1}{4}$

78 $+\frac{1}{4}$ 79 -0.3 80 (✎ $+4$) 81 -4

82 $+3$ 83 -3 84 $+\frac{3}{10}$ 85 $+\frac{1}{3}$

86 ③

2 $(+6)+(-4)=+(6-4)=+2$

3 $(+6)+(-5)=+(6-5)=+1$

4 $(+6)+(-6)=0$

5 $(+8)+(-7)=+(8-7)=+1$

6 $(+10)+(-5)=+(10-5)=+5$

7 $(+12)+(-10)=+(12-10)=+2$

8 $(+14)+(-5)=+(14-5)=+9$

9 $(+20)+0=+20$

11 $(+4)+(-8)=-(8-4)=-4$

12 $(+5)+(-9)=-(9-5)=-4$

13 $(+15)+(-21)=-(21-15)=-6$

14 $(+10)+(-35)=-(35-10)=-25$

15 $(+11)+(-20)=-(20-11)=-9$

16 $(+15)+(-30)=-(30-15)=-15$

17 $(+42)+(-54)=-(54-42)=-12$

18 $0+(-16)=-16$

20 $(-5)+(+3)=-(5-3)=-2$

21 $(-5)+(+4)=-(5-4)=-1$

22 $(-5)+(+5)=0$

23 $(-8)+(+7)=-(8-7)=-1$

24 $(-11)+(+4)=-(11-4)=-7$

25 $(-27)+(+14)=-(27-14)=-13$

26 $(-30)+(+28)=-(30-28)=-2$

27 $(-54)+(+25)=-(54-25)=-29$

29 $(-3)+(+10)=+(10-3)=+7$

30 $(-3)+(+11)=+(11-3)=+8$

31 $(-5)+(+15)=+(15-5)=+10$

32 $(-7)+(+18)=+(18-7)=+11$

33 $(-9)+(+19)=+(19-9)=+10$

34 $(-12)+(+19)=+(19-12)=+7$

35 $(-25)+(+26)=+(26-25)=+1$

36 $(-38)+(+46)=+(46-38)=+8$

38 $\left(+\frac{5}{7}\right)+\left(-\frac{2}{7}\right)=+\left(\frac{5}{7}-\frac{2}{7}\right)=+\frac{3}{7}$

39 $\left(+\frac{7}{8}\right)+\left(-\frac{3}{8}\right)=+\left(\frac{7}{8}-\frac{3}{8}\right)=+\frac{4}{8}=+\frac{1}{2}$

40 $\left(+\frac{13}{12}\right)+\left(-\frac{3}{5}\right)=+\left(\frac{65}{60}-\frac{36}{60}\right)=+\frac{29}{60}$

41 $\left(+\frac{13}{15}\right)+\left(-\frac{5}{6}\right)=\left(+\frac{26}{30}\right)+\left(-\frac{25}{30}\right)$

$=+\left(\frac{26}{30}-\frac{25}{30}\right)=+\frac{1}{30}$

42 $(+4.5)+(-2.4)=+(4.5-2.4)=+2.1$

43 $(+12.8)+(-8)=+(12.8-8)=+4.8$

44 $(+3.7)+\left(-\frac{7}{2}\right)=\left(+\frac{37}{10}\right)+\left(-\frac{35}{10}\right)$

$=+\left(\frac{37}{10}-\frac{35}{10}\right)=+\frac{2}{10}=+\frac{1}{5}$

45 $\left(+\frac{56}{15}\right)+(-2.5)$

$=\left(+\frac{56}{15}\right)+\left(-\frac{25}{10}\right)=\left(+\frac{112}{30}\right)+\left(-\frac{75}{30}\right)$

$=+\left(\frac{112}{30}-\frac{75}{30}\right)=+\frac{37}{30}$

47 $\left(+\frac{8}{5}\right)+\left(-\frac{13}{5}\right)=-\left(\frac{13}{5}-\frac{8}{5}\right)=-\frac{5}{5}=-1$

48 $\left(+\frac{11}{12}\right)+\left(-\frac{29}{12}\right)=-\left(\frac{29}{12}-\frac{11}{12}\right)=-\frac{18}{12}=-\frac{3}{2}$

49 $\left(+\frac{7}{4}\right)+\left(-\frac{23}{6}\right)=\left(+\frac{21}{12}\right)+\left(-\frac{46}{12}\right)$

$=-\left(\frac{46}{12}-\frac{21}{12}\right)=-\frac{25}{12}$

50 $\left(+\frac{71}{8}\right)+(-10)=\left(+\frac{71}{8}\right)+\left(-\frac{80}{8}\right)$

$=-\left(\frac{80}{8}-\frac{71}{8}\right)=-\frac{9}{8}$

51 $(+2.3)+(-5)=-(5-2.3)=-2.7$

52 $(+6.4)+(-8.3)=-(8.3-6.4)=-1.9$

53 $(+2.4)+\left(-\frac{11}{3}\right)$

$=\left(+\frac{24}{10}\right)+\left(-\frac{11}{3}\right)=\left(+\frac{12}{5}\right)+\left(-\frac{11}{3}\right)$

$=-\left(\frac{55}{15}-\frac{36}{15}\right)=-\frac{19}{15}$

54 $\left(+\frac{13}{6}\right)+(-4.2)$

$=\left(+\frac{13}{6}\right)+\left(-\frac{42}{10}\right)=\left(+\frac{65}{30}\right)+\left(-\frac{126}{30}\right)$

$=-\left(\frac{126}{30}-\frac{65}{30}\right)=-\frac{61}{30}$

56 $\left(-\frac{8}{9}\right)+\left(+\frac{4}{9}\right)=-\left(\frac{8}{9}-\frac{4}{9}\right)=-\frac{4}{9}$

57 $\left(-\frac{11}{12}\right)+0=-\frac{11}{12}$

58 $\left(-\frac{7}{4}\right)+\left(+\frac{9}{16}\right)=-\left(\frac{28}{16}-\frac{9}{16}\right)=-\frac{19}{16}$

59 $\left(-\frac{25}{8}\right)+\left(+\frac{5}{3}\right)=-\left(\frac{75}{24}-\frac{40}{24}\right)=-\frac{35}{24}$

60 $(-4.9)+(+2.5)=-(4.9-2.5)=-2.4$

61 $(-12.7)+(+6)=-(12.7-6)=-6.7$

62 $(-5.7)+\left(+\frac{9}{2}\right)=\left(-\frac{57}{10}\right)+\left(+\frac{45}{10}\right)$

$=-\left(\frac{57}{10}-\frac{45}{10}\right)=-\frac{12}{10}=-\frac{6}{5}$

63 $\left(-\frac{16}{7}\right)+(+1.8)$

$=\left(-\frac{16}{7}\right)+\left(+\frac{18}{10}\right)=\left(-\frac{16}{7}\right)+\left(+\frac{9}{5}\right)$

$=\left(-\frac{80}{35}\right)+\left(+\frac{63}{35}\right)=-\left(\frac{80}{35}-\frac{63}{35}\right)=-\frac{17}{35}$

65 $\left(-\frac{8}{3}\right)+\left(+\frac{14}{3}\right)=+\left(\frac{14}{3}-\frac{8}{3}\right)=+\frac{6}{3}=+2$

66 $\left(-\frac{11}{6}\right)+\left(+\frac{17}{6}\right)=+\left(\frac{17}{6}-\frac{11}{6}\right)=+\frac{6}{6}=+1$

67 $(-2.2)+\left(+\frac{11}{3}\right)$

$=\left(-\frac{22}{10}\right)+\left(+\frac{11}{3}\right)=\left(-\frac{66}{30}\right)+\left(+\frac{110}{30}\right)$

$=+\left(\frac{110}{30}-\frac{66}{30}\right)=+\frac{44}{30}=+\frac{22}{15}$

68 $(-4.5)+(+5.5)=+(5.5-4.5)=+1$

69 $\left(-\frac{1}{9}\right)+(+3)=\left(-\frac{1}{9}\right)+\left(+\frac{27}{9}\right)$

$=+\left(\frac{27}{9}-\frac{1}{9}\right)=+\frac{26}{9}$

70 $(-14.6)+(+14.6)=0$

71 $0+(-8.7)=-8.7$

72 ① $(-7)+(+3)=-(7-3)=-4$

② $(-5)+0=-5$

③ $\left(-\frac{5}{2}\right)+\left(+\frac{5}{2}\right)=0$

④ $(-6.7)+(-0.3)=-(6.7+0.3)=-7$

⑤ $\left(-\frac{29}{10}\right)+\left(+\frac{2}{5}\right)=-\left(\frac{29}{10}-\frac{4}{10}\right)=-\frac{25}{10}=-2.5$

따라서 계산 결과가 가장 작은 것은 ④이다.

74 $(+5)+(-7)=-(7-5)=-2$

75 $(+6.2)+(-2.3)=+(6.2-2.3)=+3.9$

76 $(+7)+(-8.7)=-(8.7-7)=-1.7$

77 $\left(+\frac{17}{8}\right)+\left(-\frac{19}{8}\right)=-\left(\frac{19}{8}-\frac{17}{8}\right)=-\frac{2}{8}=-\frac{1}{4}$

78 $(+2.5)+\left(-\frac{9}{4}\right)=\left(+\frac{25}{10}\right)+\left(-\frac{9}{4}\right)$

$=+\left(\frac{50}{20}-\frac{45}{20}\right)=+\frac{5}{20}$

$=+\frac{1}{4}$

79 $(+0.6)+\left(-\frac{9}{10}\right)=(+0.6)+(-0.9)$

$=-(0.9-0.6)=-0.3$

81 $(-5)+(+1)=-(5-1)=-4$

82 $(-12)+(+15)=+(15-12)=+3$

83 $(-3.6)+(+0.6)=-(3.6-0.6)=-3$

84 $\left(-\frac{3}{2}\right)+\left(+\frac{9}{5}\right)=\left(-\frac{15}{10}\right)+\left(+\frac{18}{10}\right)$

$=+\left(\frac{18}{10}-\frac{15}{10}\right)=+\frac{3}{10}$

85 $(-7)+\left(+\frac{22}{3}\right)=\left(-\frac{21}{3}\right)+\left(+\frac{22}{3}\right)$

$=+\left(\frac{22}{3}-\frac{21}{3}\right)=+\frac{1}{3}$

86 $a=(-5)+(+9)=+(9-5)=+4$

$b=(+3)+(-10)=-(10-3)=-7$

따라서 $a+b=(+4)+(-7)=-(7-4)=-3$

03 덧셈에 대한 계산 법칙

본문 102쪽

원리확인

❶ 교환, 결합 ❷ 교환, 결합

1 $+3$, -7, -7, -7, $+5$

2 $+\frac{6}{5}$, -3, $+\frac{9}{5}$, $+\frac{6}{5}$, $+3$, 0

3 -2, $+\frac{1}{2}$, $+\frac{1}{2}$, $+\frac{1}{2}$, $-\frac{13}{2}$

4 -5, $+4$, -5, $+4$, -7, $+7$, 0

5 $+6$ 6 -16 7 $+\frac{4}{9}$ 8 $-\frac{1}{3}$

9 $+5.7$ 10 -5 11 $+\frac{19}{6}$ 12 -3

13 -1 14 -5 15 $+2$ 16 $+\frac{5}{3}$

5 $(+11)+(-20)+(+15)$

$=(+11)+(+15)+(-20)$

$=\{(+11)+(+15)\}+(-20)$

$=(+26)+(-20)=+6$

6 $(-27)+(+14)+(-3)$
$=(-27)+(-3)+(+14)$
$=\{(-27)+(-3)\}+(+14)$
$=(-30)+(+14)=-16$

7 $\left(+\frac{7}{9}\right)+\left(-\frac{5}{9}\right)+\left(+\frac{2}{9}\right)$
$=\left(+\frac{7}{9}\right)+\left(+\frac{2}{9}\right)+\left(-\frac{5}{9}\right)$
$=\left\{\left(+\frac{7}{9}\right)+\left(+\frac{2}{9}\right)\right\}+\left(-\frac{5}{9}\right)$
$=\left(+\frac{9}{9}\right)+\left(-\frac{5}{9}\right)=+\frac{4}{9}$

8 $\left(-\frac{11}{6}\right)+\left(+\frac{7}{3}\right)+\left(-\frac{5}{6}\right)$
$=\left(-\frac{11}{6}\right)+\left(-\frac{5}{6}\right)+\left(+\frac{7}{3}\right)$
$=\left\{\left(-\frac{11}{6}\right)+\left(-\frac{5}{6}\right)\right\}+\left(+\frac{7}{3}\right)$
$=\left(-\frac{16}{6}\right)+\left(+\frac{7}{3}\right)$
$=\left(-\frac{8}{3}\right)+\left(+\frac{7}{3}\right)=-\frac{1}{3}$

9 $(+4.5)+(-6)+(+7.2)$
$=(+4.5)+(+7.2)+(-6)$
$=\{(+4.5)+(+7.2)\}+(-6)$
$=(+11.7)+(-6)=+5.7$

10 $(-3.4)+(+0.4)+(-2)$
$=(-3.4)+(-2)+(+0.4)$
$=\{(-3.4)+(-2)\}+(+0.4)$
$=(-5.4)+(+0.4)=-5$

11 $\left(+\frac{8}{3}\right)+\left(-\frac{11}{6}\right)+\left(+\frac{7}{3}\right)$
$=\left(+\frac{8}{3}\right)+\left(+\frac{7}{3}\right)+\left(-\frac{11}{6}\right)$
$=\left\{\left(+\frac{8}{3}\right)+\left(+\frac{7}{3}\right)\right\}+\left(-\frac{11}{6}\right)$
$=\left(+\frac{15}{3}\right)+\left(-\frac{11}{6}\right)$
$=\left(+\frac{30}{6}\right)+\left(-\frac{11}{6}\right)=+\frac{19}{6}$

12 $(-1.05)+\left(+\frac{1}{2}\right)+(-2.45)$
$=(-1.05)+(-2.45)+\left(+\frac{1}{2}\right)$
$=\{(-1.05)+(-2.45)\}+\left(+\frac{1}{2}\right)$
$=(-3.5)+\left(+\frac{1}{2}\right)$
$=\left(-\frac{35}{10}\right)+\left(+\frac{5}{10}\right)$
$=-\frac{30}{10}$
$=-3$

13 $(+2)+(-7)+(+8)+(-4)$
$=(+2)+(+8)+(-7)+(-4)$
$=\{(+2)+(+8)\}+\{(-7)+(-4)\}$
$=(+10)+(-11)$
$=-1$

14 $(-7)+(+5)+(-9)+(+6)$
$=(-7)+(-9)+(+5)+(+6)$
$=\{(-7)+(-9)\}+\{(+5)+(+6)\}$
$=(-16)+(+11)$
$=-5$

15 $(-2)+(-3.7)+(+3)+(+4.7)$
$=(-2)+(+3)+(-3.7)+(+4.7)$
$=\{(-2)+(+3)\}+\{(-3.7)+(+4.7)\}$
$=(+1)+(+1)$
$=+2$

16 $\left(+\frac{5}{2}\right)+\left(-\frac{9}{4}\right)+\left(-\frac{1}{12}\right)+\left(+\frac{3}{2}\right)$
$=\left(+\frac{5}{2}\right)+\left(+\frac{3}{2}\right)+\left(-\frac{9}{4}\right)+\left(-\frac{1}{12}\right)$
$=\left\{\left(+\frac{5}{2}\right)+\left(+\frac{3}{2}\right)\right\}+\left\{\left(-\frac{9}{4}\right)+\left(-\frac{1}{12}\right)\right\}$
$=\left(+\frac{8}{2}\right)+\left\{\left(-\frac{27}{12}\right)+\left(-\frac{1}{12}\right)\right\}$
$=\left(+\frac{8}{2}\right)+\left(-\frac{28}{12}\right)$
$=\left(+\frac{8}{2}\right)+\left(-\frac{7}{3}\right)$
$=\left(+\frac{24}{6}\right)+\left(-\frac{14}{6}\right)$
$=+\frac{10}{6}$
$=+\frac{5}{3}$

04 두 수의 뺄셈

본문 104쪽

원리확인

❶ +, −, +, 7 ❷ +, +, +, 17

❸ +, −, +, −, 17 ❹ +, +, −, −, 7

❺ +, −, −, −, +, $\frac{1}{6}$

❻ +, +, +, +, +, $\frac{5}{6}$

❼ +, −, −, +, −, +, −, $\frac{5}{6}$

❽ +, +, −, −, −, −, −, $\frac{1}{6}$

1 (✎ +3) 2 −2 3 −1 4 +1
5 −1 6 +5 7 +5 8 −6
9 +20 ☺ − 10 (✎ +9) 11 +11
12 +9 13 +14 14 +20 15 +29
16 +30 17 +35 18 +53 ☺ 양수, +
19 (✎ −8) 20 −9 21 −11 22 −10
23 −15 24 −20 25 −29 26 −25
27 −59 ☺ 음수, − 28 (✎ +4) 29 −6
30 −8 31 0 32 +9 33 +11
34 +14 35 −14 36 +51 ☺ 양수, −
37 $\left(✎ -\frac{1}{2}\right)$ 38 $+\frac{1}{2}$ 39 $+\frac{1}{7}$ 40 $+\frac{1}{4}$
41 $-\frac{5}{9}$ 42 $+\frac{11}{36}$ 43 +4.6 44 $-\frac{4}{5}$
45 +1 46 (✎ +2) 47 +2 48 $+\frac{20}{7}$
49 $+\frac{41}{12}$ 50 $+\frac{27}{4}$ 51 +1.7 52 +8.1
53 $+\frac{79}{10}$ 54 $+\frac{61}{15}$ 55 (✎ −4) 56 $-\frac{7}{10}$
57 $-\frac{4}{15}$ 58 $-\frac{17}{16}$ 59 $-\frac{11}{2}$ 60 −3.7
61 −16.2 62 $-\frac{77}{20}$ 63 $\left(✎ -\frac{7}{3}\right)$ 64 −1
65 $+\frac{27}{20}$ 66 −6.8 67 $+\frac{36}{19}$ 68 0
69 +3.4 ☺ 0, $+a$ 70 ②
71 (✎ +, +3) 72 +7 73 −1.5
74 +8.7 75 $+\frac{20}{3}$ 76 $+\frac{21}{5}$ 77 $+\frac{9}{5}$
78 (✎ −, −10) 79 +3 80 −50
81 −4.3 82 $-\frac{37}{28}$ 83 $-\frac{5}{4}$ 84 ②

2 $(+4)-(+6)=(+4)+(-6)$
$=-(6-4)=-2$

3 $(+4)-(+5)=(+4)+(-5)$
$=-(5-4)=-1$

4 $(+5)-(+4)=(+5)+(-4)$
$=+(5-4)=+1$

5 $(+6)-(+7)=(+6)+(-7)$
$=-(7-6)=-1$

6 $(+10)-(+5)=(+10)+(-5)$
$=+(10-5)=+5$

7 $(+15)-(+10)=(+15)+(-10)$
$=+(15-10)=+5$

8 $(+12)-(+18)=(+12)+(-18)$
$=-(18-12)=-6$

9 $(+20)-0=+20$

11 $(+5)-(-6)=(+5)+(+6)$
$=+(5+6)=+11$

12 $(+8)-(-1)=(+8)+(+1)$
$=+(8+1)=+9$

13 $(+8)-(-6)=(+8)+(+6)$
$=+(8+6)=+14$

14 $(+10)-(-10)=(+10)+(+10)$
$=+(10+10)=+20$

15 $(+12)-(-17)=(+12)+(+17)$
$=+(12+17)=+29$

16 $(+13)-(-17)=(+13)+(+17)$
$=+(13+17)=+30$

17 $(+24)-(-11)=(+24)+(+11)$
$=+(24+11)=+35$

18 $(+34)-(-19)=(+34)+(+19)$
$=+(34+19)=+53$

20 $(-6)-(+3)=(-6)+(-3)$
$=-(6+3)=-9$

21 $(-7)-(+4)=(-7)+(-4)$
$=-(7+4)=-11$

22 $(-5)-(+5)=(-5)+(-5)$
$=-(5+5)=-10$

23 $(-8)-(+7)=(-8)+(-7)$
$=-(8+7)=-15$

24 $(-11)-(+9)=(-11)+(-9)$
$=-(11+9)=-20$

25 $(-15)-(+14)=(-15)+(-14)$
$=-(15+14)=-29$

26 $(-25)-0=-25$

27 $(-34)-(+25)=(-34)+(-25)$
$=-(34+25)=-59$

29 $(-9)-(-3)=(-9)+(+3)$
$=-(9-3)=-6$

30 $(-11)-(-3)=(-11)+(+3)$
$=-(11-3)=-8$

31 $(-5)-(-5)=(-5)+(+5)=0$

32 $(-7)-(-16)=(-7)+(+16)$
$=+(16-7)=+9$

33 $(-9)-(-20)=(-9)+(+20)$
$=+(20-9)=+11$

34 $(-15)-(-29)=(-15)+(+29)$
$=+(29-15)=+14$

35 $(-29)-(-15)=(-29)+(+15)$
$=-(29-15)=-14$

36 $0-(-51)=0+(+51)=+51$

38 $\left(+\frac{3}{4}\right)-\left(+\frac{1}{4}\right)=\left(+\frac{3}{4}\right)+\left(-\frac{1}{4}\right)$
$=+\left(\frac{3}{4}-\frac{1}{4}\right)$
$=+\frac{2}{4}=+\frac{1}{2}$

39 $\left(+\frac{4}{7}\right)-\left(+\frac{3}{7}\right)=\left(+\frac{4}{7}\right)+\left(-\frac{3}{7}\right)$
$=+\left(\frac{4}{7}-\frac{3}{7}\right)=+\frac{1}{7}$

40 $\left(+\frac{5}{8}\right)-\left(+\frac{3}{8}\right)=\left(+\frac{5}{8}\right)+\left(-\frac{3}{8}\right)$
$=+\left(\frac{5}{8}-\frac{3}{8}\right)$
$=+\frac{2}{8}=+\frac{1}{4}$

41 $\left(+\frac{2}{9}\right)-\left(+\frac{7}{9}\right)=\left(+\frac{2}{9}\right)+\left(-\frac{7}{9}\right)$
$=-\left(\frac{7}{9}-\frac{2}{9}\right)=-\frac{5}{9}$

42 $\left(+\frac{7}{12}\right)-\left(+\frac{5}{18}\right)=\left(+\frac{21}{36}\right)+\left(-\frac{10}{36}\right)$
$=+\left(\frac{21}{36}-\frac{10}{36}\right)$
$=+\frac{11}{36}$

43 $(+12.8)-(+8.2)=(+12.8)+(-8.2)$
$=+(12.8-8.2)$
$=+4.6$

44 $(+0.7)-\left(+\frac{3}{2}\right)=\left(+\frac{7}{10}\right)+\left(-\frac{15}{10}\right)$
$=-\left(\frac{15}{10}-\frac{7}{10}\right)$
$=-\frac{8}{10}$
$=-\frac{4}{5}$

45 $\left(+\frac{12}{5}\right)-(+1.4)=\left(+\frac{24}{10}\right)+\left(-\frac{14}{10}\right)$
$=+\left(\frac{24}{10}-\frac{14}{10}\right)$
$=+\frac{10}{10}$
$=+1$

47 $\left(+\frac{2}{5}\right)-\left(-\frac{8}{5}\right)=\left(+\frac{2}{5}\right)+\left(+\frac{8}{5}\right)$
$=+\left(\frac{2}{5}+\frac{8}{5}\right)$
$=+\frac{10}{5}$
$=+2$

48 $\left(+\frac{12}{7}\right)-\left(-\frac{8}{7}\right)=\left(+\frac{12}{7}\right)+\left(+\frac{8}{7}\right)$
$=+\left(\frac{12}{7}+\frac{8}{7}\right)$
$=+\frac{20}{7}$

49 $\left(+\frac{5}{4}\right)-\left(-\frac{13}{6}\right)=\left(+\frac{15}{12}\right)+\left(+\frac{26}{12}\right)$
$=+\left(\frac{15}{12}+\frac{26}{12}\right)$
$=+\frac{41}{12}$

50 $\left(+\frac{15}{4}\right)-(-3)=\left(+\frac{15}{4}\right)+\left(+\frac{12}{4}\right)$
$=+\left(\frac{15}{4}+\frac{12}{4}\right)$
$=+\frac{27}{4}$

51 $(+1.7)-0=+1.7$

52 $(+4.7)-(-3.4)=(+4.7)+(+3.4)$
$=+(4.7+3.4)$
$=+8.1$

53 $(+0.4)-\left(-\frac{15}{2}\right)=\left(+\frac{4}{10}\right)+\left(+\frac{75}{10}\right)$
$=+\left(\frac{4}{10}+\frac{75}{10}\right)$
$=+\frac{79}{10}$

54 $\left(+\frac{5}{3}\right)-(-2.4)=\left(+\frac{5}{3}\right)+\left(+\frac{24}{10}\right)$
$=\left(+\frac{5}{3}\right)+\left(+\frac{12}{5}\right)$
$=\left(+\frac{25}{15}\right)+\left(+\frac{36}{15}\right)$
$=+\frac{61}{15}$

56 $\left(-\frac{3}{10}\right)-\left(+\frac{4}{10}\right)=\left(-\frac{3}{10}\right)+\left(-\frac{4}{10}\right)$
$=-\left(\frac{3}{10}+\frac{4}{10}\right)$
$=-\frac{7}{10}$

57 $\left(-\frac{4}{15}\right)-0=-\frac{4}{15}$

58 $\left(-\frac{3}{4}\right)-\left(+\frac{5}{16}\right)=\left(-\frac{12}{16}\right)+\left(-\frac{5}{16}\right)$
$=-\left(\frac{12}{16}+\frac{5}{16}\right)=-\frac{17}{16}$

59 $\left(-\frac{17}{6}\right)-\left(+\frac{8}{3}\right)=\left(-\frac{17}{6}\right)+\left(-\frac{16}{6}\right)$
$=-\left(\frac{17}{6}+\frac{16}{6}\right)$
$=-\frac{33}{6}=-\frac{11}{2}$

60 $(-1.2)-(+2.5)=(-1.2)+(-2.5)$
$=-(1.2+2.5)$
$=-3.7$

61 $(-4)-(+12.2)=(-4)+(-12.2)$
$=-(4+12.2)$
$=-16.2$

62 $(-1.6)-\left(+\frac{9}{4}\right)=\left(-\frac{16}{10}\right)-\left(+\frac{9}{4}\right)$
$=\left(-\frac{32}{20}\right)+\left(-\frac{45}{20}\right)$
$=-\left(\frac{32}{20}+\frac{45}{20}\right)$
$=-\frac{77}{20}$

64 $\left(-\frac{11}{6}\right)-\left(-\frac{5}{6}\right)=\left(-\frac{11}{6}\right)+\left(+\frac{5}{6}\right)$
$=-\left(\frac{11}{6}-\frac{5}{6}\right)$
$=-\frac{6}{6}=-1$

65 $(-1.4)-\left(-\frac{11}{4}\right)=\left(-\frac{14}{10}\right)-\left(-\frac{11}{4}\right)$
$=\left(-\frac{28}{20}\right)+\left(+\frac{55}{20}\right)$
$=+\left(\frac{55}{20}-\frac{28}{20}\right)$
$=+\frac{27}{20}$

66 $(-8.4)-(-1.6)=(-8.4)+(+1.6)$
$=-(8.4-1.6)$
$=-6.8$

67 $\left(-\frac{2}{19}\right)-(-2)=\left(-\frac{2}{19}\right)-\left(-\frac{38}{19}\right)$
$=\left(-\frac{2}{19}\right)+\left(+\frac{38}{19}\right)$
$=+\left(\frac{38}{19}-\frac{2}{19}\right)$
$=+\frac{36}{19}$

68 $(-21.4)-(-21.4)=(-21.4)+(+21.4)=0$

69 $0-(-3.4)=0+(+3.4)=+3.4$

70 ① $(+3)-(+2)=(+3)+(-2)$
$=+(3-2)=+1$
② $(-12.4)-(-1.4)=(-12.4)+(+1.4)$
$=-(12.4-1.4)=-11$
③ $\left(-\frac{7}{9}\right)-\left(+\frac{5}{12}\right)=\left(-\frac{28}{36}\right)+\left(-\frac{15}{36}\right)$
$=-\left(\frac{28}{36}+\frac{15}{36}\right)$
$=-\frac{43}{36}$
④ $(+24.5)-(-11.4)=(+24.5)+(+11.4)$
$=+(24.5+11.4)=+35.9$
⑤ $(-0.8)-\left(-\frac{1}{5}\right)=\left(-\frac{8}{10}\right)+\left(+\frac{2}{10}\right)$
$=-\left(\frac{8}{10}-\frac{2}{10}\right)$
$=-\frac{6}{10}=-\frac{3}{5}$

72 $(+3)-(-4)=(+3)+(+4)$
$=+(3+4)$
$=+7$

73 $(+1.7)-(+3.2)=(+1.7)+(-3.2)$
$=-(3.2-1.7)$
$=-1.5$

74 $(+5)-(-3.7)=(+5)+(+3.7)$
$=+(5+3.7)$
$=+8.7$

75 $\left(+\frac{13}{6}\right)-\left(-\frac{9}{2}\right)=\left(+\frac{13}{6}\right)+\left(+\frac{9}{2}\right)$
$=+\left(\frac{13}{6}+\frac{27}{6}\right)$
$=+\frac{40}{6}$
$=+\frac{20}{3}$

76 $(+1.7)-\left(-\frac{5}{2}\right)=\left(+\frac{17}{10}\right)+\left(+\frac{25}{10}\right)$
$=+\left(\frac{17}{10}+\frac{25}{10}\right)$
$=+\frac{42}{10}$
$=+\frac{21}{5}$

77 $(+0.7)-\left(-\frac{11}{10}\right)=\left(+\frac{7}{10}\right)+\left(+\frac{11}{10}\right)$
$=+\left(\frac{7}{10}+\frac{11}{10}\right)$
$=+\frac{18}{10}$
$=+\frac{9}{5}$

79 $(-5)-(-8)=(-5)+(+8)$
$=+(8-5)$
$=+3$

80 $(-14)-(+36)=(-14)+(-36)$
$=-(14+36)$
$=-50$

81 $(-2.6)-(+1.7)=(-2.6)+(-1.7)$
$=-(2.6+1.7)$
$=-4.3$

82 $\left(-\frac{3}{4}\right)-\left(+\frac{4}{7}\right)=\left(-\frac{21}{28}\right)+\left(-\frac{16}{28}\right)$

$=-\left(\frac{21}{28}+\frac{16}{28}\right)$

$=-\frac{37}{28}$

83 $(-5)-\left(-\frac{15}{4}\right)=\left(-\frac{20}{4}\right)+\left(+\frac{15}{4}\right)$

$=-\left(\frac{20}{4}-\frac{15}{4}\right)$

$=-\frac{5}{4}$

84 $a=(-3.5)+\left(+\frac{1}{2}\right)=\left(-\frac{35}{10}\right)+\left(+\frac{5}{10}\right)$

$=-\left(\frac{35}{10}-\frac{5}{10}\right)=-\frac{30}{10}=-3$

$b=\left(-\frac{3}{4}\right)-(-2)=\left(-\frac{3}{4}\right)+\left(+\frac{8}{4}\right)$

$=+\left(\frac{8}{4}-\frac{3}{4}\right)=+\frac{5}{4}$

따라서 $a-b=(-3)-\left(+\frac{5}{4}\right)=\left(-\frac{12}{4}\right)+\left(-\frac{5}{4}\right)$

$=-\left(\frac{12}{4}+\frac{5}{4}\right)=-\frac{17}{4}$

05 덧셈과 뺄셈의 혼합 계산

본문 110쪽

원리확인

❶ +, +, +3, +5, −6, −1

❷ +, +, +, +, +, +6, −5, +1

1 $+8$	2 $+13$	3 -14	4 -23
5 $+11$	6 -1	7 $+12$	8 $-\frac{1}{5}$
9 $+\frac{2}{3}$	10 $+\frac{1}{6}$	11 $-\frac{13}{42}$	12 $+\frac{68}{45}$
13 -0.3	14 -8.6	15 $+\frac{29}{35}$	16 $+\frac{29}{15}$
17 $+2$	18 $+\frac{1}{9}$	19 -6.4	20 -8
21 $+\frac{29}{6}$			

1 $(+5)+(-7)-(-10)$

$=(+5)+(-7)+(+10)$

$=(+5)+(+10)+(-7)$

$=\{(+5)+(+10)\}+(-7)$

$=(+15)+(-7)$

$=+8$

2 $(+12)-(+5)+(+6)$

$=(+12)+(-5)+(+6)$

$=(+12)+(+6)+(-5)$

$=\{(+12)+(+6)\}+(-5)$

$=(+18)+(-5)=+13$

3 $(-15)+(+3)-(+2)$

$=(-15)+(+3)+(-2)$

$=(-15)+(-2)+(+3)$

$=\{(-15)+(-2)\}+(+3)$

$=(-17)+(+3)$

$=-(17-3)=-14$

4 $(-17)-(-3)-(+9)$

$=(-17)+(+3)+(-9)$

$=(-17)+(-9)+(+3)$

$=\{(-17)+(-9)\}+(+3)$

$=(-26)+(+3)=-23$

5 $(+9)-(+12)-(-14)$
$=(+9)+(-12)+(+14)$
$=(+9)+(+14)+(-12)$
$=\{(+9)+(+14)\}+(-12)$
$=(+23)+(-12)$
$=+(23-12)=+11$

6 $(+4)-(+3)+(-9)-(-7)$
$=(+4)+(-3)+(-9)+(+7)$
$=(+4)+(+7)+(-3)+(-9)$
$=\{(+4)+(+7)\}+\{(-3)+(-9)\}$
$=\{+(4+7)\}+\{-(9+3)\}$
$=(+11)+(-12)$
$=-(12-11)=-1$

7 $(-9)-(-16)+(-7)-(-12)$
$=(-9)+(+16)+(-7)+(+12)$
$=(-9)+(-7)+(+16)+(+12)$
$=\{(-9)+(-7)\}+\{(+16)+(+12)\}$
$=\{-(9+7)\}+\{+(16+12)\}$
$=(-16)+(+28)$
$=+(28-16)$
$=+12$

8 $\left(+\frac{1}{5}\right)+\left(-\frac{6}{5}\right)-\left(-\frac{4}{5}\right)$
$=\left(+\frac{1}{5}\right)+\left(-\frac{6}{5}\right)+\left(+\frac{4}{5}\right)$
$=\left(+\frac{1}{5}\right)+\left(+\frac{4}{5}\right)+\left(-\frac{6}{5}\right)$
$=\left\{\left(+\frac{1}{5}\right)+\left(+\frac{4}{5}\right)\right\}+\left(-\frac{6}{5}\right)$
$=\left\{+\left(\frac{1}{5}+\frac{4}{5}\right)\right\}+\left(-\frac{6}{5}\right)$
$=\left(+\frac{5}{5}\right)+\left(-\frac{6}{5}\right)$
$=-\left(\frac{6}{5}-\frac{5}{5}\right)=-\frac{1}{5}$

9 $\left(-\frac{7}{9}\right)-\left(-\frac{11}{9}\right)+\left(+\frac{2}{9}\right)$
$=\left(-\frac{7}{9}\right)+\left(+\frac{11}{9}\right)+\left(+\frac{2}{9}\right)$
$=\left(-\frac{7}{9}\right)+\left\{\left(+\frac{11}{9}\right)+\left(+\frac{2}{9}\right)\right\}$
$=\left(-\frac{7}{9}\right)+\left\{+\left(\frac{11}{9}+\frac{2}{9}\right)\right\}=\left(-\frac{7}{9}\right)+\left(+\frac{13}{9}\right)$
$=+\left(\frac{13}{9}-\frac{7}{9}\right)=+\frac{6}{9}=+\frac{2}{3}$

10 $\left(-\frac{2}{3}\right)+\left(+\frac{5}{2}\right)-\left(+\frac{5}{3}\right)$
$=\left(-\frac{2}{3}\right)+\left(+\frac{5}{2}\right)+\left(-\frac{5}{3}\right)$
$=\left(-\frac{2}{3}\right)+\left(-\frac{5}{3}\right)+\left(+\frac{5}{2}\right)$
$=\left\{\left(-\frac{2}{3}\right)+\left(-\frac{5}{3}\right)\right\}+\left(+\frac{5}{2}\right)$
$=-\left(\frac{2}{3}+\frac{5}{3}\right)+\left(+\frac{5}{2}\right)$
$=\left(-\frac{7}{3}\right)+\left(+\frac{5}{2}\right)$
$=\left(-\frac{14}{6}\right)+\left(+\frac{15}{6}\right)$
$=+\left(\frac{15}{6}-\frac{14}{6}\right)$
$=+\frac{1}{6}$

11 $\left(-\frac{1}{2}\right)-\left(-\frac{1}{3}\right)-\left(+\frac{1}{7}\right)$
$=\left(-\frac{1}{2}\right)+\left(+\frac{1}{3}\right)+\left(-\frac{1}{7}\right)$
$=\left(-\frac{1}{2}\right)+\left(-\frac{1}{7}\right)+\left(+\frac{1}{3}\right)$
$=\left\{\left(-\frac{1}{2}\right)+\left(-\frac{1}{7}\right)\right\}+\left(+\frac{1}{3}\right)$
$=\left\{-\left(\frac{21}{42}+\frac{6}{42}\right)\right\}+\left(+\frac{14}{42}\right)$
$=\left(-\frac{27}{42}\right)+\left(+\frac{14}{42}\right)$
$=-\left(\frac{27}{42}-\frac{14}{42}\right)$
$=-\frac{13}{42}$

12 $\left(+\frac{1}{5}\right)-\left(-\frac{1}{9}\right)+\left(+\frac{6}{5}\right)$
$=\left(+\frac{1}{5}\right)+\left(+\frac{1}{9}\right)+\left(+\frac{6}{5}\right)$
$=\left(+\frac{1}{5}\right)+\left(+\frac{6}{5}\right)+\left(+\frac{1}{9}\right)$
$=\left\{\left(+\frac{1}{5}\right)+\left(+\frac{6}{5}\right)\right\}+\left(+\frac{1}{9}\right)$
$=\left(+\frac{7}{5}\right)+\left(+\frac{1}{9}\right)$
$=\left(+\frac{63}{45}\right)+\left(+\frac{5}{45}\right)$
$=+\frac{68}{45}$

13 $(-1.5)+(+2.4)-(+1.2)$
$=(-1.5)+(+2.4)+(-1.2)$

$=(-1.5)+(-1.2)+(+2.4)$
$=\{(-1.5)+(-1.2)\}+(+2.4)$
$=\{-(1.5+1.2)\}+(+2.4)$
$=(-2.7)+(+2.4)$
$=-(2.7-2.4)=-0.3$

14 $(-3.5)-(-0.4)-(+5.5)$
$=(-3.5)+(+0.4)+(-5.5)$
$=(-3.5)+(-5.5)+(+0.4)$
$=\{(-3.5)+(-5.5)\}+(+0.4)$
$=\{-(3.5+5.5)\}+(+0.4)$
$=(-9)+(+0.4)$
$=-(9-0.4)=-8.6$

15 $\left(+\frac{1}{7}\right)-(-1.4)+\left(-\frac{5}{7}\right)$
$=\left(+\frac{1}{7}\right)+\left(+\frac{14}{10}\right)+\left(-\frac{5}{7}\right)$
$=\left(+\frac{1}{7}\right)+\left(-\frac{5}{7}\right)+\left(+\frac{14}{10}\right)$
$=\left\{\left(+\frac{1}{7}\right)+\left(-\frac{5}{7}\right)\right\}+\left(+\frac{14}{10}\right)$
$=\left\{-\left(\frac{5}{7}-\frac{1}{7}\right)\right\}+\left(+\frac{14}{10}\right)$
$=\left(-\frac{4}{7}\right)+\left(+\frac{7}{5}\right)$
$=\left(-\frac{20}{35}\right)+\left(+\frac{49}{35}\right)$
$=+\left(\frac{49}{35}-\frac{20}{35}\right)=+\frac{29}{35}$

16 $\left(+\frac{4}{3}\right)-(+0.4)+(+1)$
$=\left(+\frac{4}{3}\right)+\left(-\frac{4}{10}\right)+(+1)$
$=\left(+\frac{4}{3}\right)+(+1)+\left(-\frac{4}{10}\right)$
$=\left\{\left(+\frac{4}{3}\right)+(+1)\right\}+\left(-\frac{4}{10}\right)$
$=+\left(\frac{4}{3}+\frac{3}{3}\right)+\left(-\frac{4}{10}\right)$
$=\left(+\frac{7}{3}\right)+\left(-\frac{2}{5}\right)$
$=\left(+\frac{35}{15}\right)+\left(-\frac{6}{15}\right)$
$=+\left(\frac{35}{15}-\frac{6}{15}\right)$
$=+\frac{29}{15}$

17 $\left(-\frac{1}{3}\right)+\left(+\frac{5}{2}\right)-\left(+\frac{5}{3}\right)-\left(-\frac{3}{2}\right)$
$=\left(-\frac{1}{3}\right)+\left(+\frac{5}{2}\right)+\left(-\frac{5}{3}\right)+\left(+\frac{3}{2}\right)$
$=\left(-\frac{1}{3}\right)+\left(-\frac{5}{3}\right)+\left(+\frac{5}{2}\right)+\left(+\frac{3}{2}\right)$
$=\left\{\left(-\frac{1}{3}\right)+\left(-\frac{5}{3}\right)\right\}+\left\{\left(+\frac{5}{2}\right)+\left(+\frac{3}{2}\right)\right\}$
$=\left\{-\left(\frac{1}{3}+\frac{5}{3}\right)\right\}+\left\{+\left(\frac{5}{2}+\frac{3}{2}\right)\right\}$
$=\left(-\frac{6}{3}\right)+\left(+\frac{8}{2}\right)$
$=(-2)+(+4)$
$=+(4-2)=+2$

18 $\left(+\frac{2}{9}\right)-\left(-\frac{1}{3}\right)-\left(+\frac{1}{6}\right)-\left(+\frac{5}{18}\right)$
$=\left(+\frac{2}{9}\right)+\left(+\frac{1}{3}\right)+\left(-\frac{1}{6}\right)+\left(-\frac{5}{18}\right)$
$=\left\{\left(+\frac{2}{9}\right)+\left(+\frac{3}{9}\right)\right\}+\left\{\left(-\frac{3}{18}\right)+\left(-\frac{5}{18}\right)\right\}$
$=\left\{+\left(\frac{2}{9}+\frac{3}{9}\right)\right\}+\left\{-\left(\frac{3}{18}+\frac{5}{18}\right)\right\}$
$=\left(+\frac{5}{9}\right)+\left(-\frac{8}{18}\right)$
$=+\left(\frac{5}{9}-\frac{4}{9}\right)=+\frac{1}{9}$

19 $(+1.2)-(-0.4)+(-5.7)-(+2.3)$
$=(+1.2)+(+0.4)+(-5.7)+(-2.3)$
$=\{(+1.2)+(+0.4)\}+\{(-5.7)+(-2.3)\}$
$=\{+(1.2+0.4)\}+\{-(5.7+2.3)\}$
$=(+1.6)+(-8)$
$=-(8-1.6)=-6.4$

20 $(-4)-(-0.6)-(+5)+(+0.4)$
$=(-4)+(+0.6)+(-5)+(+0.4)$
$=(-4)+(-5)+(+0.6)+(+0.4)$
$=\{(-4)+(-5)\}+\{(+0.6)+(+0.4)\}$
$=\{-(4+5)\}+\{+(0.6+0.4)\}$
$=(-9)+(+1)$
$=-(9-1)=-8$

21 $\left(-\frac{1}{2}\right)-(-4.6)-\left(-\frac{4}{3}\right)-(+0.6)$
$=\left(-\frac{1}{2}\right)+\left(+\frac{46}{10}\right)+\left(+\frac{4}{3}\right)+\left(-\frac{6}{10}\right)$
$=\left\{\left(-\frac{1}{2}\right)+\left(-\frac{6}{10}\right)\right\}+\left\{\left(+\frac{46}{10}\right)+\left(+\frac{4}{3}\right)\right\}$

$=\left\{\left(-\frac{5}{10}\right)+\left(-\frac{6}{10}\right)\right\}+\left\{\left(+\frac{138}{30}\right)+\left(+\frac{40}{30}\right)\right\}$
$=\left\{-\left(\frac{5}{10}+\frac{6}{10}\right)\right\}+\left\{+\left(\frac{138}{30}+\frac{40}{30}\right)\right\}$
$=\left(-\frac{11}{10}\right)+\left(+\frac{178}{30}\right)=\left(-\frac{33}{30}\right)+\left(+\frac{178}{30}\right)$
$=+\left(\frac{178}{30}-\frac{33}{30}\right)$
$=+\frac{145}{30}=+\frac{29}{6}$

06 부호가 생략된 수의 계산

본문 112쪽

원리확인

❶ $+4$, $+1$ ❷ $+8$, -8, -3
❸ $+4$, -4, -4, -4, $+6$

1 $+4$	2 -19	3 -11	4 -12
5 $+1$	6 $-\frac{5}{6}$	7 $+2.1$	8 -1
9 -5	10 -8	11 -1	12 -11
13 0	14 -1	15 $-\frac{3}{7}$	16 -1
17 $-\frac{7}{12}$	18 $+4$	19 -5.5	20 $+2.6$
21 $+2.6$			

1 $-4+8=(-4)+(+8)$
$=+(8-4)=+4$

2 $-7-12=(-7)-(+12)=(-7)+(-12)$
$=-(7+12)=-19$

3 $4-15=(+4)-(+15)=(+4)+(-15)$
$=-(15-4)=-11$

4 $-6-6=(-6)-(+6)=(-6)+(-6)$
$=-(6+6)=-12$

5 $-\frac{1}{2}+\frac{3}{2}=\left(-\frac{1}{2}\right)+\left(+\frac{3}{2}\right)$
$=+\left(\frac{3}{2}-\frac{1}{2}\right)=+\frac{2}{2}=+1$

6 $-\frac{1}{12}-\frac{3}{4}=\left(-\frac{1}{12}\right)-\left(+\frac{3}{4}\right)$
$=\left(-\frac{1}{12}\right)+\left(-\frac{3}{4}\right)$
$=\left(-\frac{1}{12}\right)+\left(-\frac{9}{12}\right)=-\left(\frac{1}{12}+\frac{9}{12}\right)$
$=-\frac{10}{12}=-\frac{5}{6}$

7 $-1.2+3.3=(-1.2)+(+3.3)$
$=+(3.3-1.2)=+2.1$

8 $-2-6+7=(-2)-(+6)+(+7)$
$=(-2)+(-6)+(+7)$
$=\{(-2)+(-6)\}+(+7)$
$=(-8)+(+7)$
$=-(8-7)=-1$

9 $-3+5-7=(-3)+(+5)-(+7)$
$=(-3)+(+5)+(-7)$
$=(-3)+(-7)+(+5)$
$=\{(-3)+(-7)\}+(+5)$
$=(-10)+(+5)$
$=-(10-5)=-5$

10 $-3-2-3=(-3)-(+2)-(+3)$
$=(-3)+(-2)+(-3)$
$=\{(-3)+(-2)\}+(-3)$
$=(-5)+(-3)=-8$

11 $3-0-4=(+3)-(+4)$
$=(+3)+(-4)$
$=-(4-3)=-1$

12 $12-7-16=(+12)-(+7)-(+16)$
$=(+12)+(-7)+(-16)$
$=(+12)+\{(-7)+(-16)\}$
$=(+12)+(-23)$
$=-(23-12)=-11$

13 $-11+5+14-8$
$=(-11)+(+5)+(+14)-(+8)$
$=(-11)+(+5)+(+14)+(-8)$
$=(-11)+(-8)+(+5)+(+14)$
$=\{(-11)+(-8)\}+\{(+5)+(+14)\}$
$=(-19)+(+19)=0$

14 $8-12+9-6$
$=(+8)-(+12)+(+9)-(+6)$
$=(+8)+(-12)+(+9)+(-6)$
$=(+8)+(+9)+(-12)+(-6)$
$=\{(+8)+(+9)\}+\{(-12)+(-6)\}$
$=(+17)+(-18)$
$=-(18-17)=-1$

15 $-\frac{1}{7}+\frac{2}{7}-\frac{4}{7}$
$=\left(-\frac{1}{7}\right)+\left(+\frac{2}{7}\right)-\left(+\frac{4}{7}\right)$
$=\left(-\frac{1}{7}\right)+\left(+\frac{2}{7}\right)+\left(-\frac{4}{7}\right)$
$=\left(-\frac{1}{7}\right)+\left(-\frac{4}{7}\right)+\left(+\frac{2}{7}\right)$
$=\left\{\left(-\frac{1}{7}\right)+\left(-\frac{4}{7}\right)\right\}+\left(+\frac{2}{7}\right)$
$=\left(-\frac{5}{7}\right)+\left(+\frac{2}{7}\right)$
$=-\left(\frac{5}{7}-\frac{2}{7}\right)=-\frac{3}{7}$

16 $-\frac{8}{9}-\frac{1}{3}+\frac{2}{9}$
$=\left(-\frac{8}{9}\right)-\left(+\frac{1}{3}\right)+\left(+\frac{2}{9}\right)$
$=\left(-\frac{8}{9}\right)+\left(-\frac{1}{3}\right)+\left(+\frac{2}{9}\right)$
$=\left\{\left(-\frac{8}{9}\right)+\left(-\frac{1}{3}\right)\right\}+\left(+\frac{2}{9}\right)$
$=\left\{\left(-\frac{8}{9}\right)+\left(-\frac{3}{9}\right)\right\}+\left(+\frac{2}{9}\right)$
$=\left(-\frac{11}{9}\right)+\left(+\frac{2}{9}\right)$
$=-\left(\frac{11}{9}-\frac{2}{9}\right)=-\frac{9}{9}=-1$

17 $-\frac{1}{3}-\frac{3}{4}+\frac{1}{2}$
$=\left(-\frac{1}{3}\right)-\left(+\frac{3}{4}\right)+\left(+\frac{1}{2}\right)$
$=\left(-\frac{1}{3}\right)+\left(-\frac{3}{4}\right)+\left(+\frac{1}{2}\right)$
$=\left(-\frac{4}{12}\right)+\left(-\frac{9}{12}\right)+\left(+\frac{6}{12}\right)$
$=\left\{\left(-\frac{4}{12}\right)+\left(-\frac{9}{12}\right)\right\}+\left(+\frac{6}{12}\right)$
$=\left(-\frac{13}{12}\right)+\left(+\frac{6}{12}\right)$
$=-\left(\frac{13}{12}-\frac{6}{12}\right)=-\frac{7}{12}$

18 $1.2-0.2+3$
$=(+1.2)-(+0.2)+(+3)$
$=(+1.2)+(-0.2)+(+3)$
$=(+1.2)+(+3)+(-0.2)$
$=\{(+1.2)+(+3)\}+(-0.2)$
$=(+4.2)+(-0.2)$
$=+4$

19 $-6.7-1.3+2.5$
$=(-6.7)-(+1.3)+(+2.5)$
$=(-6.7)+(-1.3)+(+2.5)$
$=\{(-6.7)+(-1.3)\}+(+2.5)$
$=(-8)+(+2.5)$
$=-(8-2.5)$
$=-5.5$

20 $1.4-\frac{1}{2}+2.3-\frac{3}{5}$
$=(+1.4)-\left(+\frac{1}{2}\right)+(+2.3)-\left(+\frac{3}{5}\right)$
$=(+1.4)+\left(-\frac{1}{2}\right)+(+2.3)+\left(-\frac{3}{5}\right)$
$=(+1.4)+(+2.3)+\left(-\frac{1}{2}\right)+\left(-\frac{3}{5}\right)$
$=\{(+1.4)+(+2.3)\}+\left\{\left(-\frac{5}{10}\right)+\left(-\frac{6}{10}\right)\right\}$
$=(+3.7)+\left(-\frac{11}{10}\right)$
$=(+3.7)+(-1.1)$
$=+2.6$

21 $-1.2+3.3-\frac{5}{2}+3$
$=(-1.2)+(+3.3)-\left(+\frac{5}{2}\right)+(+3)$
$=(-1.2)+(+3.3)+\left(-\frac{5}{2}\right)+(+3)$
$=(-1.2)+\left(-\frac{5}{2}\right)+(+3.3)+(+3)$
$=\{(-1.2)+(-2.5)\}+\{(+3.3)+(+3)\}$
$=(-3.7)+(+6.3)$
$=+(6.3-3.7)$
$=+2.6$

07 덧셈과 뺄셈 사이의 관계

본문 114쪽

원리확인

❶ $-$, $-$ ❷ $-$, $-$

❸ $+$, $-$ ❹ $+$, $-$

1 $+3$	2 $+5$	3 $+\frac{2}{5}$	4 -3
5 -3	6 -1	7 $+12$	8 $+24$
9 $+\frac{6}{5}$	10 -7	11 -8	12 -5
13 $+4$	14 $+6$	15 $+3$	16 -2
17 -2	18 $+7$	19 $+10$	20 $+14$
21 $+11$	22 $+0.7$	23 $-\frac{5}{13}$	24 ④

1 $(\square)+(+3)=+6$에서
$\square=(+6)-(+3)$
$=(+6)+(-3)$
$=+(6-3)=+3$

2 $(\square)+(+2)=+7$에서
$\square=(+7)-(+2)$
$=(+7)+(-2)$
$=+(7-2)=+5$

3 $(\square)+\left(+\frac{1}{5}\right)=\left(+\frac{3}{5}\right)$에서
$\square=\left(+\frac{3}{5}\right)-\left(+\frac{1}{5}\right)$
$=\left(+\frac{3}{5}\right)+\left(-\frac{1}{5}\right)$
$=+\left(\frac{3}{5}-\frac{1}{5}\right)=+\frac{2}{5}$

4 $(\square)+(-3)=-6$에서
$\square=(-6)-(-3)$
$=(-6)+(+3)$
$=-(6-3)=-3$

5 $(\square)+(-1)=-4$에서
$\square=(-4)-(-1)$
$=(-4)+(+1)$
$=-(4-1)=-3$

6 $(\square)+(-0.5)=-1.5$에서
$\square=(-1.5)-(-0.5)$
$=(-1.5)+(+0.5)$
$=-(1.5-0.5)=-1$

7 $(\square)-(+3)=+9$에서
$\square=(+9)+(+3)$
$=+(9+3)=+12$

8 $(\square)-(+9)=+15$에서
$\square=(+15)+(+9)$
$=+(15+9)=+24$

9 $(\square)-\left(+\frac{2}{5}\right)=+\frac{4}{5}$에서
$\square=\left(+\frac{4}{5}\right)+\left(+\frac{2}{5}\right)$
$=+\left(\frac{4}{5}+\frac{2}{5}\right)=+\frac{6}{5}$

10 $(\square)-(-4)=-3$에서
$\square=(-3)+(-4)$
$=-(3+4)=-7$

11 $(\square)-(-2)=-6$에서
$\square=(-6)+(-2)$
$=-(6+2)=-8$

12 $(\square)-(-3.2)=-1.8$에서
$\square=(-1.8)+(-3.2)$
$=-(1.8+3.2)=-5$

13 $(+3)+(\square)=+7$에서
$\square=(+7)-(+3)$
$=(+7)+(-3)$
$=+(7-3)=+4$

14 $(+5)+(\square)=+11$에서
$\square=(+11)-(+5)$
$=(+11)+(-5)$
$=+(11-5)=+6$

15 $(+2)+(\square)=+5$에서
$\square=(+5)-(+2)$
$=(+5)+(-2)$
$=+(5-2)=+3$

16 $(-1)+(\square)=-3$에서

$\square=(-3)-(-1)$

$=(-3)+(+1)$

$=-(3-1)=-2$

17 $(-4)+(\square)=-6$에서

$\square=(-6)-(-4)$

$=(-6)+(+4)$

$=-(6-4)=-2$

18 $(-4)+(\square)=+3$에서

$\square=(+3)-(-4)$

$=(+3)+(+4)$

$=+(3+4)=+7$

19 $(+15)-(\square)=+5$에서

$\square=(+15)-(+5)$

$=(+15)+(-5)$

$=+(15-5)=+10$

20 $(+12)-(\square)=-2$에서

$\square=(+12)-(-2)$

$=(+12)+(+2)$

$=+(12+2)=+14$

21 $(+2)-(\square)=-9$에서

$\square=(+2)-(-9)$

$=(+2)+(+9)$

$=+(2+9)=+11$

22 $(-2.3)-(\square)=-3$에서

$\square=(-2.3)-(-3)$

$=(-2.3)+(+3)$

$=+(3-2.3)=+0.7$

23 $\left(-\frac{10}{13}\right)-(\square)=-\frac{5}{13}$에서

$\square=\left(-\frac{10}{13}\right)-\left(-\frac{5}{13}\right)=\left(-\frac{10}{13}\right)+\left(+\frac{5}{13}\right)$

$=-\left(\frac{10}{13}-\frac{5}{13}\right)=-\frac{5}{13}$

24 $a+(+4)=+6$에서

$a=(+6)-(+4)=(+6)+(-4)$

$=+(6-4)=+2$

$b-(-0.5)=+1.5$에서

$b=(+1.5)+(-0.5)=+(1.5-0.5)=+1$

따라서 $a+b=(+2)+(+1)=+3$

08 절댓값이 주어진 두 수의 덧셈과 뺄셈

본문 116쪽

1 (1)

+	+4	−4
+3	+7	−1
−3	+1	−7

(2) +7 (3) −7

2 (1)

+	+5	−5
+9	+14	+4
−9	−4	−14

(2) +14 (3) −14

3 (1)

−	+6	−6
+5	+1	−11
−5	+11	−1

(2) +11 (3) −11

4 (1)

−	+10	−10
+7	+3	−17
−7	+17	−3

(2) +17 (3) −17

☺ 양수, 음수

TEST 4. 정수와 유리수의 덧셈과 뺄셈

본문 117쪽

1 ③ **2** ㉠, ㉡ **3** ④ **4** +

5 ④ **6** ①

1 ① $(+11)+(-14)=-(14-11)=-3$

② $(-3)+(-6)=-(3+6)=-9$

③ $(-1.5)+(-2.3)=-(1.5+2.3)=-3.8$

④ $\left(+\frac{7}{12}\right)+\left(-\frac{8}{12}\right)=-\left(\frac{8}{12}-\frac{7}{12}\right)=-\frac{1}{12}$

⑤ $\left(-\frac{2}{3}\right)+\left(+\frac{1}{5}\right)=\left(-\frac{10}{15}\right)+\left(+\frac{3}{15}\right)$

$=-\left(\frac{10}{15}-\frac{3}{15}\right)=-\frac{7}{15}$

3 ① $(+5)-(+5)=(+5)+(-5)=0$
② $(-7)-(+2)=(-7)+(-2)=-9$
③ $(+0.7)-(-0.6)=(+0.7)+(+0.6)=+1.3$
④ $\left(-\frac{3}{5}\right)-\left(-\frac{1}{15}\right)=\left(-\frac{9}{15}\right)+\left(+\frac{1}{15}\right)=-\frac{8}{15}$
⑤ $(-0.5)-(-1)=(-0.5)+(+1)=+0.5$

4 $6+(-2)-3=(+6)+(-2)-(+3)$
$=(+6)+(-2)+(-3)$
$=(+6)+\{(-2)+(-3)\}$
$=(+6)+(-5)=+1$
이므로
$6+(-2)-3\bigcirc(-1)=0$, 즉 $(+1)\bigcirc(-1)=0$
이때 이 등식이 성립하는 식은
$(+1)+(-1)=0$이므로
$6+(-2)-3 \oplus (-1)=0$

5 $\frac{1}{2}-\frac{2}{3}+1-\left|-\frac{2}{3}\right|$
$=\left(+\frac{1}{2}\right)-\left(+\frac{2}{3}\right)+(+1)-\left(+\frac{2}{3}\right)$
$=\left(+\frac{1}{2}\right)+\left(-\frac{2}{3}\right)+(+1)+\left(-\frac{2}{3}\right)$
$=\left\{\left(+\frac{1}{2}\right)+(+1)\right\}+\left\{\left(-\frac{2}{3}\right)+\left(-\frac{2}{3}\right)\right\}$
$=\left\{+\left(\frac{1}{2}+\frac{2}{2}\right)\right\}+\left\{-\left(\frac{2}{3}+\frac{2}{3}\right)\right\}$
$=\left(+\frac{3}{2}\right)+\left(-\frac{4}{3}\right)$
$=\left(+\frac{9}{6}\right)+\left(-\frac{8}{6}\right)=+\frac{1}{6}$
즉 $+\frac{b}{a}=+\frac{1}{6}$이므로 $a=6$, $b=1$
따라서 $a+b=6+1=7$

6 $\left(+\frac{3}{7}\right)+(\square)=+\frac{20}{21}$에서 $\square$는 $+\frac{20}{21}$에서 $+\frac{3}{7}$만큼 작은 수이다.
따라서
$\square=\left(+\frac{20}{21}\right)-\left(+\frac{3}{7}\right)$
$=\left(+\frac{20}{21}\right)+\left(-\frac{3}{7}\right)$
$=\left(+\frac{20}{21}\right)+\left(-\frac{9}{21}\right)$
$=+\left(\frac{20}{21}-\frac{9}{21}\right)=+\frac{11}{21}$

5 정수와 유리수의 곱셈과 나눗셈

01 부호가 같은 두 수의 곱셈

본문 120쪽

원리확인

❶ $+1$ ❷ $+2$ ❸ $+3$ ❹ $+1$
❺ $+2$ ❻ $+3$ ☺ 오른, 오른

1 (✎ +, +6) 2 +12 3 +12
4 +10 5 +20 6 +30 7 +42
8 +40 9 +81 10 +50 11 +66
12 +72 13 +45 14 +64 15 0
16 +306 17 +96 18 +120 ☺ +
19 (✎ +, +6) 20 +15 21 +24
22 +24 23 +63 24 +64 25 +54
26 +120 27 +88 28 +84 29 +65
30 +156 31 +28 32 0 33 +64
34 +54 35 +125 36 +320 ☺ +
37 (✎ +, $+\frac{7}{10}$) 38 +6 39 +25
40 $+\frac{33}{40}$ 41 $+\frac{3}{40}$ 42 +0.25 43 +4.5
44 $+\frac{9}{5}$ 45 $+\frac{16}{15}$ 46 (✎ +, $+\frac{8}{21}$)
47 $+\frac{8}{21}$ 48 +4 49 $+\frac{13}{4}$ 50 $+\frac{5}{2}$
51 +3.09 52 $+\frac{8}{25}$ 53 $+\frac{5}{2}$ 54 ④

2 $(+3)\times(+4)=+(3\times4)=+12$

3 $(+4)\times(+3)=+(4\times3)=+12$

4 $(+5)\times(+2)=+(5\times2)=+10$

5 $(+5)\times(+4)=+(5\times4)=+20$

6 $(+6)\times(+5)=+(6\times5)=+30$

7 $(+6)\times(+7)=+(6\times7)=+42$

8 $(+8)\times(+5)=+(8\times5)=+40$

9 $(+9)\times(+9)=+(9\times9)=+81$

10 $(+10)\times(+5)=+(10\times5)=+50$

11 $(+11)\times(+6)=+(11\times6)=+66$

12 $(+6)\times(+12)=+(6\times12)=+72$

13 $(+15)\times(+3)=+(15\times3)=+45$

14 $(+16)\times(+4)=+(16\times4)=+64$

15 $(+23)\times0=0$

16 $(+17)\times(+18)=+(17\times18)=+306$

17 $(+32)\times(+3)=+(32\times3)=+96$

18 $(+40)\times(+3)=+(40\times3)=+120$

20 $(-3)\times(-5)=+(3\times5)=+15$

21 $(-4)\times(-6)=+(4\times6)=+24$

22 $(-6)\times(-4)=+(6\times4)=+24$

23 $(-7)\times(-9)=+(7\times9)=+63$

24 $(-8)\times(-8)=+(8\times8)=+64$

25 $(-9)\times(-6)=+(9\times6)=+54$

26 $(-10)\times(-12)=+(10\times12)=+120$

27 $(-11)\times(-8)=+(11\times8)=+88$

28 $(-12)\times(-7)=+(12\times7)=+84$

29 $(-13)\times(-5)=+(13\times5)=+65$

30 $(-13)\times(-12)=+(13\times12)=+156$

31 $(-14)\times(-2)=+(14\times2)=+28$

32 $(-15)\times0=0$

33 $(-16)\times(-4)=+(16\times4)=+64$

34 $(-18)\times(-3)=+(18\times3)=+54$

35 $(-25)\times(-5)=+(25\times5)=+125$

36 $(-40)\times(-8)=+(40\times8)=+320$

38 $\left(+\frac{9}{8}\right)\times\left(+\frac{16}{3}\right)=+\left(\frac{9}{8}\times\frac{16}{3}\right)=+6$

39 $\left(+\frac{5}{9}\right)\times(+45)=+\left(\frac{5}{9}\times45\right)=+25$

40 $\left(+\frac{11}{12}\right)\times\left(+\frac{9}{10}\right)=+\left(\frac{11}{12}\times\frac{9}{10}\right)=+\frac{33}{40}$

41 $\left(+\frac{4}{15}\right)\times\left(+\frac{9}{32}\right)=+\left(\frac{4}{15}\times\frac{9}{32}\right)=+\frac{3}{40}$

42 $(+0.5)\times(+0.5)=+(0.5\times0.5)=+0.25$

43 $(+3)\times(+1.5)=+(3\times1.5)=+4.5$

44 $\left(+\frac{3}{2}\right)\times(+1.2)=+\left(\frac{3}{2}\times\frac{12}{10}\right)=+\frac{9}{5}$

45 $(+1.6)\times\left(+\frac{2}{3}\right)=+\left(\frac{16}{10}\times\frac{2}{3}\right)=+\frac{16}{15}$

47 $\left(-\frac{4}{3}\right)\times\left(-\frac{2}{7}\right)=+\left(\frac{4}{3}\times\frac{2}{7}\right)=+\frac{8}{21}$

48 $\left(-\frac{8}{11}\right)\times\left(-\frac{22}{4}\right)=+\left(\frac{8}{11}\times\frac{22}{4}\right)=+4$

49 $(-4)\times\left(-\frac{13}{16}\right)=+\left(4\times\frac{13}{16}\right)=+\frac{13}{4}$

50 $\left(-\frac{5}{24}\right)\times(-12)=+\left(\frac{5}{24}\times12\right)=+\frac{5}{2}$

51 $(-3)\times(-1.03)=+(3\times1.03)=+3.09$

52 $\left(-\frac{2}{5}\right)\times(-0.8)=+\left(\frac{2}{5}\times\frac{8}{10}\right)=+\frac{8}{25}$

53 $(-4.5)\times\left(-\frac{5}{9}\right)=+\left(\frac{45}{10}\times\frac{5}{9}\right)=+\frac{5}{2}$

54 $a=(+2)\times\left(+\frac{1}{4}\right)=+\left(2\times\frac{1}{4}\right)=+\frac{1}{2}$

$b=(-0.3)\times\left(-\frac{2}{3}\right)=+\left(\frac{3}{10}\times\frac{2}{3}\right)=+\frac{1}{5}$

이므로

$a\times b=\left(+\frac{1}{2}\right)\times\left(+\frac{1}{5}\right)=+\left(\frac{1}{2}\times\frac{1}{5}\right)=+\frac{1}{10}$

02 부호가 다른 두 수의 곱셈

본문 124쪽

원리확인

❶ -1 ❷ -2 ❸ -3 ❹ -1

❺ -2 ❻ -3 ☺ 왼, 왼

1 (✎ $-$, -6) 2 -40 3 -36
4 -21 5 -56 6 -108 7 -60
8 -105 9 -120 10 -10 11 -132
12 -144 13 -75 14 -64 15 -150
16 -108 17 -189 18 -750 ☺ $-$
19 (✎ $-$, -6) 20 -15 21 -30
22 -48 23 -63 24 -64 25 -99
26 -150 27 -60 28 -96 29 -84
30 -195 31 -128 32 0 ☺ 0
33 -225 34 -60 35 -560 36 -504
☺ $-$ 37 $-\frac{21}{20}$ 38 -3 39 $-\frac{23}{25}$
40 $-\frac{7}{2}$ 41 $-\frac{1}{4}$ 42 -0.12 43 -18
44 $-\frac{27}{20}$ 45 $-\frac{21}{10}$ 46 $-\frac{10}{9}$ 47 $-\frac{24}{5}$
48 $-\frac{5}{6}$ 49 $-\frac{8}{3}$ 50 $-\frac{81}{8}$ 51 -14.5
52 -2.25 53 $-\frac{4}{5}$ 54 ①

2 $(+5)\times(-8)=-(5\times8)=-40$

3 $(+6)\times(-6)=-(6\times6)=-36$

4 $(+7)\times(-3)=-(7\times3)=-21$

5 $(+7)\times(-8)=-(7\times8)=-56$

6 $(+9)\times(-12)=-(9\times12)=-108$

7 $(+15)\times(-4)=-(15\times4)=-60$

8 $(+15)\times(-7)=-(15\times7)=-105$

9 $(+20)\times(-6)=-(20\times6)=-120$

10 $(+10)\times(-1)=-(10\times1)=-10$

11 $(+11)\times(-12)=-(11\times12)=-132$

12 $(+12)\times(-12)=-(12\times12)=-144$

13 $(+25)\times(-3)=-(25\times3)=-75$

14 $(+16)\times(-4)=-(16\times4)=-64$

15 $(+30)\times(-5)=-(30\times5)=-150$

16 $(+36)\times(-3)=-(36\times3)=-108$

17 $(+21)\times(-9)=-(21\times9)=-189$

18 $(+125)\times(-6)=-(125\times6)=-750$

20 $(-3)\times(+5)=-(3\times5)=-15$

21 $(-5)\times(+6)=-(5\times6)=-30$

22 $(-6)\times(+8)=-(6\times8)=-48$

23 $(-7)\times(+9)=-(7\times9)=-63$

24 $(-8)\times(+8)=-(8\times8)=-64$

25 $(-9)\times(+11)=-(9\times11)=-99$

26 $(-10)\times(+15)=-(10\times15)=-150$

27 $(-12)\times(+5)=-(12\times5)=-60$

28 $(-12)\times(+8)=-(12\times8)=-96$

29 $(-14)\times(-6)=-(14\times6)=-84$

30 $(-15)\times(+13)=-(15\times13)=-195$

31 $(-16)\times(+8)=-(16\times8)=-128$

32 $(-23)\times0=0$

33 $(-25)\times(+9)=-(25\times9)=-225$

34 $(-20)\times(+3)=-(20\times3)=-60$

35 $(-112)\times(+5)=-(112\times5)=-560$

36 $(-72)\times(+7)=-(72\times7)=-504$

37 $\left(+\frac{3}{5}\right)\times\left(-\frac{7}{4}\right)=-\left(\frac{3}{5}\times\frac{7}{4}\right)=-\frac{21}{20}$

38 $\left(+\frac{9}{7}\right)\times\left(-\frac{7}{3}\right)=-\left(\frac{9}{7}\times\frac{7}{3}\right)=-3$

39 $\left(+\frac{23}{10}\right)\times\left(-\frac{2}{5}\right)=-\left(\frac{23}{10}\times\frac{2}{5}\right)=-\frac{23}{25}$

40 $\left(+\frac{1}{12}\right)\times(-42)=-\left(\frac{1}{12}\times42\right)=-\frac{7}{2}$

41 $\left(+\frac{15}{24}\right)\times\left(-\frac{18}{45}\right)=-\left(\frac{15}{24}\times\frac{18}{45}\right)=-\frac{1}{4}$

42 $(+0.2)\times(-0.6)=-(0.2\times0.6)=-0.12$

43 $(+3.6)\times(-5)=-(3.6\times5)=-18$

44 $\left(+\frac{3}{4}\right)\times(-1.8)=-\left(\frac{3}{4}\times\frac{18}{10}\right)=-\frac{27}{20}$

45 $(+3.5)\times\left(-\frac{3}{5}\right)=-\left(\frac{35}{10}\times\frac{3}{5}\right)=-\frac{21}{10}$

46 $\left(-\frac{2}{3}\right)\times\left(+\frac{5}{3}\right)=-\left(\frac{2}{3}\times\frac{5}{3}\right)=-\frac{10}{9}$

47 $\left(-\frac{14}{5}\right)\times\left(+\frac{12}{7}\right)=-\left(\frac{14}{5}\times\frac{12}{7}\right)=-\frac{24}{5}$

48 $\left(-\frac{25}{12}\right)\times\left(+\frac{2}{5}\right)=-\left(\frac{25}{12}\times\frac{2}{5}\right)=-\frac{5}{6}$

49 $(-5)\times\left(+\frac{8}{15}\right)=-\left(5\times\frac{8}{15}\right)=-\frac{8}{3}$

50 $\left(-\frac{9}{16}\right)\times(+18)=-\left(\frac{9}{16}\times18\right)=-\frac{81}{8}$

51 $(-5)\times(+2.9)=-(5\times2.9)=-14.5$

52 $(-1.5)\times(+1.5)=-(1.5\times1.5)=-2.25$

53 $(-3.6)\times\left(+\frac{2}{9}\right)=-\left(\frac{36}{10}\times\frac{2}{9}\right)=-\frac{4}{5}$

54 $a=(+4)\times(-0.5)=-\left(4\times\frac{5}{10}\right)=-2$

$b=\left(-\frac{2}{7}\right)\times(-14)=+\left(\frac{2}{7}\times14\right)=+4$

따라서

$a\times b=(-2)\times(+4)=-(2\times4)=-8$

03 곱셈의 계산 법칙

본문 128쪽

원리확인

❶ $+2$, -4, -4, -4, -24, 교환, 결합

❷ -2, $+\frac{2}{3}$, $+\frac{2}{3}$, $+\frac{2}{3}$, $+8$, 교환, 결합

1 -42 2 $+64$ 3 $+30$ 4 -60

5 -60 6 -210 7 $-\frac{4}{9}$ 8 $+\frac{4}{5}$

9 $+\frac{1}{4}$ 10 $+\frac{11}{5}$ 11 $+\frac{27}{8}$ 12 $-\frac{12}{5}$

13 -24 14 -1.8 15 -3 16 $-\frac{9}{7}$

17 ④

1 $(+3)\times(-2)\times(+7)$
$=(+3)\times(+7)\times(-2)$
$=\{(+3)\times(+7)\}\times(-2)$
$=(+21)\times(-2)=-42$

2 $(-4)\times(+8)\times(-2)$
$=(-4)\times(-2)\times(+8)$
$=\{(-4)\times(-2)\}\times(+8)$
$=(+8)\times(+8)=+64$

3 $(-5)\times(-3)\times(+2)$
$=(-5)\times(+2)\times(-3)$
$=\{(-5)\times(+2)\}\times(-3)$
$=(-10)\times(-3)=+30$

4 $(-2)\times(-6)\times(-5)$
$=(-2)\times(-5)\times(-6)$
$=\{(-2)\times(-5)\}\times(-6)$
$=(+10)\times(-6)=-60$

5 $(+4)\times(-3)\times(+5)$
$=(+4)\times(+5)\times(-3)$
$=\{(+4)\times(+5)\}\times(-3)$
$=(+20)\times(-3)=-60$

6 $(-6)\times(-7)\times(-5)$
$=(-6)\times(-5)\times(-7)$
$=\{(-6)\times(-5)\}\times(-7)$
$=(+30)\times(-7)=-210$

7 $\left(+\frac{5}{3}\right)\times\left(-\frac{6}{9}\right)\times\left(+\frac{2}{5}\right)$
$=\left(+\frac{5}{3}\right)\times\left(+\frac{2}{5}\right)\times\left(-\frac{6}{9}\right)$
$=\left\{\left(+\frac{5}{3}\right)\times\left(+\frac{2}{5}\right)\right\}\times\left(-\frac{6}{9}\right)$
$=\left(+\frac{2}{3}\right)\times\left(-\frac{6}{9}\right)=-\frac{4}{9}$

8 $\left(-\frac{8}{5}\right)\times\left(+\frac{2}{3}\right)\times\left(-\frac{3}{4}\right)$
$=\left(-\frac{8}{5}\right)\times\left(-\frac{3}{4}\right)\times\left(+\frac{2}{3}\right)$
$=\left\{\left(-\frac{8}{5}\right)\times\left(-\frac{3}{4}\right)\right\}\times\left(+\frac{2}{3}\right)$
$=\left(+\frac{6}{5}\right)\times\left(+\frac{2}{3}\right)=+\frac{4}{5}$

9 $\left(-\frac{3}{2}\right)\times\left(+\frac{1}{4}\right)\times\left(-\frac{2}{3}\right)$
$=\left(-\frac{3}{2}\right)\times\left(-\frac{2}{3}\right)\times\left(+\frac{1}{4}\right)$
$=\left\{\left(-\frac{3}{2}\right)\times\left(-\frac{2}{3}\right)\right\}\times\left(+\frac{1}{4}\right)$
$=(+1)\times\left(+\frac{1}{4}\right)=+\frac{1}{4}$

10 $\left(+\frac{7}{4}\right)\times\left(+\frac{11}{5}\right)\times\left(+\frac{4}{7}\right)$
$=\left(+\frac{7}{4}\right)\times\left(+\frac{4}{7}\right)\times\left(+\frac{11}{5}\right)$
$=\left\{\left(+\frac{7}{4}\right)\times\left(+\frac{4}{7}\right)\right\}\times\left(+\frac{11}{5}\right)$
$=(+1)\times\left(+\frac{11}{5}\right)=+\frac{11}{5}$

11 $\left(-\frac{5}{12}\right)\times\left(-\frac{27}{8}\right)\times\left(+\frac{12}{5}\right)$
$=\left(-\frac{5}{12}\right)\times\left(+\frac{12}{5}\right)\times\left(-\frac{27}{8}\right)$
$=\left\{\left(-\frac{5}{12}\right)\times\left(+\frac{12}{5}\right)\right\}\times\left(-\frac{27}{8}\right)$
$=(-1)\times\left(-\frac{27}{8}\right)=+\frac{27}{8}$

12 $\left(+\frac{8}{9}\right)\times\left(+\frac{6}{5}\right)\times\left(-\frac{18}{8}\right)$
$=\left(+\frac{8}{9}\right)\times\left(-\frac{18}{8}\right)\times\left(+\frac{6}{5}\right)$
$=\left\{\left(+\frac{8}{9}\right)\times\left(-\frac{18}{8}\right)\right\}\times\left(+\frac{6}{5}\right)$
$=(-2)\times\left(+\frac{6}{5}\right)=-\frac{12}{5}$

13 $\left(-\frac{27}{4}\right)\times(-2)\times\left(-\frac{16}{9}\right)$
$=\left(-\frac{27}{4}\right)\times\left(-\frac{16}{9}\right)\times(-2)$
$=\left\{\left(-\frac{27}{4}\right)\times\left(-\frac{16}{9}\right)\right\}\times(-2)$
$=(+12)\times(-2)=-24$

14 $(+1.2)\times(-3)\times(+0.5)$
$=(+1.2)\times(+0.5)\times(-3)$
$=\{(+1.2)\times(+0.5)\}\times(-3)$
$=(+0.6)\times(-3)=-1.8$

15 $(+2)\times\left(+\frac{1}{3}\right)\times(-4.5)$

$=(+2)\times(-4.5)\times\left(+\frac{1}{3}\right)$

$=\{(+2)\times(-4.5)\}\times\left(+\frac{1}{3}\right)$

$=(-9)\times\left(+\frac{1}{3}\right)=-3$

16 $(+4.5)\times\left(-\frac{3}{7}\right)\times\left(+\frac{2}{3}\right)$

$=(+4.5)\times\left(+\frac{2}{3}\right)\times\left(-\frac{3}{7}\right)$

$=\left\{\left(+\frac{45}{10}\right)\times\left(+\frac{2}{3}\right)\right\}\times\left(-\frac{3}{7}\right)$

$=(+3)\times\left(-\frac{3}{7}\right)=-\frac{9}{7}$

17 $(+1.25)\times\left(+\frac{3}{5}\right)\times(-8)$

$=(+1.25)\times(\boxed{-8})\times\left(+\frac{3}{5}\right)$ ← 교환 법칙

$=\{(+1.25)\times(\boxed{-8})\}\times\left(+\frac{3}{5}\right)$ ← 결합 법칙

$=(\boxed{-10})\times\left(+\frac{3}{5}\right)$

$=\boxed{-6}$

04 세 수 이상의 곱셈

본문 130쪽

원리확인

❶ +, +24　　❷ −, −180

1 −60　**2** +90　**3** +30　**4** +210

5 −240　**6** +60　**7** $+\frac{3}{8}$　**8** −9

9 $-\frac{10}{3}$　**10** −18　**11** $+\frac{7}{3}$　☺ +, −

12 (1) $\left(\text{✎} -5,\ +\frac{1}{3}\right)$ (2) (✎ −5, +, 5, +30)

13 (1) +2, −2, −3 / −2, +4, −3 (2) +24

14 (1) $-\frac{2}{9}$, −12, $+\frac{15}{2}$ / $-\frac{2}{9}$, −12, $+\frac{3}{4}$

(2) +20

15 ②

1 $(+5)\times(-4)\times(+3)=-(5\times4\times3)=-60$

2 $(-2)\times(+5)\times(-9)=+(2\times5\times9)=+90$

3 $(-3)\times(-2)\times(+5)=+(3\times2\times5)=+30$

4 $(+3)\times(-2)\times(+5)\times(-7)$
$=+(3\times2\times5\times7)=+210$

5 $(-2)\times(-6)\times(-5)\times(+4)$
$=-(2\times6\times5\times4)=-240$

6 $(-3)\times(-2)\times(-2)\times(-5)$
$=+(3\times2\times2\times5)=+60$

7 $\left(-\frac{1}{3}\right)\times\left(+\frac{9}{2}\right)\times\left(-\frac{1}{4}\right)$
$=+\left(\frac{1}{3}\times\frac{9}{2}\times\frac{1}{4}\right)=+\frac{3}{8}$

8 $\left(+\frac{5}{4}\right)\times(-8)\times\left(+\frac{9}{10}\right)$
$=-\left(\frac{5}{4}\times8\times\frac{9}{10}\right)=-9$

9 $(-0.5)\times\left(-\frac{28}{3}\right)\times\left(-\frac{15}{21}\right)$
$=\left(-\frac{1}{2}\right)\times\left(-\frac{28}{3}\right)\times\left(-\frac{15}{21}\right)$
$=-\left(\frac{1}{2}\times\frac{28}{3}\times\frac{15}{21}\right)=-\frac{10}{3}$

10 $(+1.2)\times\left(-\frac{1}{2}\right)\times(+3)\times(+10)$
$=-\left(\frac{12}{10}\times\frac{1}{2}\times3\times10\right)=-18$

11 $\left(+\frac{5}{12}\right)\times(-2.5)\times\left(+\frac{28}{15}\right)\times\left(-\frac{6}{5}\right)$
$=\left(+\frac{5}{12}\right)\times\left(-\frac{5}{2}\right)\times\left(+\frac{28}{15}\right)\times\left(-\frac{6}{5}\right)$
$=+\left(\frac{5}{12}\times\frac{5}{2}\times\frac{28}{15}\times\frac{6}{5}\right)=+\frac{7}{3}$

13 (2) $(-2)\times(+4)\times(-3)$
$=+(2\times4\times3)=+24$

14 (2) $\left(-\frac{2}{9}\right)\times(-12)\times\left(+\frac{15}{2}\right)$
$=+\left(\frac{2}{9}\times12\times\frac{15}{2}\right)=+20$

15 주어진 식에서 음수의 개수는 7이므로

$\left(-\frac{1}{2}\right)\times\left(-\frac{2}{3}\right)\times\left(-\frac{3}{4}\right)\times\cdots\times\left(-\frac{7}{8}\right)$

$=-\left(\frac{1}{2}\times\frac{2}{3}\times\frac{3}{4}\times\cdots\times\frac{7}{8}\right)=-\frac{1}{8}$

05 거듭제곱의 계산

본문 132쪽

원리확인

❶ $+16$　❷ $+16$　❸ -16　❹ -16

1 $+27$	2 $+32$	3 $+81$	4 1
5 -36	6 -32	7 $+\frac{1}{27}$	8 $+\frac{4}{9}$
9 $-\frac{1}{64}$	☺ $-$	10 $+9$	11 -32
12 -4	13 $+32$	14 -1	15 $-\frac{1}{64}$
16 $-\frac{4}{25}$	17 $+\frac{1}{128}$	☺ $-$, $+$	18 -72
19 -36	20 $+25$	21 $+\frac{1}{4}$	22 $-\frac{1}{6}$
23 $-\frac{3}{80}$	24 $+\frac{3}{64}$	25 ④	

1 $(+3)^3=(+3)\times(+3)\times(+3)$
$=+(3\times3\times3)$
$=+27$

2 $(+2)^5=(+2)\times(+2)\times(+2)\times(+2)\times(+2)$
$=+(2\times2\times2\times2\times2)$
$=+32$

3 $3^4=(+3)\times(+3)\times(+3)\times(+3)=+81$

4 $1^{50}=1$

5 $-(+6)^2=(-1)\times(+6)^2$
$=(-1)\times(+6)\times(+6)$
$=-(1\times6\times6)$
$=-36$

6 -2^5
$=(-1)\times(+2)^5$
$=(-1)\times(+2)\times(+2)\times(+2)\times(+2)\times(+2)$
$=-(1\times2\times2\times2\times2\times2)$
$=-32$

7 $\left(\frac{1}{3}\right)^3=\left(+\frac{1}{3}\right)\times\left(+\frac{1}{3}\right)\times\left(+\frac{1}{3}\right)$
$=+\left(\frac{1}{3}\times\frac{1}{3}\times\frac{1}{3}\right)=+\frac{1}{27}$

8 $\left(\frac{2}{3}\right)^2=\left(+\frac{2}{3}\right)\times\left(+\frac{2}{3}\right)=+\left(\frac{2}{3}\times\frac{2}{3}\right)=+\frac{4}{9}$

9 $-\left(\frac{1}{2}\right)^6$
$=(-1)\times\left(+\frac{1}{2}\right)\times\left(+\frac{1}{2}\right)\times\left(+\frac{1}{2}\right)$
$\times\left(+\frac{1}{2}\right)\times\left(+\frac{1}{2}\right)\times\left(+\frac{1}{2}\right)$
$=-\left(1\times\frac{1}{2}\times\frac{1}{2}\times\frac{1}{2}\times\frac{1}{2}\times\frac{1}{2}\times\frac{1}{2}\right)=-\frac{1}{64}$

10 $(-3)^2=(-3)\times(-3)=+(3\times3)=+9$

11 $(-2)^5=(-2)\times(-2)\times(-2)\times(-2)\times(-2)$
$=-(2\times2\times2\times2\times2)=-32$

12 $-(-2)^2=(-1)\times(-2)^2$
$=(-1)\times(-2)\times(-2)$
$=-(1\times2\times2)=-4$

13 $-(-2)^5$
$=(-1)\times(-2)\times(-2)\times(-2)\times(-2)\times(-2)$
$=+(1\times2\times2\times2\times2\times2)$
$=+32$

14 $(-1)^{101}=-1$

15 $\left(-\frac{1}{4}\right)^3=\left(-\frac{1}{4}\right)\times\left(-\frac{1}{4}\right)\times\left(-\frac{1}{4}\right)$
$=-\left(\frac{1}{4}\times\frac{1}{4}\times\frac{1}{4}\right)=-\frac{1}{64}$

16 $-\left(-\frac{2}{5}\right)^2=(-1)\times\left(-\frac{2}{5}\right)\times\left(-\frac{2}{5}\right)$

$=-\left(1\times\frac{2}{5}\times\frac{2}{5}\right)=-\frac{4}{25}$

17 $-\left(-\frac{1}{2}\right)^7$

$=(-1)\times\left(-\frac{1}{2}\right)\times\left(-\frac{1}{2}\right)\times\left(-\frac{1}{2}\right)\times\left(-\frac{1}{2}\right)$

$\times\left(-\frac{1}{2}\right)\times\left(-\frac{1}{2}\right)\times\left(-\frac{1}{2}\right)$

$=+\left(1\times\frac{1}{2}\times\frac{1}{2}\times\frac{1}{2}\times\frac{1}{2}\times\frac{1}{2}\times\frac{1}{2}\times\frac{1}{2}\right)$

$=+\frac{1}{128}$

18 $(+3)^2\times(-2)^3$

$=(+3)\times(+3)\times(-2)\times(-2)\times(-2)$

$=-(3\times3\times2\times2\times2)=-72$

19 $(-2)^2\times(-3^2)$

$=(-2)\times(-2)\times(-1)\times(+3)\times(+3)$

$=-(2\times2\times3\times3)=-36$

20 $-(-1)^5\times5^2$

$=(-1)\times(-1)\times(-1)\times(-1)$

$\times(-1)\times(-1)\times(+5)\times(+5)$

$=+(5\times5)=+25$

21 $\left(-\frac{1}{2}\right)^5\times(-2^3)$

$=\left(-\frac{1}{2}\right)\times\left(-\frac{1}{2}\right)\times\left(-\frac{1}{2}\right)\times\left(-\frac{1}{2}\right)\times\left(-\frac{1}{2}\right)$

$\times(-1)\times(+2)\times(+2)\times(+2)$

$=+\left(\frac{1}{2}\times\frac{1}{2}\times\frac{1}{2}\times\frac{1}{2}\times\frac{1}{2}\times2\times2\times2\right)$

$=+\frac{1}{4}$

22 $\left(\frac{3}{2}\right)^3\times\left\{-\left(\frac{2}{9}\right)^2\right\}$

$=\left(+\frac{3}{2}\right)\times\left(+\frac{3}{2}\right)\times\left(+\frac{3}{2}\right)$

$\times(-1)\times\left(+\frac{2}{9}\right)\times\left(+\frac{2}{9}\right)$

$=-\left(\frac{3}{2}\times\frac{3}{2}\times\frac{3}{2}\times\frac{2}{9}\times\frac{2}{9}\right)=-\frac{1}{6}$

23 $-\left(-\frac{3}{5}\right)^3\times\left\{-\left(-\frac{5}{12}\right)^2\right\}$

$=(-1)\times\left(-\frac{3}{5}\right)\times\left(-\frac{3}{5}\right)\times\left(-\frac{3}{5}\right)\times(-1)$

$\times\left(-\frac{5}{12}\right)\times\left(-\frac{5}{12}\right)$

$=-\left(\frac{3}{5}\times\frac{3}{5}\times\frac{3}{5}\times\frac{5}{12}\times\frac{5}{12}\right)=-\frac{3}{80}$

24 $2^4\times\left\{-\left(\frac{3}{4}\right)^3\right\}\times\left\{-\left(-\frac{1}{12}\right)^2\right\}$

$=(+2)\times(+2)\times(+2)\times(+2)\times(-1)\times\left(+\frac{3}{4}\right)$

$\times\left(+\frac{3}{4}\right)\times\left(+\frac{3}{4}\right)\times(-1)\times\left(-\frac{1}{12}\right)\times\left(-\frac{1}{12}\right)$

$=+\left(2\times2\times2\times2\times\frac{3}{4}\times\frac{3}{4}\times\frac{3}{4}\times\frac{1}{12}\times\frac{1}{12}\right)$

$=+\frac{3}{64}$

25 ① $(-1)^{1001}=-1$

② $-(-1)^{200}=(-1)\times(-1)^{200}=-1$

③ $-1^{88}=(-1)\times(+1)^{88}=-1$

④ $-(-2)^2\times\left\{-\left(\frac{1}{2}\right)^2\right\}$

$=(-1)\times(-2)\times(-2)\times(-1)$

$\times\left(+\frac{1}{2}\right)\times\left(+\frac{1}{2}\right)=+1$

⑤ $\left(-\frac{2}{3}\right)^2\times\left\{-\left(\frac{3}{2}\right)^2\right\}$

$=\left(-\frac{2}{3}\right)\times\left(-\frac{2}{3}\right)\times(-1)\times\left(+\frac{3}{2}\right)\times\left(+\frac{3}{2}\right)$

$=-\left(\frac{2}{3}\times\frac{2}{3}\times\frac{3}{2}\times\frac{3}{2}\right)=-1$

06 분배법칙

본문 134쪽

원리확인

❶ 10, 6, 16 ❷ 5, 3, 10, 6, 4

❸ 12, 4, 16 ❹ 6, 2, 12, 4, 8

1 (✎22)	2 8	3 −6	4 −54
5 −16	6 12	7 2	8 5
9 (✎12)	10 −8	11 −1	12 −1.2
13 −48	14 −19	15 $\frac{89}{40}$	16 ③

17 (✏13, 30, 60)　18 500　19 60
20 12　21 -23　22 $\frac{22}{3}$　23 -5
24 ②

2 $4\times(5-3)=4\times5-4\times3=20-12=8$

3 $3\times(-9+7)=3\times(-9)+3\times7$
$=(-27)+21$
$=-(27-21)=-6$

4 $6\times(-5-4)=6\times(-5)-6\times4$
$=(-30)-24$
$=-(30+24)=-54$

5 $(-2)\times(3+5)=(-2)\times3+(-2)\times5$
$=(-6)+(-10)$
$=-(6+10)=-16$

6 $(-3)\times(4-8)=(-3)\times4-(-3)\times8$
$=(-12)-(-24)$
$=(-12)+(+24)$
$=+(24-12)=12$

7 $\left(-\frac{1}{2}\right)\times(-7+3)$
$=\left(-\frac{1}{2}\right)\times(-7)+\left(-\frac{1}{2}\right)\times(+3)$
$=\frac{7}{2}+\left(-\frac{3}{2}\right)=\frac{7}{2}-\frac{3}{2}=\frac{4}{2}=2$

8 $\left(-\frac{1}{3}\right)\times(-9-6)$
$=\left(-\frac{1}{3}\right)\times(-9)-\left(-\frac{1}{3}\right)\times6$
$=3-(-2)$
$=3+2=5$

10 $(-10+6)\times2=(-10)\times2+6\times2$
$=(-20)+12$
$=-(20-12)=-8$

11 $\left(-\frac{1}{8}-\frac{3}{8}\right)\times2=\left(-\frac{1}{8}\right)\times2-\frac{3}{8}\times2$
$=\left(-\frac{1}{4}\right)-\frac{3}{4}$
$=-\left(\frac{1}{4}+\frac{3}{4}\right)$
$=-\frac{4}{4}=-1$

12 $(0.2+0.4)\times(-2)=0.2\times(-2)+0.4\times(-2)$
$=(-0.4)+(-0.8)$
$=-(0.4+0.8)=-1.2$

13 $\left(10-\frac{2}{5}\right)\times(-5)=10\times(-5)-\frac{2}{5}\times(-5)$
$=(-50)-(-2)$
$=(-50)+2=-48$

14 $\left(-\frac{2}{7}+3\right)\times(-7)=\left(-\frac{2}{7}\right)\times(-7)+3\times(-7)$
$=2+(-21)=-19$

15 $\left(-\frac{8}{15}-\frac{5}{24}\right)\times(-3)$
$=\left(-\frac{8}{15}\right)\times(-3)-\frac{5}{24}\times(-3)$
$=\frac{8}{5}-\left(-\frac{5}{8}\right)=\frac{8}{5}+\frac{5}{8}=\frac{64}{40}+\frac{25}{40}=\frac{89}{40}$

16 $a\times b=3$, $a\times c=-5$이므로
$a\times(b+c)=a\times b+a\times c$
$=3+(-5)$
$=-2$

18 $5\times25+5\times75=5\times(25+75)$
$=5\times100=500$

19 $2\times35+2\times(-5)=2\times(35-5)$
$=2\times30=60$

20 $1.2\times5.3+1.2\times4.7=1.2\times(5.3+4.7)$
$=1.2\times10=12$

21 $(-2.3)\times2+(-2.3)\times8=(-2.3)\times(2+8)$
$=(-2.3)\times10=-23$

22 $\frac{1}{3}\times26-\frac{1}{3}\times4=\frac{1}{3}\times(26-4)=\frac{1}{3}\times22=\frac{22}{3}$

23 $5\times(-0.2)-5\times(+0.8)=5\times(-0.2-0.8)$
$=5\times(-1)=-5$

24 $(-3)\times(-18)+(-3)\times9$
$=(-3)\times(-18+9)$
$=(-3)\times(-9)=+27$
이므로 $a=-9$, $b=+27$
따라서 $a+b=(-9)+27=18$

07 부호가 같은 두 수의 나눗셈

본문 136쪽

원리확인

❶ +3 ❷ +3

1 (✎ +, +2)		2 +2	3 +4
4 +2	5 +1	6 +5	7 +2
8 +0.8	9 +8	10 (✎ +, +3)	
11 +5	12 +3	13 +7	14 +5
15 +5	16 +0.9	17 +25	18 +25
☺ +, +	19 +3	20 +20	21 +33
22 +1.4	23 +20	24 +10	

2 $(+10)\div(+5)=+(10\div5)=+2$

3 $(+16)\div(+4)=+(16\div4)=+4$

4 $(+18)\div(+9)=+(18\div9)=+2$

5 $(+20)\div(+20)=+(20\div20)=+1$

6 $(+25)\div(+5)=+(25\div5)=+5$

7 $(+28)\div(+14)=+(28\div14)=+2$

8 $(+3.2)\div(+4)=+(3.2\div4)=+0.8$

9 $(+7.2)\div(+0.9)=+(7.2\div0.9)=+8$

11 $(-25)\div(-5)=+(25\div5)=+5$

12 $(-33)\div(-11)=+(33\div11)=+3$

13 $(-56)\div(-8)=+(56\div8)=+7$

14 $(-125)\div(-25)=+(125\div25)=+5$

15 $(-150)\div(-30)=+(150\div30)=+5$

16 $(-7.2)\div(-8)=+(7.2\div8)=+0.9$

17 $(-12.5)\div(-0.5)=+(12.5\div0.5)=+25$

18 $(-5)\div(-0.2)=+(5\div0.2)=+25$

19 $(+30)\div(+5)\div(+2)=+(30\div5)\div(+2)$
$=(+6)\div(+2)$
$=+(6\div2)=+3$

20 $(+80)\div(+2)\div(+2)=+(80\div2)\div(+2)$
$=(+40)\div(+2)$
$=+(40\div2)=+20$

21 $(+198)\div(+3)\div(+2)=+(198\div3)\div(+2)$
$=(+66)\div(+2)$
$=+(66\div2)=+33$

22 $(+8.4)\div(+2)\div(+3)=+(8.4\div2)\div(+3)$
$=(+4.2)\div(+3)$
$=+(4.2\div3)=+1.4$

23 $(+16)\div(+0.2)\div(+4)=+(16\div0.2)\div(+4)$
$=+(80\div4)=+20$

24 $(-100)\div(-2)\div(+5)=+(100\div2)\div(+5)$
$=(+50)\div(+5)$
$=+(50\div5)=+10$

08 부호가 다른 두 수의 나눗셈

본문 138쪽

원리확인

❶ -3　　❷ -3

1 (✎ $-$, -2)　2 -5　3 -10
4 -21　5 -3　6 -5　7 -1.7
8 -4.5　9 -26　10 (✎ $-$, -9)
11 -2　12 -4　13 -14　14 -33
15 -7　16 -10　17 -0.8　18 -9
☺ $-$, $-$　19 -3　20 $+2$　21 -6
22 -50　23 -30　24 $+7$

2 $(+15)\div(-3)=-(15\div3)=-5$

3 $(+50)\div(-5)=-(50\div5)=-10$

4 $(+63)\div(-3)=-(63\div3)=-21$

5 $(+126)\div(-42)=-(126\div42)=-3$

6 $(+200)\div(-40)=-(200\div40)=-5$

7 $(+15.3)\div(-9)=-(15.3\div9)=-1.7$

8 $(+13.5)\div(-3)=-(13.5\div3)=-4.5$

9 $(+10.4)\div(-0.4)=-(10.4\div0.4)=-26$

11 $(-12)\div(+6)=-(12\div6)=-2$

12 $(-60)\div(+15)=-(60\div15)=-4$

13 $(-56)\div(+4)=-(56\div4)=-14$

14 $(-99)\div(+3)=-(99\div3)=-33$

15 $(-105)\div(+15)=-(105\div15)=-7$

16 $(-15)\div(+1.5)=-(15\div1.5)=-10$

17 $(-4.8)\div(+6)=-(4.8\div6)=-0.8$

18 $(-2.7)\div(+0.3)=-(2.7\div0.3)=-9$

19 $(+90)\div(-15)\div(+2)$
$=-(90\div15)\div(+2)$
$=(-6)\div(+2)$
$=-(6\div2)=-3$

20 $(+20)\div(-5)\div(-2)$
$=-(20\div5)\div(-2)$
$=(-4)\div(-2)$
$=+(4\div2)=+2$

21 $(-180)\div(+6)\div(+5)$
$=-(180\div6)\div(+5)$
$=(-30)\div(+5)$
$=-(30\div5)=-6$

22 $(-100)\div(+5)\div(+0.4)$
$=-(100\div5)\div(+0.4)$
$=(-20)\div(+0.4)$
$=-(20\div0.4)=-50$

23 $(+12)\div(-0.1)\div(+4)$
$=-(12\div0.1)\div(+4)$
$=(-120)\div(+4)$
$=-(120\div4)=-30$

24 $(+9.8)\div(-0.2)\div(-7)$
$=-(9.8\div0.2)\div(-7)$
$=(-49)\div(-7)$
$=+(49\div7)=+7$

09 역수

본문 140쪽

원리확인

❶ $1,\ 3,\ \frac{1}{3}$　　❷ $1,\ \frac{2}{5},\ \frac{5}{2}$

❸ $1,\ -3,\ -\frac{1}{3}$　　❹ $1,\ -\frac{2}{5},\ -\frac{5}{2}$

1 $\frac{2}{7}$	2 $\frac{9}{4}$	3 11	4 $\frac{15}{17}$
5 $-\frac{3}{11}$	6 $-\frac{24}{19}$	7 -10	8 $-\frac{36}{79}$
9 $\frac{1}{5}$	10 $\frac{1}{19}$	11 $-\frac{1}{7}$	12 $-\frac{1}{52}$
13 $\frac{2}{3}$	14 $\frac{3}{10}$	15 $-\frac{3}{16}$	16 $-\frac{9}{20}$
17 $\frac{10}{7}$	18 $\frac{5}{6}$	19 $-\frac{5}{6}$	20 $-\frac{5}{24}$
21 $\frac{4}{5}$	☺ 역수	22 ⑤	

1 $\frac{7}{2}\times\frac{2}{7}=1$이므로 $\frac{7}{2}$의 역수는 $\frac{2}{7}$이다.

2 $\frac{4}{9}\times\frac{9}{4}=1$이므로 $\frac{4}{9}$의 역수는 $\frac{9}{4}$이다.

3 $\frac{1}{11}\times 11=1$이므로 $\frac{1}{11}$의 역수는 11이다.

4 $\frac{17}{15}\times\frac{15}{17}=1$이므로 $\frac{17}{15}$의 역수는 $\frac{15}{17}$이다.

5 $\left(-\frac{11}{3}\right)\times\left(-\frac{3}{11}\right)=1$이므로 $-\frac{11}{3}$의 역수는 $-\frac{3}{11}$이다.

6 $\left(-\frac{19}{24}\right)\times\left(-\frac{24}{19}\right)=1$이므로 $-\frac{19}{24}$의 역수는 $-\frac{24}{19}$이다.

7 $\left(-\frac{1}{10}\right)\times(-10)=1$이므로 $-\frac{1}{10}$의 역수는 -10이다.

8 $\left(-\frac{79}{36}\right)\times\left(-\frac{36}{79}\right)=1$이므로 $-\frac{79}{36}$의 역수는 $-\frac{36}{79}$이다.

9 $5\times\frac{1}{5}=1$이므로 5의 역수는 $\frac{1}{5}$이다.

10 $19\times\frac{1}{19}=1$이므로 19의 역수는 $\frac{1}{19}$이다.

11 $(-7)\times\left(-\frac{1}{7}\right)=1$이므로 -7의 역수는 $-\frac{1}{7}$이다.

12 $(-52)\times\left(-\frac{1}{52}\right)=1$이므로 -52의 역수는 $-\frac{1}{52}$이다.

13 $1\frac{1}{2}=\frac{3}{2}$이고 $\frac{3}{2}\times\frac{2}{3}=1$이므로 $1\frac{1}{2}$의 역수는 $\frac{2}{3}$이다.

14 $2\frac{4}{3}=\frac{10}{3}$이고 $\frac{10}{3}\times\frac{3}{10}=1$이므로 $2\frac{4}{3}$의 역수는 $\frac{3}{10}$이다.

15 $-5\frac{1}{3}=-\frac{16}{3}$이고 $\left(-\frac{16}{3}\right)\times\left(-\frac{3}{16}\right)=1$이므로 $-5\frac{1}{3}$의 역수는 $-\frac{3}{16}$이다.

16 $-2\frac{2}{9}=-\frac{20}{9}$이고 $\left(-\frac{20}{9}\right)\times\left(-\frac{9}{20}\right)=1$이므로 $-2\frac{2}{9}$의 역수는 $-\frac{9}{20}$이다.

17 $0.7=\frac{7}{10}$이고 $\frac{7}{10}\times\frac{10}{7}=1$이므로 0.7의 역수는 $\frac{10}{7}$이다.

18 $1.2=\frac{12}{10}=\frac{6}{5}$이고 $\frac{6}{5}\times\frac{5}{6}=1$이므로 1.2의 역수는 $\frac{5}{6}$이다.

19 $-1.2=-\frac{12}{10}=-\frac{6}{5}$이고
$\left(-\frac{6}{5}\right)\times\left(-\frac{5}{6}\right)=1$이므로 -1.2의 역수는 $-\frac{5}{6}$이다.

20 $-4.8=-\frac{48}{10}=-\frac{24}{5}$이고 $\left(-\frac{24}{5}\right)\times\left(-\frac{5}{24}\right)=1$이므로 -4.8의 역수는 $-\frac{5}{24}$이다.

21 $1.25=\frac{125}{100}=\frac{5}{4}$이고 $\frac{5}{4}\times\frac{4}{5}=1$이므로 1.25의 역수는 $\frac{4}{5}$이다.

22 $5\times\frac{1}{5}=1$이므로 5의 역수는 $\frac{1}{5}=\frac{1}{a}$에서 $a=5$
$\left(-\frac{7}{5}\right)\times\left(-\frac{5}{7}\right)=1$이므로 $-\frac{7}{5}$의 역수는
$-\frac{5}{7}=-\frac{b}{7}$에서 $b=5$
따라서 $a\times b=5\times5=25$

10 역수를 이용한 수의 나눗셈

본문 142쪽

원리확인

❶ $-\frac{1}{15}$, $\frac{1}{15}$, $-\frac{1}{3}$ ❷ $-\frac{1}{6}$, $\frac{1}{6}$, $+\frac{2}{7}$

❸ $-\frac{11}{12}$, $\frac{8}{3}$, $\frac{11}{12}$, $-\frac{22}{9}$

1 (✎ $+3$) 2 $+\frac{1}{2}$ 3 $+\frac{1}{4}$ 4 $+\frac{1}{5}$

5 $\left(✎ -\frac{1}{2}\right)$ 6 -1 7 $-\frac{2}{5}$ 8 $-\frac{1}{7}$

9 $+\frac{1}{16}$ 10 $+14$ 11 $+12$ 12 $+\frac{8}{13}$

13 -1 14 $-\frac{8}{5}$ 15 $-\frac{14}{9}$ 16 $-\frac{1}{25}$

17 $-\frac{13}{5}$ 18 $+\frac{3}{50}$ 19 $+\frac{5}{3}$ 20 $+2$

21 $+\frac{1}{5}$ 22 -1 23 $-\frac{5}{6}$ 24 $-\frac{9}{8}$

25 $-\frac{7}{20}$ 26 $\frac{2}{3}$ 27 $-\frac{1}{5}$ 28 $-\frac{3}{5}$

29 $-\frac{15}{2}$ 30 ① 31 $+20$ 32 $+14$

33 $-\frac{3}{7}$ 34 $-\frac{5}{8}$ 35 -1.2 36 $+2.4$

37 $+2$ 38 -9 39 $+12$ 40 $-\frac{10}{27}$

41 $-\frac{10}{21}$ 42 $+12$ 43 ③

2 $(+8)\div(+16)=(+8)\times\left(+\frac{1}{16}\right)$
$=+\left(8\times\frac{1}{16}\right)=+\frac{1}{2}$

3 $(-5)\div(-20)=(-5)\times\left(-\frac{1}{20}\right)$
$=+\left(5\times\frac{1}{20}\right)=+\frac{1}{4}$

4 $(-7)\div(-35)=(-7)\times\left(-\frac{1}{35}\right)$
$=+\left(7\times\frac{1}{35}\right)=+\frac{1}{5}$

6 $(+11)\div(-11)=(+11)\times\left(-\frac{1}{11}\right)$
$=-\left(11\times\frac{1}{11}\right)=-1$

7 $(-10)\div(+25)=(-10)\times\left(+\frac{1}{25}\right)$
$=-\left(10\times\frac{1}{25}\right)=-\frac{2}{5}$

8 $(-1)\div(+7)=(-1)\times\left(+\frac{1}{7}\right)$
$=-\left(1\times\frac{1}{7}\right)=-\frac{1}{7}$

9 $\left(+\frac{5}{8}\right)\div(+10)=\left(+\frac{5}{8}\right)\times\left(+\frac{1}{10}\right)$
$=+\left(\frac{5}{8}\times\frac{1}{10}\right)=+\frac{1}{16}$

10 $(+36)\div\left(+\frac{18}{7}\right)=(+36)\times\left(+\frac{7}{18}\right)$
$=+\left(36\times\frac{7}{18}\right)=+14$

11 $\left(-\frac{8}{15}\right)\div\left(-\frac{2}{45}\right)=\left(-\frac{8}{15}\right)\times\left(-\frac{45}{2}\right)$
$=+\left(\frac{8}{15}\times\frac{45}{2}\right)=+12$

12 $\left(-\frac{10}{13}\right)\div\left(-\frac{5}{4}\right)=\left(-\frac{10}{13}\right)\times\left(-\frac{4}{5}\right)$
$=+\left(\frac{10}{13}\times\frac{4}{5}\right)=+\frac{8}{13}$

13 $\left(+\frac{5}{7}\right)\div\left(-\frac{5}{7}\right)=\left(+\frac{5}{7}\right)\times\left(-\frac{7}{5}\right)$
$=-\left(\frac{5}{7}\times\frac{7}{5}\right)=-1$

14 $\left(+\frac{1}{5}\right)\div\left(-\frac{1}{8}\right)=\left(+\frac{1}{5}\right)\times(-8)$
$=-\left(\frac{1}{5}\times8\right)=-\frac{8}{5}$

15 $\left(-\frac{12}{21}\right)\div\left(+\frac{18}{49}\right)=\left(-\frac{12}{21}\right)\times\left(+\frac{49}{18}\right)$
$=-\left(\frac{12}{21}\times\frac{49}{18}\right)=-\frac{14}{9}$

16 $\left(-\frac{1}{5}\right)\div(+5)=\left(-\frac{1}{5}\right)\times\left(+\frac{1}{5}\right)$
$=-\left(\frac{1}{5}\times\frac{1}{5}\right)=-\frac{1}{25}$

17 $(-1)\div\left(+\frac{5}{13}\right)=(-1)\times\left(+\frac{13}{5}\right)$
$=-\left(1\times\frac{13}{5}\right)=-\frac{13}{5}$

18 $(+0.3)\div(+5)=\left(+\frac{3}{10}\right)\div(+5)$
$=\left(+\frac{3}{10}\right)\times\left(+\frac{1}{5}\right)$
$=+\left(\frac{3}{10}\times\frac{1}{5}\right)=+\frac{3}{50}$

19 $(+2)\div(+1.2)=(+2)\div\left(+\frac{12}{10}\right)$
$=(+2)\times\left(+\frac{10}{12}\right)$
$=+\left(2\times\frac{10}{12}\right)=+\frac{5}{3}$

20 $(-1.6)\div(-0.8)=\left(-\frac{16}{10}\right)\div\left(-\frac{8}{10}\right)$
$=\left(-\frac{16}{10}\right)\times\left(-\frac{10}{8}\right)$
$=+\left(\frac{16}{10}\times\frac{10}{8}\right)=+2$

21 $(-0.5)\div(-2.5)=\left(-\frac{5}{10}\right)\div\left(-\frac{25}{10}\right)$
$=\left(-\frac{5}{10}\right)\times\left(-\frac{10}{25}\right)$
$=+\left(\frac{5}{10}\times\frac{10}{25}\right)=+\frac{1}{5}$

22 $(+1.5)\div\left(-\frac{3}{2}\right)=\left(+\frac{15}{10}\right)\div\left(-\frac{3}{2}\right)$
$=\left(+\frac{15}{10}\right)\times\left(-\frac{2}{3}\right)$
$=-\left(\frac{15}{10}\times\frac{2}{3}\right)=-1$

23 $\left(+\frac{3}{4}\right)\div(-0.9)=\left(+\frac{3}{4}\right)\div\left(-\frac{9}{10}\right)$
$=\left(+\frac{3}{4}\right)\times\left(-\frac{10}{9}\right)$
$=-\left(\frac{3}{4}\times\frac{10}{9}\right)=-\frac{5}{6}$

24 $\left(-\frac{2}{9}\right)\div\left(+\frac{16}{81}\right)=\left(-\frac{2}{9}\right)\times\left(+\frac{81}{16}\right)$
$=-\left(\frac{2}{9}\times\frac{81}{16}\right)=-\frac{9}{8}$

25 $(-1.75)\div(+5)=\left(-\frac{175}{100}\right)\div(+5)$
$=\left(-\frac{175}{100}\right)\times\left(+\frac{1}{5}\right)$
$=-\left(\frac{175}{100}\times\frac{1}{5}\right)=-\frac{7}{20}$

26 $1\frac{5}{9}\div2\frac{1}{3}=\frac{14}{9}\div\frac{7}{3}=\frac{14}{9}\times\frac{3}{7}=\frac{2}{3}$

27 $1.2\div(-6)=\frac{12}{10}\times\left(-\frac{1}{6}\right)=-\frac{1}{5}$

28 $-\frac{12}{5}\div2^2=\left(-\frac{12}{5}\right)\div4=\left(-\frac{12}{5}\right)\times\frac{1}{4}=-\frac{3}{5}$

29 $(-3)^2\div(-1.2)=9\div\left(-\frac{12}{10}\right)$
$=9\div\left(-\frac{6}{5}\right)=9\times\left(-\frac{5}{6}\right)=-\frac{15}{2}$

30 $-2\frac{1}{3}=-\frac{7}{3}$이므로 $a=-\frac{3}{7}$,
$1.5=\frac{15}{10}=\frac{3}{2}$이므로 $b=\frac{2}{3}$
따라서
$a\div b=\left(-\frac{3}{7}\right)\div\frac{2}{3}=\left(-\frac{3}{7}\right)\times\frac{3}{2}$
$=-\left(\frac{3}{7}\times\frac{3}{2}\right)=-\frac{9}{14}$

31 $(\square)\div(+4)=+5$에서
$\square=(+5)\times(+4)=+(5\times4)=+20$

32 $(\square)\div\left(-\frac{7}{3}\right)=-6$에서
$\square=(-6)\times\left(-\frac{7}{3}\right)=+\left(6\times\frac{7}{3}\right)=+14$

33 $(\square)\div\left(-\frac{5}{7}\right)=+\frac{3}{5}$에서
$\square=\left(+\frac{3}{5}\right)\times\left(-\frac{5}{7}\right)=-\left(\frac{3}{5}\times\frac{5}{7}\right)=-\frac{3}{7}$

34 $(\square)\div\left(+\frac{11}{4}\right)=-\frac{5}{22}$에서
$\square=\left(-\frac{5}{22}\right)\times\left(+\frac{11}{4}\right)=-\left(\frac{5}{22}\times\frac{11}{4}\right)=-\frac{5}{8}$

35 $(\square)\div(+0.3)=-4$에서
$\square=(-4)\times(+0.3)=-(4\times0.3)=-1.2$

36 $(\square)\div(-1.2)=-2$에서
$\square=(-2)\times(-1.2)=+(2\times1.2)=+2.4$

37 $(+10)\div(\square)=(+5)$에서
$\square=(+10)\div(+5)=(+10)\times\left(+\frac{1}{5}\right)$
$=+\left(10\times\frac{1}{5}\right)=+2$

38 $(+27)\div(\square)=(-3)$에서
$\square=(+27)\div(-3)=(+27)\times\left(-\frac{1}{3}\right)$
$=-\left(27\times\frac{1}{3}\right)=-9$

39 $(-4)\div(\square)=\left(-\frac{1}{3}\right)$에서
$\square=(-4)\div\left(-\frac{1}{3}\right)=(-4)\times(-3)=+12$

40 $\left(-\frac{2}{9}\right)\div(\square)=\left(+\frac{3}{5}\right)$에서
$\square=\left(-\frac{2}{9}\right)\div\left(+\frac{3}{5}\right)=\left(-\frac{2}{9}\right)\times\left(+\frac{5}{3}\right)$
$=-\left(\frac{2}{9}\times\frac{5}{3}\right)=-\frac{10}{27}$

41 $\left(+\frac{8}{7}\right)\div(\square)=\left(-\frac{12}{5}\right)$에서
$\square=\left(+\frac{8}{7}\right)\div\left(-\frac{12}{5}\right)=\left(+\frac{8}{7}\right)\times\left(-\frac{5}{12}\right)$
$=-\left(\frac{8}{7}\times\frac{5}{12}\right)=-\frac{10}{21}$

42 $(-3.6)\div(\square)=(-0.3)$에서
$\square=(-3.6)\div(-0.3)$
$=\left(-\frac{36}{10}\right)\div\left(-\frac{3}{10}\right)=\left(-\frac{36}{10}\right)\times\left(-\frac{10}{3}\right)$
$=+\left(\frac{36}{10}\times\frac{10}{3}\right)=+12$

43 $a\div3=-2$에서
$a=(-2)\times(+3)=-(2\times3)=-6$
$(-15)\div b=3$에서
$b=(-15)\div(+3)=-(15\div3)=-5$
따라서
$b\div a=(-5)\div(-6)=(-5)\times\left(-\frac{1}{6}\right)$
$=+\left(5\times\frac{1}{6}\right)=+\frac{5}{6}$

11 곱셈과 나눗셈의 혼합 계산

본문 146쪽

원리확인

❶ $-\frac{1}{2}$, $-$, $\frac{1}{2}$, $-$, 1

❷ -8, $-\frac{1}{8}$, $-$, $\frac{1}{8}$, $-$, $\frac{9}{4}$

1 $+\frac{35}{2}$	2 -25	3 -2	4 -4
5 $+\frac{9}{2}$	6 $-\frac{5}{3}$	7 -6	8 $+\frac{4}{81}$
9 $-\frac{9}{2}$	10 -5	11 $-\frac{3}{20}$	12 $-\frac{10}{81}$
13 $+1$	14 $-\frac{36}{25}$	15 $+\frac{15}{2}$	16 $+112$
17 $-\frac{16}{3}$	18 -1	19 -54	20 $+\frac{6}{25}$
21 $+12$	22 $-\frac{15}{34}$	23 -25	

1 $(+7)\div(+2)\times(+5)$
$=(+7)\times\left(+\frac{1}{2}\right)\times(+5)$
$=+\left(7\times\frac{1}{2}\times5\right)=+\frac{35}{2}$

2 $(-10)\div(+2)\times(+5)$
$=(-10)\times\left(+\frac{1}{2}\right)\times(+5)$
$=-\left(10\times\frac{1}{2}\times5\right)=-25$

3 $(+6)\div(-12)\times(+4)$
$=(+6)\times\left(-\frac{1}{12}\right)\times(+4)$
$=-\left(6\times\frac{1}{12}\times4\right)=-2$

4 $(-16)\times(+3)\div(+12)$
$=(-16)\times(+3)\times\left(+\frac{1}{12}\right)$
$=-\left(16\times3\times\frac{1}{12}\right)=-4$

5 $(-3)^2\times(-5)\div(-10)$
$=(+9)\times(-5)\div(-10)$
$=(+9)\times(-5)\times\left(-\frac{1}{10}\right)$
$=+\left(9\times5\times\frac{1}{10}\right)=+\frac{9}{2}$

6 $(-5)\times(-9)\div(-3)^3$
$=(-5)\times(-9)\div(-27)$
$=(-5)\times(-9)\times\left(-\frac{1}{27}\right)$
$=-\left(5\times9\times\frac{1}{27}\right)=-\frac{5}{3}$

7 $(-4)^2\div(+40)\times(-15)$
$=(+16)\div(+40)\times(-15)$
$=(+16)\times\left(+\frac{1}{40}\right)\times(-15)$
$=-\left(16\times\frac{1}{40}\times15\right)=-6$

8 $(+2)^3\div(+18)\div(-3)^2$
$=(+8)\div(+18)\div(+9)$
$=(+8)\times\left(+\frac{1}{18}\right)\times\left(+\frac{1}{9}\right)$
$=+\left(8\times\frac{1}{18}\times\frac{1}{9}\right)=+\frac{4}{81}$

9 $-\frac{2}{3}\times(-3)^2\times\frac{3}{4}$
$=-\frac{2}{3}\times(+9)\times\frac{3}{4}$
$=-\left(\frac{2}{3}\times9\times\frac{3}{4}\right)=-\frac{9}{2}$

10 $-\left(\frac{1}{2}\right)^3\div\frac{1}{2}\times20$
$=-\frac{1}{8}\div\frac{1}{2}\times20=-\frac{1}{8}\times2\times20$
$=-\left(\frac{1}{8}\times2\times20\right)=-5$

11 $\left(\frac{3}{2}\right)^2\times\frac{1}{6}\div\left(-\frac{5}{2}\right)$
$=\frac{9}{4}\times\frac{1}{6}\div\left(-\frac{5}{2}\right)$
$=\frac{9}{4}\times\frac{1}{6}\times\left(-\frac{2}{5}\right)$
$=-\left(\frac{9}{4}\times\frac{1}{6}\times\frac{2}{5}\right)=-\frac{3}{20}$

12 $-\frac{4}{25}\div\left(-\frac{3}{5}\right)^2\div\frac{18}{5}$
$=-\frac{4}{25}\div\frac{9}{25}\div\frac{18}{5}$
$=-\frac{4}{25}\times\frac{25}{9}\times\frac{5}{18}$
$=-\left(\frac{4}{25}\times\frac{25}{9}\times\frac{5}{18}\right)=-\frac{10}{81}$

13 $-\frac{7}{11}\div(-1)^{25}\times\frac{11}{7}$
$=-\frac{7}{11}\div(-1)\times\frac{11}{7}$
$=-\frac{7}{11}\times(-1)\times\frac{11}{7}$
$=+\left(\frac{7}{11}\times1\times\frac{11}{7}\right)=+1$

14 $\frac{3}{40}\times\left(-\frac{12}{5}\right)\div\left(\frac{1}{2}\right)^3$
$=\frac{3}{40}\times\left(-\frac{12}{5}\right)\div\frac{1}{8}$
$=\frac{3}{40}\times\left(-\frac{12}{5}\right)\times8$
$=-\left(\frac{3}{40}\times\frac{12}{5}\times8\right)=-\frac{36}{25}$

15 $45\times\left(-\frac{1}{3}\right)^4\div\frac{2}{27}$
$=45\times\frac{1}{81}\div\frac{2}{27}$
$=45\times\frac{1}{81}\times\frac{27}{2}=+\frac{15}{2}$

16 $\frac{56}{27}\times4^2\div\left(\frac{2}{3}\right)^3$
$=\frac{56}{27}\times16\div\frac{8}{27}$
$=\frac{56}{27}\times16\times\frac{27}{8}=+112$

17 $16\div(-4)\div3\times(-2)^2$
$=16\div(-4)\div3\times4$
$=16\times\left(-\frac{1}{4}\right)\times\frac{1}{3}\times4=-\frac{16}{3}$

18 $-3\times12\div(-1)^8\div(-6)^2$
$=-3\times12\div1\div36$
$=-3\times12\times1\times\frac{1}{36}$
$=-\left(3\times12\times1\times\frac{1}{36}\right)=-1$

19 $-\frac{9}{2}\times2\times\frac{2}{7}\div\frac{1}{21}$

$=-\frac{9}{2}\times2\times\frac{2}{7}\times21$

$=-\left(\frac{9}{2}\times2\times\frac{2}{7}\times21\right)=-54$

20 $\frac{1}{2}\div\frac{1}{3}\div\frac{1}{4}\times\left(\frac{1}{5}\right)^2$

$=\frac{1}{2}\div\frac{1}{3}\div\frac{1}{4}\times\frac{1}{25}$

$=\frac{1}{2}\times3\times4\times\frac{1}{25}=+\frac{6}{25}$

21 $-3\div2^2\times(-1)^3\times4^2$

$=-3\div4\times(-1)\times16$

$=-3\times\frac{1}{4}\times(-1)\times16$

$=+\left(3\times\frac{1}{4}\times1\times16\right)=+12$

22 $-\frac{12}{17}\times\left(\frac{3}{4}\right)^2\times\frac{15}{4}\div\left(\frac{3}{2}\right)^3$

$=-\frac{12}{17}\times\frac{9}{16}\times\frac{15}{4}\div\frac{27}{8}$

$=-\frac{12}{17}\times\frac{9}{16}\times\frac{15}{4}\times\frac{8}{27}$

$=-\left(\frac{12}{17}\times\frac{9}{16}\times\frac{15}{4}\times\frac{8}{27}\right)=-\frac{15}{34}$

23 $36\times3^3\div\left(-\frac{6}{5}\right)^2\div(-27)$

$=36\times27\div\frac{36}{25}\div(-27)$

$=36\times27\times\frac{25}{36}\times\left(-\frac{1}{27}\right)$

$=-\left(36\times27\times\frac{25}{36}\times\frac{1}{27}\right)=-25$

12 덧셈, 뺄셈, 곱셈, 나눗셈의 혼합 계산

본문 148쪽

원리확인

❶ 4, 6, 3 ❷ 2, 4, 7, 5, 3

1 5　2 -6　3 4　4 5

5 6　6 -16　7 $\frac{24}{5}$　8 17

9 ㉢, ㉡, ㉣, ㉠　10 ㉡, ㉣, ㉢, ㉠

11 ㉣, ㉢, ㉡, ㉠, ㉤　12 ㉠, ㉡, ㉢, ㉣, ㉤

13 ㉣, ㉤, ㉥, ㉦, ㉢, ㉡, ㉠　14 -3　15 -210

16 $-\frac{26}{5}$　17 400　18 5　19 $-\frac{17}{5}$

1 $-15\times3+50=-45+50$

$=+(50-45)=5$

2 $-65\div5+7=-65\times\frac{1}{5}+7=-13+7$

$=-(13-7)=-6$

3 $2^3+28\div(-7)=8+28\times\left(-\frac{1}{7}\right)$

$=8+(-4)=4$

4 $(-3)^2\div6\times\frac{2}{3}+4=9\div6\times\frac{2}{3}+4$

$=9\times\frac{1}{6}\times\frac{2}{3}+4$

$=1+4=5$

5 $(18-6)\div3+2$

$=12\div3+2=12\times\frac{1}{3}+2$

$=4+2=6$

6 $-12+20\div(8-13)$

$=-12+20\div(-5)$

$=-12+20\times\left(-\frac{1}{5}\right)$

$=-12+(-4)=-16$

7 $(-2)^3\div(6-11)\times3$
$=(-8)\div(-5)\times3$
$=(-8)\times\left(-\frac{1}{5}\right)\times3$
$=\frac{8}{5}\times3=\frac{24}{5}$

8 $\left(2^4+3\div\frac{3}{2}\right)-3^2\times\frac{1}{9}$
$=\left(16+3\times\frac{2}{3}\right)-9\times\frac{1}{9}=(16+2)-1$
$=18-1=17$

14 $\{14-(6-4)\times(-2)\}\div(-6)$
$=\{14-2\times(-2)\}\div(-6)$
$=(14+4)\div(-6)=18\div(-6)$
$=18\times\left(-\frac{1}{6}\right)=-3$

15 $\{90-(42+18)\div(-4)\}\times(-2)$
$=\{90-60\div(-4)\}\times(-2)$
$=\left\{90-60\times\left(-\frac{1}{4}\right)\right\}\times(-2)$
$=(90+15)\times(-2)$
$=105\times(-2)=-210$

16 $-2^3-\{-3\times(-1)^{14}+3\div15\}$
$=-8-(-3\times1+3\div15)$
$=-8-\left(-3+3\times\frac{1}{15}\right)$
$=-8-\left(-\frac{15}{5}+\frac{1}{5}\right)=-\frac{40}{5}-\left(-\frac{14}{5}\right)$
$=-\frac{40}{5}+\left(+\frac{14}{5}\right)=-\frac{26}{5}$

17 $(6-4^2)\times\left\{5\times\left(2-\frac{5}{2}\times4\right)\right\}$
$=(6-16)\times\left\{5\times\left(2-\frac{5}{2}\times4\right)\right\}$
$=(-10)\times\{5\times(2-10)\}$
$=(-10)\times\{5\times(-8)\}$
$=(-10)\times(-40)$
$=400$

18 $[\{(-2^2+3)\div(-2)\}-3]\times(-2)$
$=[\{(-4+3)\div(-2)\}-3]\times(-2)$
$=[\{(-1)\div(-2)\}-3]\times(-2)$
$=\left[\left\{(-1)\times\left(-\frac{1}{2}\right)\right\}-3\right]\times(-2)$
$=\left(\frac{1}{2}-3\right)\times(-2)$
$=\left(\frac{1}{2}-\frac{6}{2}\right)\times(-2)$
$=\left(-\frac{5}{2}\right)\times(-2)=5$

19 $\left(-\frac{3}{5}\right)\times\left[3^2-(-2)^3\div\left\{\frac{3}{5}+(-3)\right\}\right]$
$=\left(-\frac{3}{5}\right)\times\left[9-(-8)\div\left\{\frac{3}{5}+(-3)\right\}\right]$
$=\left(-\frac{3}{5}\right)\times\left[9-(-8)\div\left\{\frac{3}{5}+\left(-\frac{15}{5}\right)\right\}\right]$
$=\left(-\frac{3}{5}\right)\times\left\{9-(-8)\div\left(-\frac{12}{5}\right)\right\}$
$=\left(-\frac{3}{5}\right)\times\left\{9-(-8)\times\left(-\frac{5}{12}\right)\right\}$
$=\left(-\frac{3}{5}\right)\times\left(9-\frac{10}{3}\right)$
$=\left(-\frac{3}{5}\right)\times\left(\frac{27}{3}-\frac{10}{3}\right)$
$=\left(-\frac{3}{5}\right)\times\frac{17}{3}=-\frac{17}{5}$

TEST 5. 정수와 유리수의 곱셈과 나눗셈

본문 150쪽

1 ④ **2** ㉠ 교환, ㉡ 결합, ㉢ -3, ㉣ $+\frac{3}{2}$

3 ② **4** $-\frac{4}{3}$ **5** -1 **6** ③

1 ④ $(-2)\times(-3)\times(+4)=+24$

3 ① $\left(-\frac{1}{3}\right)^2=+\frac{1}{9}$

② $-\left(-\frac{1}{2}\right)^3=-\left(-\frac{1}{8}\right)=+\frac{1}{8}$

③ $-\left(\frac{1}{2}\right)^3=-\frac{1}{8}$

④ $-\left(-\frac{1}{3}\right)^2=-\frac{1}{9}$

⑤ $-\left(-\frac{1}{2}\right)^4=-\frac{1}{16}$

에서 양수는 음수보다 큰 수이고, $\frac{1}{9}=\frac{8}{72}<\frac{1}{8}=\frac{9}{72}$

이므로 보기 중 가장 큰 수는 ②이다.

4 $\left(-\frac{3}{4}\right)\times11.5+\left(-\frac{3}{4}\right)\times4.5$

$=\left(-\frac{3}{4}\right)\times(11.5+4.5)$

$=\left(-\frac{3}{4}\right)\times16$

$=-12$

이므로 $a=16$, $b=-12$

따라서 $a\div b=16\div(-12)=16\times\left(-\frac{1}{12}\right)=-\frac{4}{3}$

5 $-1.4=-\frac{14}{10}=-\frac{7}{5}$이므로 $a=-\frac{5}{7}$이고,

$b=\frac{7}{5}$이므로

$a\times b=\left(-\frac{5}{7}\right)\times\frac{7}{5}=-1$

6 $2-\left[\frac{5}{3}\times\left\{(-2)^2\div\frac{1}{3}-3^2\right\}+2\right]\times(-3)$

$=2-\left\{\frac{5}{3}\times\left(4\div\frac{1}{3}-9\right)+2\right\}\times(-3)$

$=2-\left\{\frac{5}{3}\times(4\times3-9)+2\right\}\times(-3)$

$=2-\left(\frac{5}{3}\times3+2\right)\times(-3)$

$=2-7\times(-3)$

$=2-(-21)$

$=2+21=23$

대단원 TEST Ⅱ. 정수와 유리수

본문 151쪽

1 ③ **2** ① **3** ②

4 ⑤ **5** ④ **6** $-\frac{1}{6}$

7 ⑤ **8** ③ **9** ⑤

10 ① **11** -5 **12** ②

13 -6 **14** ④ **15** ②

1 ① 양수의 개수는 $\frac{2}{3}$, 2.1의 2이다.

② 음수의 개수는 $-\frac{3}{5}$, $-\frac{6}{2}$, -1의 3이다.

③ 음의 정수의 개수는 $-\frac{6}{2}$, -1의 2이다.

④ 0은 정수이다.

⑤ 정수가 아닌 유리수의 개수는 $-\frac{3}{5}$, $\frac{2}{3}$, 2.1의 3이다.

따라서 옳은 것은 ③이다.

2 주어진 수를 수직선 위에 나타내면 다음 그림과 같다.

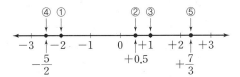

따라서 왼쪽에서 두 번째에 있는 수는 ①이다.

3 $-\frac{3}{4}$, $-\frac{1}{2}$, 2, $\frac{10}{3}$, 4.5 중에서 절댓값이 가장 작은 수는 $-\frac{1}{2}$이므로 원점에 가장 가까운 수는 ②이다.

4 ①, ②, ③, ④ $>$ ⑤ $<$

5 ① $(+3)-(+2)=(+3)+(-2)=1$

② $(+5)-(+3)=(+5)+(-3)=2$

③ $(-4)-(-2)=(-4)+(+2)=-2$

④ $(-1)-(-5)=(-1)+(+5)=4$

⑤ $(-3)-(+1)-(-4)=(-3)+(-1)+(+4)$

$=(-4)+(+4)=0$

따라서 계산 결과가 가장 큰 것은 ④이다.

6 $+\frac{4}{3}$, $-\frac{2}{5}$, $+1$, $-\frac{3}{2}$ 중에서 가장 큰 수는 $+\frac{4}{3}$, 가장 작은 수는 $-\frac{3}{2}$이므로 그 합은

$\left(+\frac{4}{3}\right)+\left(-\frac{3}{2}\right)=-\left(\frac{3}{2}-\frac{4}{3}\right)=-\frac{1}{6}$

7 ① $3-2+5=\{(+3)+(-2)\}+(+5)$
$=(+1)+(+5)=6$

② $-\frac{2}{3}+\frac{1}{2}-\frac{1}{4}=\left(-\frac{2}{3}\right)+\left\{\left(+\frac{1}{2}\right)+\left(-\frac{1}{4}\right)\right\}$
$=\left(-\frac{2}{3}\right)+\left(+\frac{1}{4}\right)=-\frac{5}{12}$

③ $2-\frac{3}{4}+\frac{1}{2}=\left\{(+2)+\left(-\frac{3}{4}\right)\right\}+\left(+\frac{1}{2}\right)$
$=\left(+\frac{5}{4}\right)+\left(+\frac{1}{2}\right)=\frac{7}{4}$

④ $1.2-0.3+1=\{(+1.2)+(-0.3)\}+(+1)$
$=(+0.9)+(+1)=1.9$

⑤ $-\frac{1}{3}+0.5-1=\left\{\left(-\frac{1}{3}\right)+(+0.5)\right\}+(-1)$
$=\left(+\frac{1}{6}\right)+(-1)=-\frac{5}{6}$

따라서 계산 결과가 옳은 것은 ⑤이다.

8 $\left(+\frac{2}{3}\right)-\left(\square\right)=\frac{17}{21}$에서

$\square=\left(+\frac{2}{3}\right)-\left(+\frac{17}{21}\right)=-\frac{1}{7}$

9 ① $(-4)\times(+3)=-(4\times3)=-12$
② $(+2)\times(-6)=-(2\times6)=-12$
③ $(-3)\times(-4)\times(-1)=-(3\times4\times1)=-12$
④ $(+2)\times(+2)\times(-3)=-(2\times2\times3)=-12$
⑤ $(+2)\times(-6)\times(-1)=+(2\times6\times1)=12$
따라서 계산 결과가 나머지 넷과 다른 하나는 ⑤이다.

10 $-1^{100}+(-1)^{101}-(-1)^{102}=-1+(-1)-(+1)$
$=-3$

11 $\frac{4}{5}$의 역수는 $\frac{5}{4}$이므로 $-\frac{a}{4}=\frac{5}{4}$
따라서 $a=-5$

12 $(-4)\times a=24$에서 $a=24\div(-4)=-6$
$b\div(-3)^2=2$에서 $b=2\times(-3)^2=2\times9=18$
따라서 $b\div a=18\div(-6)=-3$

13 $-\frac{5}{2}=-2\frac{1}{2}$, $\frac{7}{2}=3\frac{1}{2}$이므로 두 유리수 $-\frac{5}{2}$와 $\frac{7}{2}$ 사이에 있는 정수는 -2, -1, 0, 1, 2, 3이다.
따라서 $a=-2$, $b=3$이므로
$a\times b=(-2)\times3=-6$

14 절댓값이 $\frac{2}{5}$인 수는 $-\frac{2}{5}$, $\frac{2}{5}$이고 이 중 양수는 $\frac{2}{5}$이므로

$A=\frac{2}{5}$

절댓값이 $\frac{3}{5}$인 수는 $-\frac{3}{5}$, $\frac{3}{5}$이고 이 중 음수는 $-\frac{3}{5}$이므로

$B=-\frac{3}{5}$

따라서 $A-B=\left(+\frac{2}{5}\right)-\left(-\frac{3}{5}\right)=1$

15 $\left(\frac{1}{2}\right)^2-\left\{\frac{1}{2}\times(-1)^2-\frac{1}{3}\right\}\div\frac{1}{6}+\frac{1}{4}$
$=\frac{1}{4}-\left(\frac{1}{2}\times1-\frac{1}{3}\right)\div\frac{1}{6}+\frac{1}{4}$
$=\frac{1}{4}-\left(\frac{1}{2}-\frac{1}{3}\right)\div\frac{1}{6}+\frac{1}{4}$
$=\frac{1}{4}-\frac{1}{6}\times6+\frac{1}{4}$
$=\frac{1}{4}-1+\frac{1}{4}=-\frac{1}{2}$

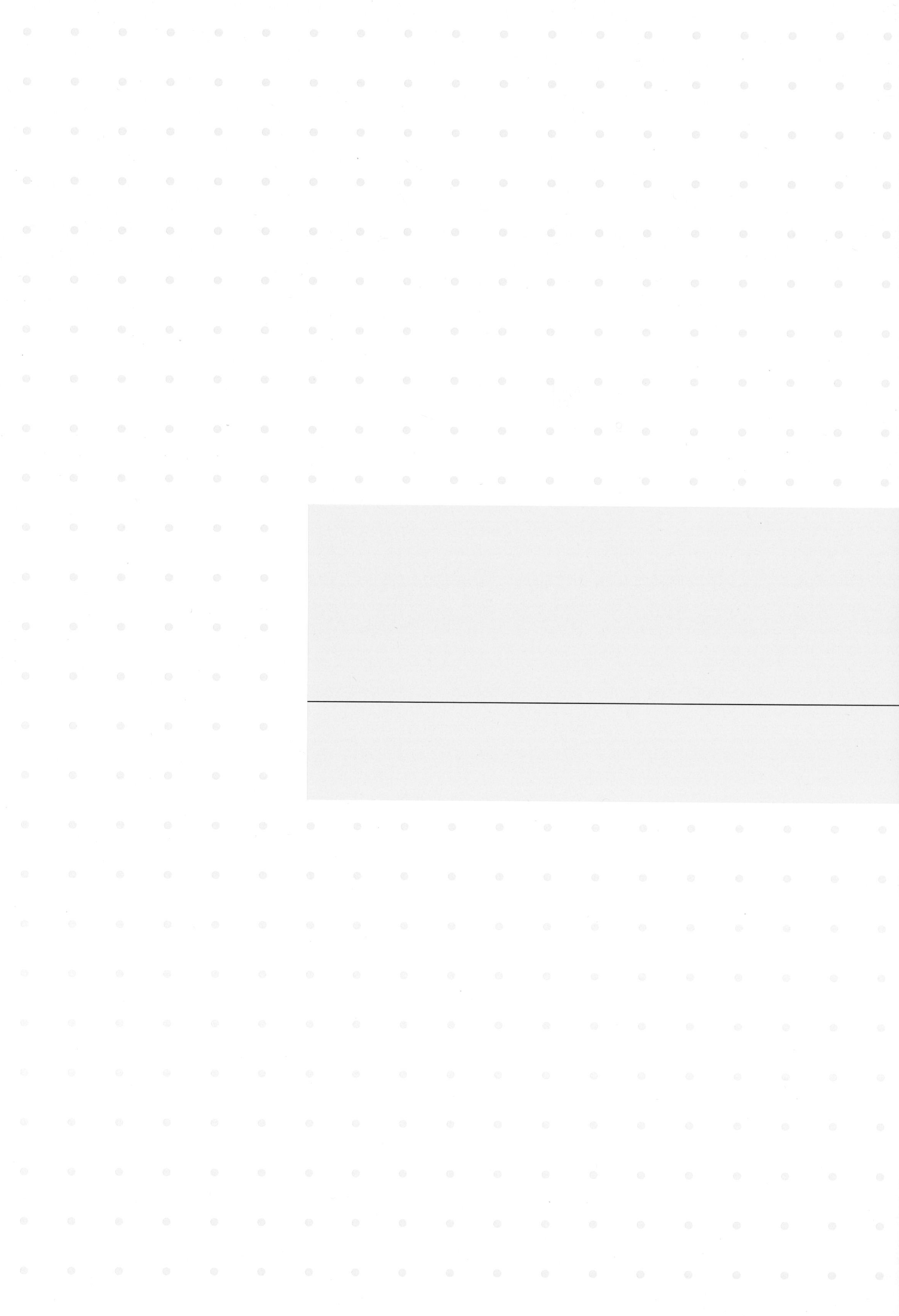

개념 확장

최상위수학

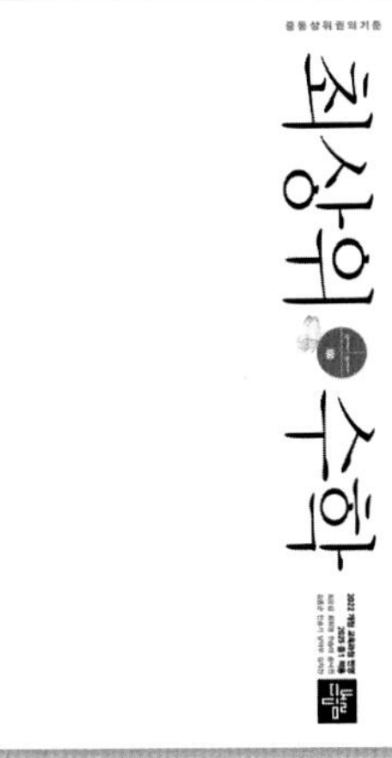

수학적 사고력 확장을 위한
심화 학습 교재

심화 완성

개념부터 심화까지

수학은 개념이다